Peter Baumann

Sensorschaltungen

Peter Baumann

# Sensorschaltungen

Simulation mit PSPICE

2., überarbeitete und erweiterte Auflage

Mit 348 Abbildungen und 34 Tabellen

STUDIUM

**VIEWEG+**
**TEUBNER**

Bibliografische Information der Deutschen Nationalbibliothek
Die Deutsche Nationalbibliothek verzeichnet diese Publikation in der
Deutschen Nationalbibliografie; detaillierte bibliografische Daten sind im Internet über
<http://dnb.d-nb.de> abrufbar.

1. Auflage 2006
2., überarbeitete und erweiterte Auflage 2010

Alle Rechte vorbehalten
© Vieweg+Teubner | GWV Fachverlage GmbH, Wiesbaden 2010

Lektorat: Reinhard Dapper | Walburga Himmel

Vieweg+Teubner ist Teil der Fachverlagsgruppe Springer Science+Business Media.
www.viewegteubner.de

Umschlaggestaltung: KünkelLopka Medienentwicklung, Heidelberg

Gedruckt auf säurefreiem und chlorfrei gebleichtem Papier.

ISBN 978-3-8348-0289-7

# Vorwort zur 1. Auflage

Sensoren und Mikrosensoren haben eine hohe technische und wirtschaftliche Bedeutung in der Elektrotechnik, im Maschinenbau, in der Verfahrenstechnik und vor allem in der Kraftfahrzeugtechnik erlangt. Die Messung und Verarbeitung nicht elektrischer Größen wie Temperatur, Beleuchtungsstärke, Druck, Magnetfeld oder Ionisierungsgrad erfordern den Einsatz von Sensoren nicht nur als „Fühler" schlechthin, sondern als Sensorsystem mit einer mikroelektronisch realisierten Signalaufbereitung.

Eine Schaltungssimulation mit dem Programmsystem PSPICE beinhaltet ursprünglich die Analyse rein elektrischer Kenngrößen elektronischer Schaltungen. Dagegen erfordert die Simulation von Sensorschaltungen den Einbezug der oben genannten nicht elektrischen Größen, um z. B. die Abhängigkeit eines Widerstandes vom Druck bzw. von einem Magnetfeld oder die Abhängigkeit eines Fotostromes von der Beleuchtungsstärke untersuchen und darstellen zu können.

Bei einer Einführung in die Sensortechnik wird es zunächst darauf ankommen, die Funktion des jeweiligen Sensors mit einer Kennlinie zu verdeutlichen, die seine Abhängigkeit von der Temperatur, bzw. der Beleuchtungsstärke, dem Druck, der magnetischen Induktion oder der Ionenkonzentration wiedergibt. Mit einer derartigen Kennlinie wird das jeweilige Kapitel dieses Buches eingeleitet. Anschließend werden überschaubare typische Anwendungen mit PSPICE analysiert. Die Simulationsergebnisse werden diskutiert.

Die Beispielaufgaben sollen einen Einstieg in die Simulation von Sensorschaltungen ermöglichen und dazu anregen, eigene Lösungswege zu entwickeln.

Die nachfolgenden PSPICE-Analysen entstanden als ergänzende rechnerische Übungen zum Lehrfach „Einführung in die Sensorik und Aktorik" an der Hochschule Bremen.

Herrn Dipl.-Ing. Johannes Aertz von der Hochschule Bremen danke ich für die Unterstützung bei der Umsetzung des Manuskripts. Mein besonderer Dank gilt auch Herrn Dipl.-Ing. Reinhard Dapper vom Lektorat Technik des Vieweg Verlages für die fördernde und hilfreiche Zusammenarbeit.

Bremen, im Februar 2006                                    *Peter Baumann*

# Vorwort zur 2. Auflage

Zur 1. Auflage dieses Buches haben mich zahlreiche Anregungen, Erweiterungswünsche und Korrekturhinweise aus der interessierten Leserschaft erreicht, für die ich mich vielmals bedanken möchte.

In der vorliegenden 2. Auflage wurden Fehler ausgemerzt. Die Thermoelemente und der Pt-100-Sensor erhielten zusätzlich nicht lineare Temperaturkoeffizienten und in die Schaltungen mit optischen Sensoren wurden Reflexlichtschranken mit Plastikfaser-Lichtwellenleitern aufgenommen. Erweiterungen betreffen ferner die Magnetfeldsensoren mit einem Abschnitt zu den GMR- und AMR-Sensoren. Bei den chemischen Sensoren wurden Kennliniensimulationen mit PSPICE zur Breitband-Lambdasonde, zur Quarzmikrowaage und zu Oberflächenwellen-Sensoren hinzugefügt und Feuchtigkeitskenngrößen erläutert. Neu aufgenommen wurde ein umfangreiches Kapitel zu elektrischen Motoren, die als elektromagnetische Aktoren auch in Verbindung mit Sensoren eine wichtige Rolle im System der Mechatronik spielen. Bei den Gleichstrom-, Universal-, Schritt- und Asynchronmotoren werden die Betriebskennlinien mit Hilfe von gesteuerten Quellen analysiert.

Das Simulationsprogramm OrCAD & PSPICE von CADENCE wurde bewusst in der Originalfassung der DEMO-Version so wie sie der Anwender herunterlädt, beibehalten. Das Hauptanliegen des Buches besteht darin, die Nutzer zu befähigen, mit diesem Programm praxisnahe Aufgaben zu Sensoren und elektromagnetischen Aktoren analysieren zu können. Die Schaltungsbeispiele sollten dazu dienen, die entsprechende Vorlesung anschaulich zu ergänzen und gegebenenfalls ein Laborpraktikum mit Simulationen zu begleiten. Hinweise zur Verbesserung des Buches nehme ich unter <<E-Mail: baumann0602@yahoo.de>> gern entgegen.

Herr Dipl.-Ing. Johannes Aertz von der Hochschule Bremen übernahm die mühevolle Arbeit zur Umsetzung der Manuskriptänderungen und führte die Messungen zu den faseroptischen Sensoren und den Schrittmotoren durch. Dafür möchte ich mich herzlich bedanken. Für die Unterstützung zum Erscheinen der 2. Auflage danke ich ferner Herrn Dipl.-Ing. Reinhard Dapper und Frau Walburga Himmel vom Vieweg+Teubner-Verlag.

Bremen, im Januar 2010 *Peter Baumann*

# Inhaltsverzeichnis

# 4 Schaltungen mit Drucksensoren ........................................... 93

# Formelzeichenverzeichnis

| Symbol | Bezeichnung | Einheit |
|---|---|---|
| $a$ | Beschleunigung | $ms^{-2}$ |
| $A$ | Querschnittsfläche | $m^2$ |
| $A_K$ | Kreisfläche | $m^2$ |
| $A_{Kb}$ | Beleuchtete Kreisfläche | $m^2$ |
| $A_{KR}$ | Kreisringfläche | $m^2$ |
| $A_{KRb}$ | Beleuchtete Kreisringfläche | $m^2$ |
| $B$ | Materialkonstante zum NTC-Sensor | K |
| $B$ | magnetische Induktion | $Vsm^{-2}$ |
| $B_N$ | Großsignalstromverstärkung im Normalbetrieb | |
| $c$ | Lichtgeschwindigkeit im Vakuum | $(2,9979 \cdot 10^8 \ ms^{-1})$ |
| $C$ | Elektrische Kapazität | F |
| $CJC$ | Sperrschichtkapazität der Kollektordiode (SPICE) | F |
| $CJE$ | Sperrschichtkapazität der Emitterdiode (SPICE) | F |
| $CJO$ | Sperrschichtkapazität der Diode (SPICE) | F |
| $d$ | Dicke des Dielektrikums | m |
| $D$ | Durchmesser | m |
| $e$ | Elementarladung | $(1,6 \cdot 10^{-19} \ As)$ |
| $E_e$ | Bestrahlungsstärke | $Wm^{-2}$ |
| $EG$ | Bandabstand (SPICE) | eV |
| $E_v$ | Beleuchtungsstärke | lx |
| $f$ | Frequenz | Hz |
| $f_z$ | Schrittfrequenz | $s^{-1}$ |
| $F$ | Mechanische Kraft | N |
| $F_a$ | Absolute Feuchte | $gm^{-3}$ |
| $f_{A0m}$ | Anlaufgrenzfrequenz | $s^{-1}$ |
| $f_{B0m}$ | Betriebsgrenzfrequenz | $s^{-1}$ |
| $F_r$ | Relative Feuchte | |
| $F_s$ | Sättigungsfeuchte | $gm^{-3}$ |
| $h$ | Planck-Konstante | $(6,6 \cdot 10^{-34} \ Js)$ |
| $H$ | Magnetische Feldstärke | $Am^{-1}$ |
| $h_1$ | Bogenhöhe des Kreissegments | m |
| $I$ | Elektrische Stromstärke | A |

| Symbol | Bezeichnung | Einheit |
|--------|-------------|---------|
| $I_1$ | Steuerstrom des Hallsensors | A |
| $I_B$ | Basisstrom | A |
| $I_C$ | Kollektorstrom | A |
| $I_D$ | Drainstrom | A |
| $I_E$ | Emitterstrom | A |
| $I_L$ | Strom infolge einer Lichteinwirkung | A |
| $J$ | Trägheitsmoment | $gm^2$ |
| $IS$ | Diffusionssättigungsstrom (SPICE) | A |
| $k$ | Boltzmann-Konstante | $(1{,}38 \cdot 10^{-23}\,JK^{-1})$ |
| $k_M$ | Drehmomentkonstante | $NmA^{-1}$ |
| $k_p$ | Piezoelektrische Empfindlichkeit | $AsN^{-1}$ |
| $K$ | Proportionalitätsfaktor zur Dehnungsempfindlichkeit | |
| $KP$ | Transkonduktanz (SPICE) | $AV^{-2}$ |
| $K_{B0}$ | Induktionsempfindlichkeit bei Leerlauf | $VA^{-1}T^{-1}$ |
| $l$ | Länge | m |
| $L$ | Induktivität | H |
| $L$ | Kanallänge (SPICE) | m |
| $m$ | Masse | kg |
| $M$ | Drehmoment | Nm |
| $M$ | Exponent zur Sperrschichtkapazität der Diode | |
| $M_H$ | Haltemoment | Nm |
| $M_R$ | Reibungsdrehmoment | Nm |
| $M_{SH}$ | Selbsthaltemoment | Nm |
| $n$ | Elektronendichte | $m^{-3}$ |
| $n$ | Drehzahl | $s^{-1}$ |
| $n_0$ | Leerlaufdrehzahl | $s^{-1}$ |
| $n_s$ | Synchrone Drehzahl | $s^{-1}$ |
| $N$ | Emissionskoeffizient der Diode (SPICE) | |
| $p$ | Polpaarzahl | |
| $p$ | Druck | bar, Pa |
| $PER$ | Periodendauer (SPICE) | s |
| $PW$ | Pulsweite (SPICE) | s |
| $P_v$ | Verlustleistung | W |
| $Q$ | elektrische Ladung | As |

| Symbol | Bezeichnung | Einheit |
|---|---|---|
| $Q$ | Schwingkreisgüte | |
| $r_1$ | Kreisradius | m |
| $r_2, r_3$ | Radien zum Kreisring | m |
| $R$ | Elektrischer Widerstand | $\Omega$ |
| $R_0$ | Grundwiderstand | $\Omega$ |
| $R_0$ | Fotowiderstand für $E_v = 1$ lx | $\Omega$ |
| $R_{25}$ | Elektrischer Widerstand bei 25 °C | $\Omega$ |
| $R_B$ | Widerstand des Feldplattensensors | $\Omega$ |
| $RB$ | Basisbahnwiderstand (SPICE) | $\Omega$ |
| $R_g$ | Generatorwiderstand | $\Omega$ |
| $R_H$ | Hallkoeffizient | $m^3 A^{-1} s^{-1}$ |
| $R_L$ | Lastwiderstand | $\Omega$ |
| $R_p$ | Fotowiderstand | $\Omega$ |
| $R_r$ | Rotorwiderstand | $\Omega$ |
| $RS$ | Serienwiderstand der Diode (SPICE) | $\Omega$ |
| $R_v$ | Vorwiderstand | $\Omega$ |
| $s$ | Schlupf | |
| $s_1$ | Sehnenhälfte zum Kreissegment | m |
| $S_{rel}$ | Relative spektrale Empfindlichkeit | |
| $t$ | Zeit | s |
| $T$ | Periodendauer | s |
| $T_0$ | Bezugstemperatur | K |
| $TC1$ | linearer Temperaturkoeffizient (SPICE) | $°C^{-1}$ |
| $TC2$ | quadratischer Temperaturkoeffizient (SPICE) | $°C^{-2}$ |
| $TD$ | Verzögerungszeit des Impulses (SPICE) | s |
| $TF$ | Abfallzeit des Impulses (SPICE) | s |
| $TF$ | Laufzeit in der Basis (SPICE) | s |
| $Tnom$ | Nominaltemperatur (SPICE) | °C |
| $TR$ | Anstiegszeit des Impulses (SPICE) | s |
| $TT$ | Laufzeit bei der Diode (SPICE) | s |
| $U$ | Elektrische Spannung | V |
| $U_2$ | Hallspannung | V |
| $U_{20}$ | Leerlauf-Hallspannung | V |
| $U_A$ | Ausgangsspannung | V |

| Symbol | Bezeichnung | Einheit |
|---|---|---|
| $U_B$ | Betriebsspannung | V |
| $U_{BE}$ | Basis-Emitter-Spannung | V |
| $U_d$ | Diagonalspannung der Messbrücke | V |
| $U_{DS}$ | Drain-Source-Spannung | V |
| $U_{GS}$ | Gate-Source-Spannung | V |
| $U_H$ | Hallspannung | V |
| $U_i$ | Induzierte Spannung | V |
| $U_N$ | Spannung am invertierenden Eingang | V |
| $U_P$ | Spannung am nicht invertierenden Eingang | V |
| $U_R$ | Sperrspannung | V |
| $U_{ref}$ | Referenzspannung | V |
| $U_T$ | Temperaturspannung | V |
| $U_{th}$ | Thermospannung | V |
| $\ddot{U}_I$ | Stromübertragungsverhältnis | |
| $v_u$ | Spannungsverstärkung | |
| $VJ$ | Diffusionsspannung der Diode (SPICE) | V |
| $VAF$ | Early-Spannung vorwärts (SPICE) | V |
| $VTO$ | Schwellspannung (SPICE) | V |
| $W$ | Kanalweite (SPICE) | m |
| $x$ | Ortskoordinate | m |
| $z$ | Schrittzahl | |
| $\varepsilon$ | Dehnung | $Fm^{-1}$ |
| $\varepsilon$ | Dielektrizitätskonstante $\varepsilon = \varepsilon_0 \cdot \varepsilon_r$ | $Fm^{-1}$ |
| $\varepsilon_0$ | Dielektrizitätskonstante des Vakuums | $(8{,}85 \cdot 10^{-12}\ Fm^{-1})$ |
| $\varepsilon_r$ | relative Dielektrizitätskonstante | |
| $\eta$ | Wirkungsgrad | |
| $\varphi$ | Drehwinkel | |
| $\varphi_1$ | Öffnungswinkel zum Kreissegment | |
| $\varphi_2, \varphi_3$ | Öffnungswinkel zum Kreisringsegment | |
| $\kappa_n$ | elektrische Leitfähigkeit der Elektronen | $\Omega^{-1} m^{-1}$ |
| $\lambda$ | Wellenlänge | m |
| $\lambda$ | Luftzahl | |
| $\mu_n$ | Beweglichkeit der Elektronen | $m^2 V^{-1} s^{-1}$ |
| $\tau$ | Zeitkonstante | s |

# 1 Einführung

## 1.1 Zielstellung

Für die folgenden Kapitel dieses Buches war notwendigerweise eine Auswahl aus den vielfältigen Sensorarten zu treffen. Dabei wird zunächst die Funktion des jeweiligen Sensors anhand einer Gleichung erläutert und mit der dazugehörigen Kennlinie verdeutlicht. Anschließend werden Beispiele typischer Sensorschaltungen mit dem Programm OrCAD & PSPICE von CADENCE in den Demo-Versionen 9.2 bzw. 10.0 bis 16.0 dargestellt und simuliert. Hierfür werden Aufgaben mit konkreten Zielstellungen zur angegebenen Schaltung formuliert. Der Lösungsweg wird mit Hinweisen zur anzuwendenden Analyseart und zum Wertebereich der variablen Kenngrößen aufgezeigt und die vorwiegend in Form von Diagrammen erbrachten Analyseergebnisse werden diskutiert. Bei den Schaltungen handelt es sich zumeist um überschaubare Sensorgrundschaltungen wie sie in der Standardliteratur angegeben werden. Außerdem war bei ihrer Auswahl zu beachten, dass der Schaltungsumfang die Möglichkeiten des verwendeten Programmpakets nicht übersteigt. Die Handhabung von PSPICE erfordert eine Einarbeitung, die mit der Firmensoftware [1] oder mit Hilfe von Anleitungen in Fachbüchern [2] bis [6] erfolgen kann. Erfahrungsgemäß führt aber eine direkte Einweisung am Rechner mit einem Betreuungsaufwand von wenigen Stunden zum Ziel, um Analysearten wie Arbeitspunkt (Bias Point), Gleichspannungskennlinie (*DC Sweep*), Zeitverhalten (*Transient*) oder die Frequenzabhängigkeit (*AC Sweep*) anwenden zu können. Um die Einarbeitung in das verwendete Programmsystem von OrCAD & PSPICE zu unterstützen, werden im folgenden Abschnitt die Kennbuchstaben und Modellnamen von Bauelementen, die zeitabhängigen Quellen, die Analysearten, die mathematischen Funktionen und die Maßstabsfaktoren in Tabellenform zusammengestellt.

Der Charakter der Sensoren bedingt, dass nicht elektrische Kenngrößen in die Untersuchung einzubeziehen sind. Das kann dadurch geschehen, dass z. B. bei einem Widerstand $R_1$ der Standardwert von 1 k$\Omega$ durch eine in geschweifte Klammer gesetzte Gleichung der Sensorfunktion zu ersetzen ist bzw. dass bei einer Gleichspannungsquelle $V_1$ der Standardwert 0 V dc in entsprechender Weise durch eine in geschweifte Klammer gesetzte Gleichung auszutauschen ist. Die nicht elektrischen Größen wie die Temperatur $T$, die Beleuchtungsstärke $E_v$, der Druck $p$, die magnetische Induktion $B$, die Konzentration $c$ oder der Abstand $x$ sind dann bei der jeweiligen Analyseart als globale Parameter zu behandeln. Nur bei denjenigen Anwendungen, bei denen Widerstände aus der Break-Bibliothek oder Halbleiterbauelemente als Temperatursensoren dienen, kann die im PSPICE- Programm verfügbare Temperaturanalyse unmittelbar verwendet werden.

Die Simulation von Sensorschaltungen mit PSPICE möge dazu beitragen, mit den angebotenen Beispielaufgaben die Grundkenntnisse zur Sensortechnik, der Elektronik, der analogen Schaltungstechnik sowie der Schaltungsanalyse zu vertiefen und einen Vergleich mit direkten Labormessungen herzustellen.

## 1.2  Festlegungen bei PSPICE

Die Simulation von Sensorschaltungen mit PSPICE erfordert zunächst einige Grundkenntnisse zu den Kennbuchstaben der verfügbaren passiven und aktiven Bauelemente sowie der unabhängigen und gesteuerten Quellen. Die Zuordnung dieser Buchstaben ist für die Identifikation der Schaltelemente bei PSPICE notwendig. Im übrigen kann man mit dem Eintragen eines Kennbuchstabens in das Dialogfenster der betreffenden Bauelementebibliothek das Aufrufen von Widerständen, Kapazitäten, Induktivitäten und gesteuerten Quellen aus der *Analog*-Bibliothek, von unabhängigen Strom- und Spannungsquellen aus der *SOURCE*-Bibliothek bzw. von Dioden, Transistoren, Operationsverstärken und Schaltkreisen aus der *EVAL*-Bibliothek beschleunigen. Einige dieser Schaltelemente wie *R*, *C*, *D*, *Q*, und *V* dienen in den nachfolgenden Kapiteln nach deren Modellierung direkt zur Erfüllung einer Sensorfunktion. Eben so werden auch gesteuerte Quellen zur Simulation von Sensoren herangezogen wie z. B. die *F*-Quelle bei der Lichtschranke oder die *E*-Quelle bei den Hallsensoren.

Eine Auswahl dieser Schaltelemente ist in der Tabelle 1.1 zusammengestellt.

**Tabelle 1.1** Schaltelemente bei PSPICE

| Passive Bauelemente | | Halbleiterbauelemente | | Quellen | |
|---|---|---|---|---|---|
| R | Widerstand | D | Diode | I | Stromquelle |
| C | Kondensator | Q | Bipolartransistor | V | Spannungsquelle |
| L | Spule | J | Sperrschicht-FET | E | Spannungsgesteuerte Spannungsquelle |
| K | Magnetische Kopplung | M | MOSFET | F | Stromgesteuerte Stromquelle |
| S | Spannungsge-steuerter Schalter | B | GaAs-FET | G | Spannungsgesteuerte Stromquelle |
| W | Stromgesteuerter Schalter | U | Digitalbaustein | H | Stromgesteuerte Spannungsquelle |
| T | Übertragungslei-tung | | | | |

Für eine Analyse des Zeitverhaltens von Sensorschaltungen werden mitunter zeitabhängige Quellen benötigt wie z. B. die Sinus-Spannungsquelle *VSIN* bei der Transientenanalyse für eine Brückenschaltung mit Drucksensoren, die Puls-Spannungsquelle *VPULSE* für die Impulsgeberschaltung mit einem Feldplattensensor, die Strom-Pulsquelle *IPULSE* bei der Bewertung eines piezoelektrischen Keramiksensors oder eine Polygon-Stromquelle *IPWL* bei Untersuchungen zur relativen Fotoempfindlichkeit von Fotodioden. Diese Quellen sind unabhängige Quellen. Bis auf den Anfangsbuchstaben *V* bzw. *I* sind die Parameter bei den zeitabhängigen Spannungs- bzw. Stromquellen in der gleichen Weise einzugeben.

Die Tabelle 1.2 zeigt eine Auswahl dieser zeitabhängigen Quellen.

**Tabelle 1.2** Zeitabhängige Quellen bei PSPICE

| Spannungsquellen | | Stromquellen | |
|---|---|---|---|
| VSIN | Sinus-Spannungsquelle | ISIN | Sinus-Stromquelle |
| VPULSE | Puls-Spannungsquelle | IPULSE | Puls-Stromquelle |
| VEXP | Exponential-Spannungsquelle | IEXP | Exponential-Stromquelle |
| VPWL | Polygon-Spannungsquelle | IPWL | Polygon-Stromquelle |

Insbesondere dann, wenn man über die *BREAKOUT*-Bibliothek eigene Modelle von Bauelementen definieren möchte, muss man bei der Modellanweisung *.MODEL* den betreffenden Modellnamen angeben, der als Buchstabenfolge gemäß der Tabelle 1.3 definiert ist.

**Tabelle 1.3** Zuordnung von Modellnamen zu Bauelementen bei PSPICE

| Modellname | Bauelement | Modellname | Bauelement |
|---|---|---|---|
| RES | Widerstand | NJF | N-Kanal-JFET |
| CAP | Kapazität | PJF | P-Kanal-JFET |
| IND | Induktivität | NMOS | N-Kanal-MOSFET |
| D | Diode | PMOS | P-Kanal-MOSFET |
| NPN | NPN-Bipolartransistor | GASFET | N-Kanal-GaAs-FET |
| PNP | PNP-Bipolartransistor | ISWITCH | stromgesteuerter Schalter |
| LPNP | lateraler PNP-Transistor | VSWITCH | spannungsgesteuerter Schalter |

Das Programm PSPICE beinhaltet zahlreiche Analysearten, die sämtliche Anforderungen an eine wirksame Simulation auch der Sensorschaltungen erfüllen. Mit der Tabelle 1.4 wird eine Auswahl besonders wichtiger Analysen angegeben.

**Tabelle 1.4** Analysearten und Analyseanweisungen bei PSPICE

| Kennwort | Bedeutung | Kennwort | Bedeutung |
|---|---|---|---|
| Bias Point | Gleichstrom-Arbeitspunkt | AC Sweep/Noise | Frequenzbereich/Rauschen |
| DC Sweep | Gleichstrom-Kennlinie | Time Domain (Transient) | Zeitbereichsanalyse |
| .OP | mit Halbleiterarbeitspunkten | .FOUR | Fourier-Analyse |
| .SENS | Gleichstrom-Empfindlichkeit | .TEMP | Temperaturanalyse |
| .TF | NF-Übertragungsfaktor | .PARAM | Parameteränderung |
| .MC | Monte-Carlo-Analyse | .WC | Worst-Case-Analyse |

In der Tabelle 1.5 erscheint eine Auswahl häufig verwendeter mathematischer Funktionen.

**Tabelle 1.5**  Mathematische Funktionen bei PSPICE

| Kennwort | Funktion | Erklärung |
|---|---|---|
| AVG(x) | x | Mittelwert von x über den Bereich der Abszissenvariablen |
| dB(x) | $\|x\|$  in dB | Betrag von x in Dezibel |
| M(x) | $\|x\|$ | Betrag von x |
| P(x) | $\varphi_x$ | Phase von x (in Grad) |
| IMG(x) | Im$\{x\}$ | Imaginärteil von x |
| R(x) | Re$\{x\}$ | Realteil von x |
| RMS(x) | $x_{eff}$ | Effektivwert von x |
| SQRT(x) | $x^{1/2}$ | Quadratwurzel aus x |
| EXP(x) | $e^x$ | Exponenzialwert von x |
| LOG(x) | ln(x) | natürlicher Logarithmus von x |
| LOG10(x) | lg(x) | dekadischer Logarithmus von x |
| PWR(x,y) | $x^y$ | $\|x\|$  hoch y |
| SIN(x) | sin(x) | Sinus von x (mit x im Bogenmaß) |
| COS(x) | cos(x) | Kosinus von x (mit x im Bogenmaß) |
| TAN(x) | tan(x) | Tangens von x (mit x im Bogenmaß) |
| d(x) | x' | Ableitung von x nach der Abszissenvariablen |

Die Tabelle 1.6 zeigt mögliche Vereinfachungen bei der Schreibweise von Zehnerpotenzen.

**Tabelle 1.6**  Maßstabsfaktoren bei PSPICE

| Symbol | Äquivalent | Wert | Bezeichnung |
|---|---|---|---|
| f | E-15 | $10^{-15}$ | Femto |
| p | E-12 | $10^{-12}$ | Piko |
| n | E-9 | $10^{-9}$ | Nano |
| u | E-6 | $10^{-6}$ | Mikro |
| m | E-3 | $10^{-3}$ | Milli |
| k | E3 | $10^3$ | Kilo |
| MEG | E6 | $10^6$ | Mega |
| G | E9 | $10^9$ | Giga |
| T | E12 | $10^{12}$ | Tera |

In den nachfolgenden Kapiteln wird bei der Lösung der Aufgaben die PSPICE-gerechte Eingabe von Schaltelementen, Modellnamen und Gleichungen gemäß der Tabellen 1.1 bis 1.8 berücksichtigt. Darüber hinaus wird bei der Schreibweise von Kenngrößen beachtet, dass diese in normaler (nicht kursiv gesetzter) Schrift und ohne einen Abstand zwischen dem Wert und der Einheit eingetragen werden. Anstelle eines evtl. erforderlichen Kommas wird der Punkt gesetzt. Indizes können nicht tief gestellt erscheinen. So ist z. B. anstelle von $I_1 = 1{,}25$ mA der Eintrag mit I1=1.25mA vorzunehmen.

Da in den DEMO-Versionen von OrCAD & PSPICE keine optoelektronischen Bauelemente verfügbar sind, werden in den Tabellen 1.7 und 1.8 wichtige Modellparameter von Leuchtdioden, einer Fotodiode und eines Fototransistors aufgelistet.

**Tabelle 1.7** Modellparameter von Leuchtdioden und Fotodiode

| Symbol | Einheit | Parameterbezeichnung | LED_ROT | LED_GRUEN | BPW 34 |
|--------|---------|----------------------|---------|-----------|--------|
| IS | A | Sättigungsstrom | 1.2E-20 | 9.8E-29 | 1.546E-11 |
| N | | Emissionskoeffizient | 1.46 | 1.12 | 1 |
| RS | Ω | Serienwiderstand | 2.4 | 2.4E01 | 1E-01 |
| EG | eV | Energiebandlücke | 1.95 | 2.2 | 1.11 |
| IRS | A | Rekombinations-Sättigungsstrom | | | 6E-10 |

**Tabelle 1.8** Modellparameter eines Fototransistors

| Symbol | Einheit | Parameterbezeichnung | BP103 |
|--------|---------|----------------------|-------|
| IS | A | Transport-Sättigungsstrom | 1E-14 |
| BF | | Ideale Vorwärts-Stromverstärkung | 500 |
| VAF | V | Early-Spannung, vorwärts | 60 |
| IKF | A | Knickstrom, vorwärts | 3E-01 |
| CJC | F | Sperrschichtkapazität bei $U_{BC} = 0$ V | 1.5E-11 |
| CJE | F | Sperrschichtkapazität bei $U_{BE} = 0$ V | 1E-11 |
| TF | s | Transitzeit, vorwärts | 1.5E-09 |

Die gesteuerten Quellen E, F, G und H aus der Tabelle 1.1 sind ideale, lineare Quellen, deren Ausgangsgröße über einen Proportionalitätsfaktor *GAIN* von der Eingangsgröße abhängt. Dieser Faktor anstelle seines Standardwertes 1 anwendungsgerecht abgeändert und eingetragen werden.

Während der Faktor *GAIN* bei der E- und F-Quelle die Dimension 1 aufweist, nimmt er bei der G-Quelle die Dimension Siemens und bei der H-Quelle die Dimension Ohm an. Nicht lineare-Zusammenhänge zwischen Eingangs- und Ausgangsgrößen lassen sich mit *POLY*-Quellen realisieren, bei denen unter *VALUE* eine Gleichung eingegeben werden kann.

Konkrete Anwendungen werden im jeweiligen Kapitel dieses Buches beschrieben.

Spannungsgesteuerte Spannungsquelle E

$$U_2 = U_1 \cdot GAIN$$

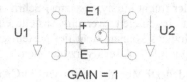

Stromgesteuerte Stromquelle F

$$I_2 = I_1 \cdot GAIN$$

Spannunggesteuerte Stromquelle G

$$I_2 = U_1 \cdot GAIN$$

Stromgesteuerte Spannungsquelle H

$$U_2 = I_1 \cdot GAIN$$

# 2 Schaltungen mit Temperatursensoren

In den folgenden Abschnitten werden in einer Auswahl Temperatursensoren betrachtet, deren elektrischer Widerstand bei einer Erhöhung der Temperatur wie bei den keramischen Heißleitern abnimmt oder bei den Kaltleitern wie Platin- bzw. den Silizium-Widerstandssensoren ansteigt. Um Temperaturauswertungen vornehmen zu können, muss das Sensorsignal oftmals zunächst linearisiert werden. Ein besonders großer Temperaturbereich von einigen hundert Grad Celsius lässt sich mit einem Thermoelement erfassen. Spezielle Schaltungen mit Bipolartransistoren wie die Bandabstand-Referenzspannungsquelle sind als Temperatursensoren gut geeignet, weil eine zur Temperatur lineare Auswertespannung erzeugt wird.

Die in diesem Kapitel vorgestellten Anwenderschaltungen mit Temperatursensoren enthalten Messbrücken, Komparatoren, Schmitt-Trigger, Elektrometer- und Subtrahierverstärker, zu deren Simulation die Analysearten *DC Sweep*, sowie *TEMP, MC, WC, TF* und *SENS*, herangezogen werden, s. Tabelle 1.4.

## 2.1 NTC-Sensoren

NTC-Sensoren (NTC: Negative Temperature Coefficient) sind Halbleiterwiderstände, deren Widerstandswerte mit steigender Temperatur abnehmen. In einem Temperaturbereich von z. B. 0 bis 50 °C reagieren sie stark auf auch nur geringe Temperaturänderungen. Nachteilig sind jedoch die recht hohen Herstellungstoleranzen.

### 2.1.1 Aufbau und Kennlinie

NTC-Sensoren bestehen aus einem keramischen Metalloxid. Die in erster Näherung exponenzielle Abnahme ihres Widerstandes bei zunehmender Temperatur beruht auf thermisch bedingter Ladungsträgererzeugung und kann wie folgt berechnet werden:

$$R = R_{25} \cdot e^{B \cdot \left( \frac{1}{T} - \frac{1}{T_0} \right)} \qquad (2.1)$$

Der Nennwiderstand $R_{25}$ gilt für eine Temperatur von 25 °C entsprechend $T_0 = 298$ K. Typische Werte der Materialkonstanten $B$ liegen zwischen 2000 und 5000 K.

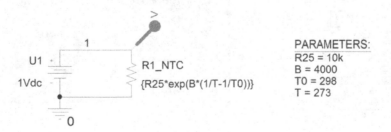

**Bild 2-1a** Schaltung zur Ermittlung der Temperaturabhängigkeit des NTC-Widerstandes

■ **Aufgabe**

Es ist die Temperaturabhängigkeit eines NTC-Sensors mit $R_{25}$ = 10 kΩ und den Parameterwerten $B$ = 2000, 4000, 5000 K von 0 bis 50 °C mit der Schaltung nach Bild 2-1 zu analysieren.

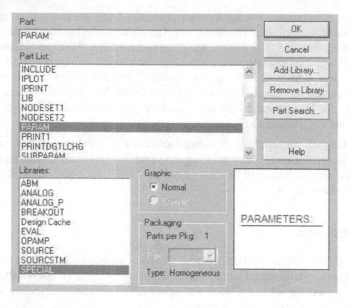

**Bild 2-1b** Aufruf der Parametervariation aus der Spezialbibliothek

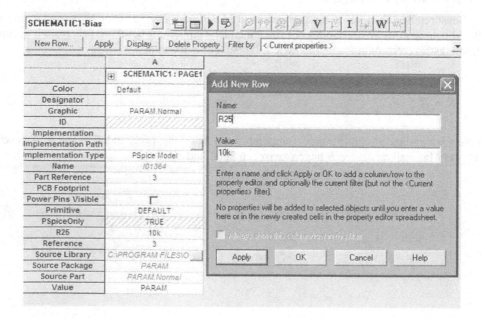

**Bild 2-1c**  Eintrag eines Parameterwertes

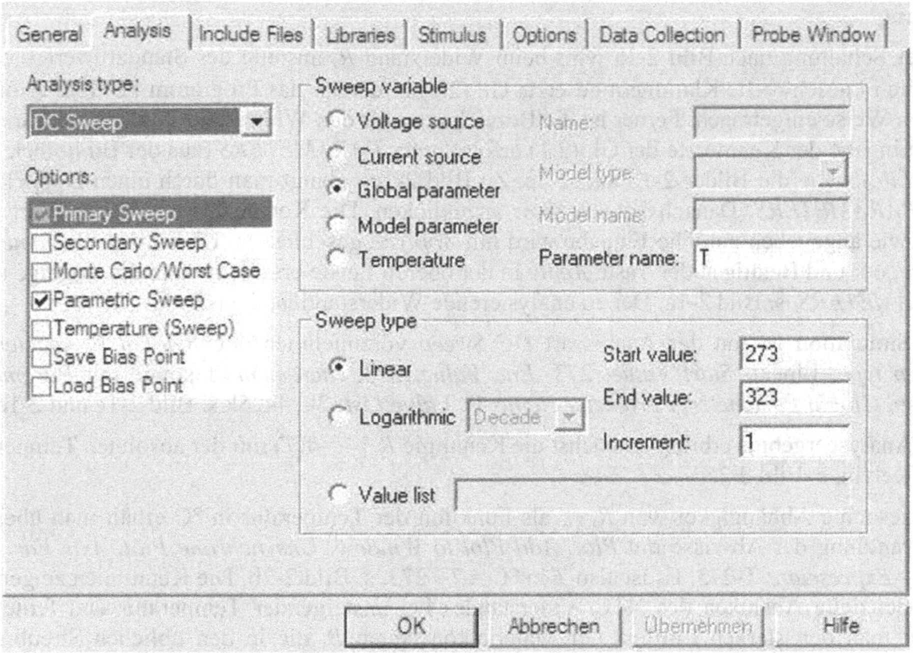

**Bild 2-1d** Eintrag zur Kennlinienanalyse

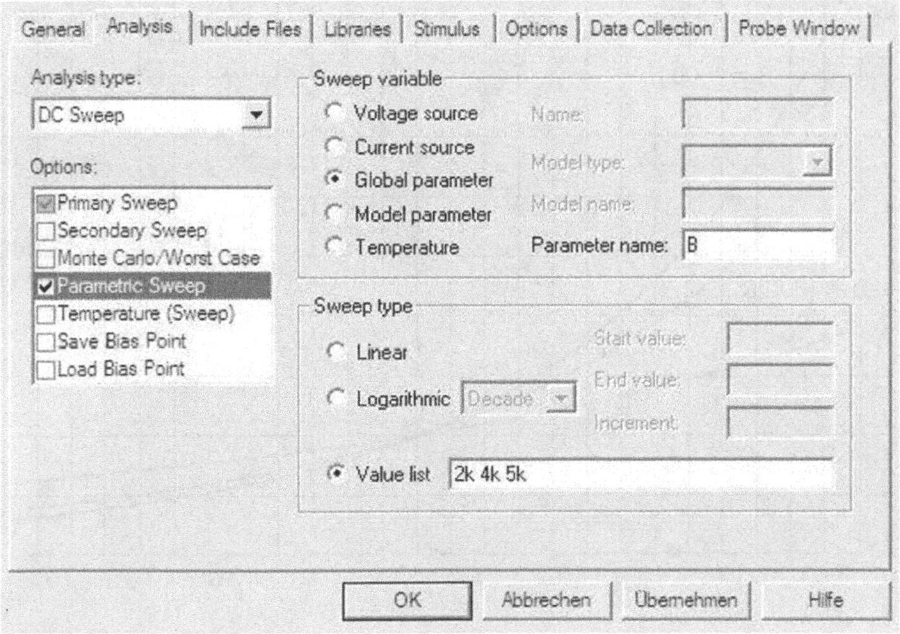

**Bild 2-1e** Vorgabe der Parameterwerte

**Lösung**

In der Schaltung nach Bild 2-1a wird beim Widerstand $R_1$ anstelle des Standardwertes von 1 kΩ die in geschweifte Klammern gesetzte Gl. (2.1) in der für das Programm PSPICE erforderlichen Weise eingetragen. Ferner ist die Bezeichnung für den Widerstand $R_1$ in $R_{1\_NTC}$ zu ändern. Die Eingabe der Kennwerte der Gl. (2.1) erfolgt unter *PARAMETERS* (aus der Bibliothek *Special Lib.*) siehe die Bilder 2-1b und 2-1c. Zu Bild 2-1c gelangt man durch einen Doppelklick auf *PARAMETERS*. Danach ist *New Row* anzuklicken. Die Kenngröße und deren Wert trägt man wie angegeben ein. Die Eingabe wird mit *Apply* abgeschlossen. Über *Display, Name and Value*, o k und Betätigen der Taste *Apply* in der oberen Leiste erscheint dann die Anzeige unter *PARAMETERS*, s. Bild 2-1a. Der zu analysierende Widerstand ist dann $R = U_1/I_{R1\_NTC}$.

Die Simulation ist mit der Analyseart *DC Sweep* vorzunehmen über *Global Parameter*: T, *Sweep type*: Linear, *Start Value*: 273, *End Value*: 323, *Increment*: 1 sowie mit *Parametric Sweep, Global Parameter, Parameter Name*: B, *Value List*: 2k, 4k, 5k s. Bild 2-1e und 2-1d.

Das Analyseergebnis erbringt zunächst die Kennlinie $R_{1\_NTC} = f(T)$ mit der absoluten Temperatur $T$ in Kelvin, s. Bild 2-2a.

Die gesuchte Abhängigkeit von $R_{1\_NTC}$ als Funktion der Temperatur in °C erhält man über die Umwandlung der Abszisse mit *Plot, Add Plot to Window, Unsynchrone Plot, Axis Variable, Trace Expression*: T-273. Es ist also $T$ in °C $= T- 273$, s. Bild 2-2b. Die Kennlinien zeigen das exponenzielle Absinken des NTC-Widerstandes bei ansteigender Temperatur und ferner erkennt man den starken Einfluss der Materialkonstanten $B$, die in den üblichen Streubreiten variiert wurde.

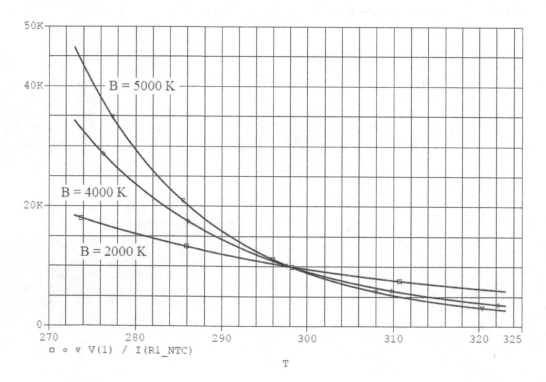

**Bild 2-2a** Kennlinien des NTC-Sensors mit der Temperatur in K

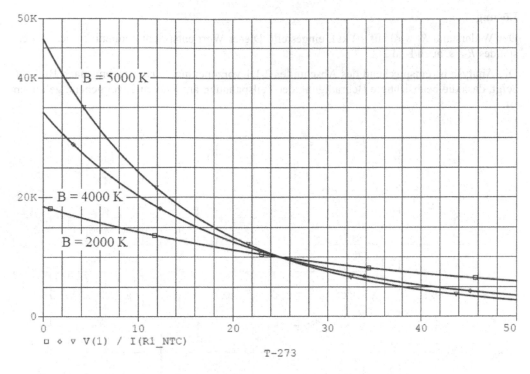

**Bild 2-2b** Widerstand des NTC-Sensors in Abhängigkeit von der Temperatur in °C

## 2.1.2 Linearisierung der Kennlinie

Ergänzt man den Widerstand $R_{1\_NTC}$ mit einem Festwiderstand $R_2$ zu einem Spannungsteiler gemäß Bild 2-3, dann kann man die Kennlinie linearisieren. Der Widerstand $R_2$ sollte dabei einen Wert erhalten, der demjenigen von $R_{1\_NTC}$ in der Mitte des zu analysierenden Temperaturbereiches entspricht.

■ **Aufgabe**

Mit dem Spannungsteiler nach Bild 2-3 ist eine linearisierte Messspannung für den Temperaturbereich von 0 bis 50 °C bereitzustellen.

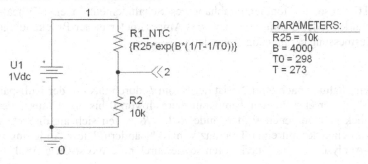

**Bild 2-3** Spannungsteiler zur Linearisierung der Kennlinie

**Lösung**

Der Widerstand $R_2$ wird auf 10 kΩ. eingestellt. Dieser Wert entspricht demjenigen des Widerstandes $R_{25}$, s. auch Bild 2-2.

Die Analyse ist entsprechend des Abschnittes 2.1.1 vorzunehmen. Das Ergebnis nach Bild 2-4 zeigt, dass die beabsichtigte Begradigung der Teilspannung am Knoten 2 weitgehend gelungen ist.

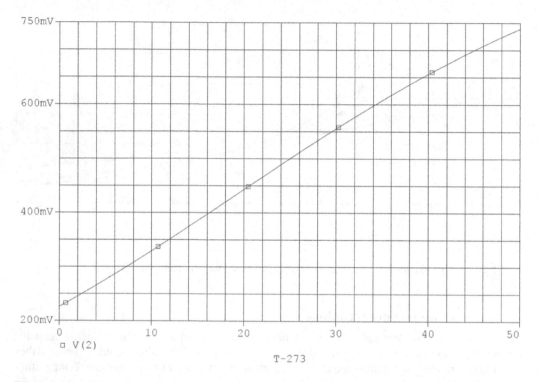

**Bild 2-4** Linearisierte Messspannung als Funktion der in °C angegebenen Temperatur

### 2.1.3 Temperaturmessung durch Auswerten des Brückenstromes

Wird der NTC-Sensor als temperaturabhängiges Schaltelement in eine Wheatstone-Brücke eingebaut, dann kann der Strom, der durch das Amperemeter in der Brückendiagonalen fließt, zur Temperaturmessung herangezogen werden.

■ **Aufgabe**

In der Brückenschaltung nach Bild 2-5 ist der Strom $I_2$ durch das mit der Nullspannungsquelle $U_2$ gebildete Amperemeter für den Temperaturbereich von 0 bis 50 °C auszuwerten. Die der *Break*-Bibliothek entnommenen Widerstände $R_1$ bis $R_2$ sollen sich als diskrete Bauelemente unabhängig von einander mit einer Toleranz von 10 % ändern. Diese Änderung ist durch eine Monte-Carlo-Analyse mit fünf Durchläufen sowie durch eine Worst-Case-Analyse nachzuweisen.

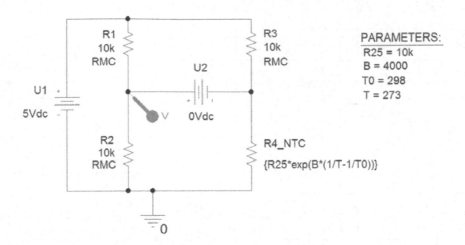

**Bild 2-5** Brückenschaltung mit einem NTC-Sensor

## Lösung

Es wird der bereits beschriebene NTC-Sensor als Widerstand $R_{4\_NTC}$ in die Brücke eingebaut. Die Break-Widerstände $R_1$ bis $R_3$ werden aktiviert und nach *Edit, Pspice Model* wird der Zusatz DEV=10% eingetragen. Schließlich wird *Rbreak* noch durch die Bezeichnung RMC ersetzt, um auf die Ausführung einer Monte-Carlo-Analyse hinzuweisen.

Die *DC-Sweep*-Analyse ist wie im Abschnitt 2.1.1 vorzunehmen. jedoch mit dem Endwert von 323 für den globalen Parameter $T$. Zusätzlich ist die Monte-Carlo-Analyse vorzugeben mit den Einstellungen: *Monte-Carlo/Worst Case, Monte Carlo, Output Variable*: I(U2), *Number of runs*: 5, *Use Distributions*: Uniform.

Bei der Worst-Case-Analyse ist wie folgt vorzugehen: *Worst Case/Sensitivity, Output Variable*: I(U2), *Vary devices that have*: only DEV. Das Ergebnis nach Bild 2-6 zeigt, dass das Amperemeter für die mit den Nominalwerten simulierte Kennlinie bei der Temperatur von 25 °C stromlos wird, weil der Sensor $R_{4\_NTC}$ dann mit $R_{25}$ = 10 kΩ den Nominalwert der drei Festwiderstände annimmt.

Im Temperaturbereich von 25 bis 50 °C steigt der Diagonalstrom nahezu linear an. Bei Temperaturen unterhalb von 25 °C wechselt er seine Richtung und bewirkt auf Grund der Sensorkennlinie einen deutlich nicht linearen Verlauf mit einer geringeren Erhöhung seines Betrages, s. die zweite Kennlinie von oben im unteren Diagramm. Im übrigen erkennt man deutlich, wie empfindlich der Brückendiagonalstrom auf die Widerstandstoleranzen bereits bei nur fünf Simulationsläufen reagiert. Hieraus ergibt sich die Schlussfolgerung, dass die Toleranz der Widerstände z. B. auf den Wert von nur 1 % zu verringern ist.

Das Ergebnis der Worst-Case-Analyse, das im oberen Diagramm dargestellt ist, weist erwartungsgemäß die höchste Abweichung gegenüber der mit den Nominalwerten berechneten Sensorkennlinie auf.

Während mit der Monte-Carlo-Analyse die zufällige Variation der Toleranzwerte durchgeführt wird, baut die Worst-Case-Analyse auf einer Sensivity-Analyse auf, wobei jeder Parametersatz mit seiner vollen Toleranz nach oben bzw. nach unten durchfahren wird, um die maximale Abweichung vom Nominalwert zu erhalten.

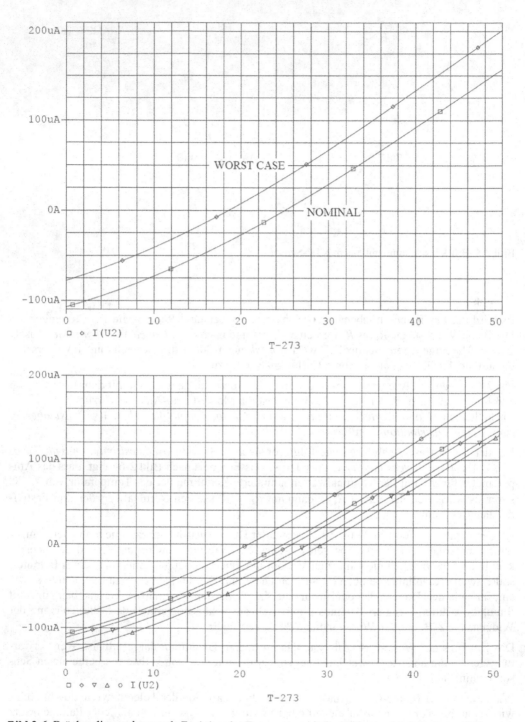

**Bild 2-6** Brückendiagonalstrom als Funktion der Temperatur mit der Widerstandstoleranz von 10%
oberes Diagramm: Worst-Case-Analyse; unteres Diagramm: Monte-Carlo-Analyse

### 2.1.4 Elektronisches Thermometer

Mit der bereits verwendeten Brückenschaltung von Bild 2-5 und einem nachfolgenden nicht invertierenden Verstärker kann dessen Ausgangsspannung ein Maß für die mit dem NTC-Sensor $R_{1\_NTC}$ erfasste Temperatur sein. In der so aufgebauten Schaltung nach Bild 2-7 werden der Nullpunkt und die Steigung des Temperaturverlaufes der Ausgangsspannung mit den Einstellwiderständen $R_4$ bzw. $R_5$ festgelegt [7].

Hinweis: Der Standardwert für die Einstellung eines variablen Widerstandes ist $SET = 0,5$. Mit einem Doppelklick auf dieses Bauteil kann anstelle dessen der gewünschte Wert eingetragen werden.

■ **Aufgabe**

In der Schaltung nach Bild 2-7 ist der Einstellwiderstand $R_4$ mit dem Parameter $SET$ so festzulegen, dass die Ausgangsspannung 0 V annimmt, wenn die Temperatur 0 °C erreicht. Ferner soll der Einstellwiderstand $R_5$ mittels $SET$ einen solchen Wert erhalten, dass die Ausgangsspannung um jeweils 1 V ansteigt, wenn die Temperatur um 10 °C erhöht wird. Es ist der Temperaturbereich von 0 bis 50 °C zu erfassen.

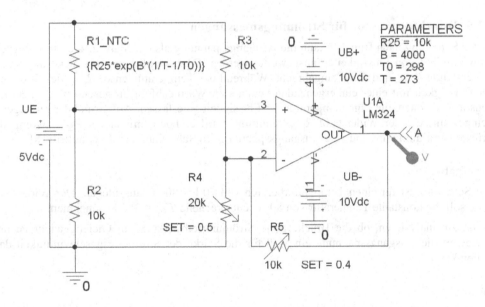

**Bild 2-7** Elektronisches Thermometer

**Lösung**

Die Analyse ist wie im Abschnitt 2.1.1 vorzunehmen. Zum Ziel führen die folgenden Einstellungen: $SET = 0.5$ bei $R_4$ für die Einstellung des Nullpunktes und $SET = 0.4$ bei $R_5$ für die Steigung. Das Bild 2-8 zeigt das erreichte Ergebnis, mit dem die Aufgabenstellung für den Temperaturbereich von 0 bis 35 °C gut erfüllt wird, während bei den höheren Temperaturwerten ein Abflachen des Verlaufes der Ausgangsspannung zu verzeichnen ist.

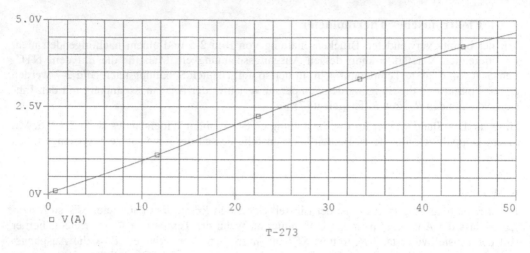

**Bild 2-8** Ausgangsspannung in Abhängigkeit von der in °C angegebenen Temperatur

## 2.1.5 Durchflusssensor für Strömungsmessungen

In der Schaltung nach Bild 2-9 kann die Ausgangsspannung als ein Maß für die Strömungsge-schwindigkeit von Flüssigkeiten ausgewertet werden. Dazu werden in die Brücke die beiden Widerstände $R_{1\_NTC}$ und $R_{2\_NTC}$ eingebracht. Während der Temperatursensor $R_{1\_NTC}$ der Strömung der Flüssigkeit mit einer einhergehenden verstärkten Wärmeabfuhr ausgesetzt wird, dient der Sensor $R_{2\_NTC}$ dazu, die Eigentemperatur der Flüssigkeit zu erfassen. Auf Grund der niedrigeren Temperatur, die der Widerstand $R_{1\_NTC}$ annimmt, wird er hochohmiger als $R_{2\_NTC}$, womit die Brücke verstimmt wird und eine Ausgangsspannung am Subtrahierverstärker auftritt [8].

### ■ Aufgabe

Die Schaltung ist für einen Temperaturbereich von 70 bis 80 °C auszulegen. Der Widerstand $R_{2\text{-NTC}}$ soll die konstante Temperatur von 80 °C entsprechend $T_{const} = 353$ K annehmen.

Es ist zu analysieren, ob die Brücke ohne Strömungseinwirkung im Gleichgewicht ist und inwieweit die Ausgangsspannung ein Maß für die Stärke der Strömungsgeschwindigkeit dar-stellen kann.

### Lösung

Die Analyse wird wie im Abschnitt 2.1.1 ausgeführt. Ohne Strömung sei die Brücke für den eingeschwungenen Zustand bei der Temperatur von 80 °C im Gleichgewicht, womit die Aus-gangsspannung den Wert $U_A = 0$ V annimmt. Mit abnehmender Temperatur erhöht sich der Widerstandswert von $R_{1\_NTC}$, während der Widerstand $R_{2\_NTC}$ konstant bleibt weil sich seine Temperatur nicht ändert. Diese Widerstandsunterschiede werden im Subtrahierverstärker auf die Messung der Ausgangsspannung $U_A$ zurückgeführt. Mit $R_5 = R_6$ und $R_7 = R_8$ erhält man dann $U_A = - R_7 / R_6 \cdot (U_4 - U_2)$.

Für das gewählte Prinzipbeispiel steigt die Ausgangsspannung bei stärker werdender Strömung an, weil die Eigenerwärmung von $R_{1\_N\cdot TC}$ verringert wird s. Bild 2-10.

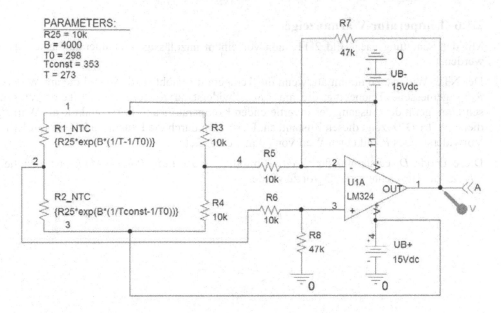

**Bild 2-9** Schaltung mit zwei NTC-Sensoren zur Erfassung der Strömungsgeschwindigkeit

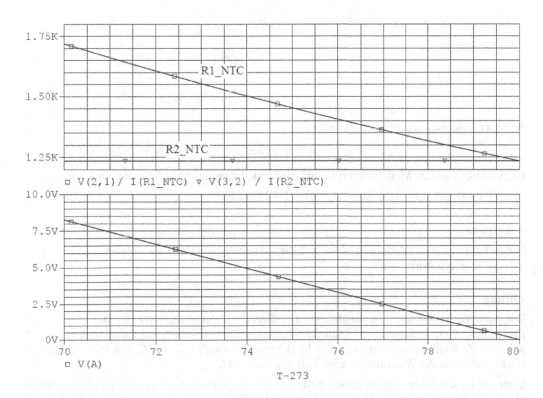

**Bild 2-10** Temperaturgang der Sensorwiderstände sowie der Ausgangsspannung

## 2.1.6 Temperatur-Warnanzeige

Mit der Schaltung nach Bild 2-11 kann vor einem unzulässigen Temperaturanstieg gewarnt werden.

Der NTC-Widerstand nimmt ab, wenn die Temperatur erhöht wird. Sobald die am Widerstand $R_{2\_NTC}$ gemessene Temperatur die am Einstellwiderstand $R_4$ vorgegebene Temperatur überschreitet, gerät der Ausgang des invertierenden Komparators auf LOW und die als Warnsignal dienende LED $D_1$ zeigt diesen Zustand an. Der Strom durch die Leuchtdiode wird mit Hilfe des Vorwiderstandes $R_5$ auf einen Wert von 20 mA eingestellt.

Diese Diode $D_1$ entstammt der *Break*-Bibliothek. Über *Edit*, *PSpice Model* ist anstelle von *Dbreak* die Bezeichnung LED_rot zu wählen.

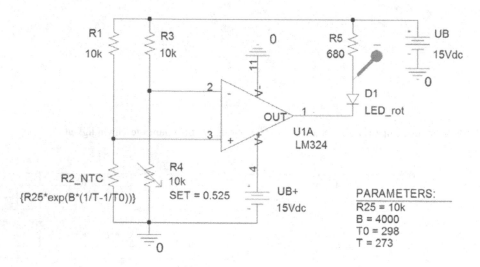

**Bild 2-11** Schaltung einer Temperatur-Warnanzeige

Im Anschluss an den Modellnamen D sind die Modellparameter wie folgt einzutragen:

.model  LED_rot D IS=1.2E-20 N=1.46 RS=2.4 EG=1.95.

### ■ Aufgabe

Die Schaltung ist so auszulegen, dass sich die Leuchtdiode einschaltet, sobald die Temperatur von 40 °C überschritten wird.

### Lösung

Die Analyse ist wie folgt durchzuführen: *DC Sweep*, *Global Parameter*: T, *Start Value*: 293, *End Value*: 333, *Increment*: 0.1. Mit dem Parameter *SET* = 0.525 am Einstellwiderstand $R_4$ wird die Zielstellung erreicht, dass der LED-Strom oberhalb von 40 °C den Wert 20 mA erreicht und somit die Warnanzeige einschaltet, s. Bild 2-12.

Über der Leuchtdiode liegt für diesen Fall eine Durchlassspannung von $U_F = 1{,}63$ V an. Das ist ein für GaAs-Dioden diesen Typs charakteristischer Wert.

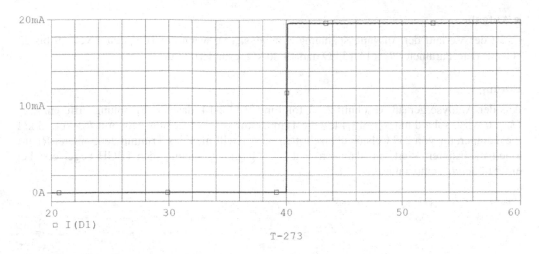

**Bild 2-12** Temperatur-Warnanzeige mittels einer Leuchtdiode

## 2.1.7 Temperaturregler

In der Schaltung nach Bild 2-13 wird der Widerstand $R_{4\_NTC}$ in Verbindung mit dem Trimmpotentiometer $R_3$ als thermischer Schalter verwendet. Die Z-Diode $D_1$ stellt eine stabilisierte Gleichspannung von etwa 4,6 V für die Widerstandsbrücke zur Verfügung. Wenn die Temperatur ansteigt, verringert $R_{4\_NTC}$ seinen Wert. Sobald die Differenzeingangsspannung $U_P - U_N$ positive Werte erreicht, gerät die Ausgangsspannung $U_A$ auf HIGH. Der Widerstand $R_6$ sorgt für die Mitkopplung [9].

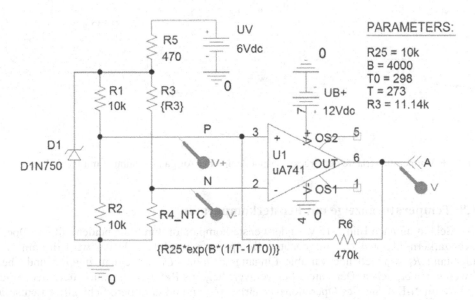

**Bild 2-13** Temperaturregler

■ **Aufgabe**

Es ist der Verlauf der Ausgangsspannung zu analysieren, wenn die Temperatur von 19 bis 23 °C mit dem Parameter $R_3 = 11{,}15$ kΩ und 13,40 kΩ geändert wird.

**Lösung**

Aus der Analyse gemäß Abschnitt 2.1.1 folgt mit Bild 2-14, dass die Spannungsdifferenz $U_P - U_N > 0$ wird, sobald mit $R_3 = 13{,}4$ kΩ die Temperatur von 19° Celsius bzw. mit $R_3 = 11{,}15$ kΩ die Temperatur von 23° Celsius überschritten wird. Stellt man das Trimmpotentiometer $R_3$ auf einen niedrigeren Wert ein, dann erreicht die Ausgangsspannung den HIGH-Pegel erst bei einer höheren Temperatur.

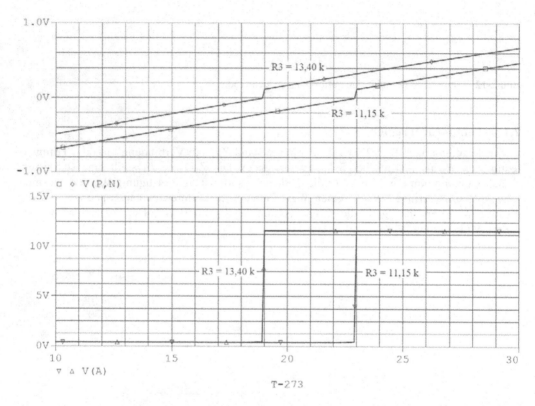

**Bild 2-14** Temperaturverläufe der Brückenspannung und der Ausgangsspannung mit R₃ als Parameter

### 2.1.8 Temperaturanzeige mit Fensterkomparator

In der Schaltung nach Bild 2-15 wird der Fensterkomparator durch die beiden mit den Operationsverstärkern $U_{1A}$ und $U_{2A}$ aufgebauten Komparatoren gebildet. Dabei wird die am NTC-Widerstand $R_{2\_NTC}$ abfallende variable Eingangsspannung $U_E$ mit einem unteren und oberen Schwellwert verglichen. Der untere Schwellwert liegt als Referenzspannung über dem Widerstand $R_5$ am N-Eingang des Operationsverstärker $U_{2A}$ an und der obere Schwellwert entspricht dem Spannungsabfall über den Widerständen $R_3$ und $R_4$ am P-Eingang des Operationsverstärkers $U_{1A}$. Mit der Schaltung kann angezeigt werden, ob die temperaturabhängige Eingangs-

spannung $U_E$ innerhalb oder außerhalb eines aus den Referenzspannungen $U_{P1}$ und $U_{N2}$ gebildeten Fensters liegt. Die Dimensionierung des Fensters erfolgt über die Widerstände $R_1$ bis $R_5$
[10].

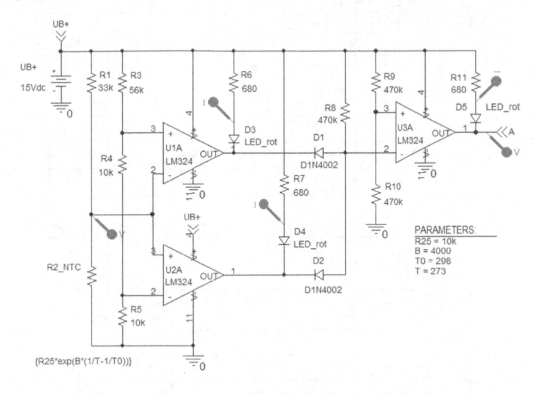

**Bild 2-15** Schaltung zur Anzeige eines Temperaturbereiches mit dem Fensterkomparator

### ■ Aufgabe

Für die Schaltung nach Bild 2-15 sind im Temperaturbereich von 0 bis 60 °C zu analysieren
und darzustellen: die Eingangsspannung $U_E$, die Ausgangsspannung $U_A$ und die LED-Ströme
$I_{D3}$, $I_{D4}$ und $I_{D5}$.

### Lösung

Anzuwenden ist die Analyse *DC Sweep, Global Parameter, Parameter Name*: T, *Linear, Start
Value*: 273, *End Value*: 333, *Increment*: 1. Mit den vorgegeben Werten der Widerstände $R_1$
sowie $R_3$ bis $R_5$ erhält man das Analyseergebnis nach Bild 2-16. Die LED $D_5$ zeigt einen Temperaturbereich von 21 bis 41 °C an. In diesem Bereich erreicht die Ausgangspannung den Wert
0 V. Unterhalb dieses Temperaturfensters leuchtet die LED $D_3$ und oberhalb die LED $D_4$. Das
obere Diagramm des Bildes 2-16 zeigt den durch die Kennlinie des NTC-Widerstandes beding-
ten Temperaturgang der Eingangsspannung.

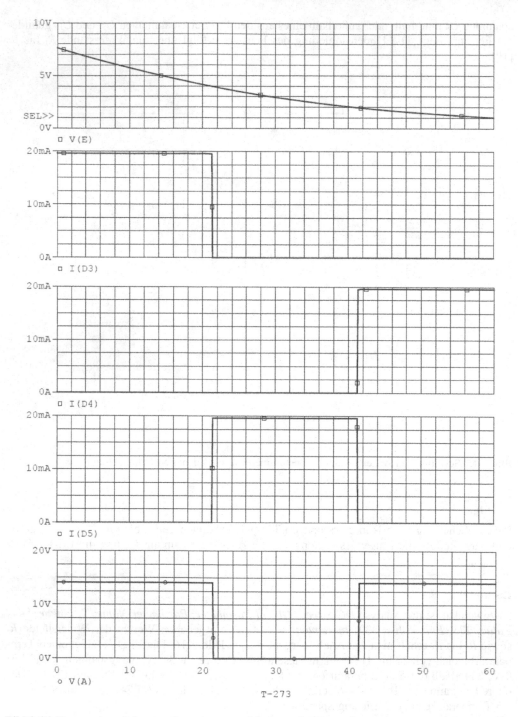

**Bild 2-16** Temperaturanzeige von Spannungen und Strömen des Fensterkomparators

## 2.2 PTC-Sensoren

Der Widerstand von PTC-Sensoren (PTC: Positive Temperature Coefficient) nimmt mit steigender Temperatur zu. Eine derartige Abhängigkeit weisen Platin-Temperatursensoren, Silizium-Ausbreitungswiderstände und in einem bestimmten Temperaturbereich auch Kaltleiter aus dotierter polykristalliner Titankeramik auf.

### 2.2.1 Aufbau und Kennlinie von Platin-Temperatursensoren

Platin-Temperatursensoren können u. a. als Platinwicklung auf einem Keramikträger oder als strukturierte Platin-Dünnschicht auf einem Keramiksubstrat erzeugt werden.

Mit steigender Temperatur verringert sich die freie Weglänge der Elektronen, womit deren Beweglichkeit absinkt. Die Temperaturabhängigkeit des Widerstandes von Pt-Sensoren kann im Bereich von 0 bis 850 °C wie folgt beschrieben werden:

$$R = R_0 \cdot \left(1 + TC_1 \cdot \left(Temp - T_{nom}\right) + TC_2 \cdot \left(Temp - T_{nom}\right)^2\right) \qquad (2.2)$$

Für den Platin-Messwiderstand Pt 100 gelten die Werte [17]:

$R_0 = 100 \ \Omega$ als Grundwiderstand bei $T_{nom} = 0 \ °C$

$TC_1 = 3{,}908 \cdot 10^{-3}/K$; TC2 $= -5{,}802 \cdot 10^{-7} \ / \ K^2$ als Temperaturkoeffizienten, Temperatur $Temp$ gemessen in °C.

■ **Aufgabe**

Es ist die Kennlinie $R_{1\_PTC} = f(Temp)$ des Kaltleiters vom Typ Pt 100 für den Temperaturbereich von 0 bis 850 °C zu simulieren.

**Lösung**

Aus der Break-Bibliothek ist gemäß Bild 2-17 der Widerstand *Rbreak* aufzurufen. Im Gegensatz zu den NTC-Sensoren, bei denen wegen deren spezieller Temperaturabhängigkeit nach Gl. (2.1) die Temperatur als <u>globaler</u> Parameter eingeführt werden musste, können bei den PTC-Sensoren die Werte für die Temperaturkoeffizienten beim Break-Widerstand PSPICE-gerecht eingetragen werden, womit dann die Temperaturanalyse programmgemäß erfolgen kann.

Über *Edit* und *PSpice Model* sind also die o. g. Werte von $TC_1$, $TC_2$ und $T_{nom}$ einzugeben. Ferner ist anstelle von *Rbreak* die Bezeichnung Pt100 einzutragen. Über *Edit* und *PSpice Model* ist die Modellierung des PTC-Widerstandes $R_1$ wie folgt vorzunehmen:

.model Pt100 RES R=1 TC1=3.908m TC2=-0.5802u Tnom=0

Die vom Pluspol der Spannungsquelle zum PTC-Widerstand führende Verbindungsleitung kann über *Net Alias* als Knoten 1 gekennzeichnet werden. Dazu ist auf der rechts angeordneten Leiste das Fenster N1 zu aktivieren.

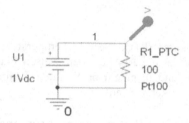

**Bild 2-17** Schaltung zur Ermittlung der Kennlinie des Sensors Pt 100

Die Kennlinie nach Bild 2-18 folgt aus der Analyseart *DC Sweep* mit *Temperature, Start Value*: 0, *End Va*lue: 850, *Increment*: 1 über *Trace, Add Trace* mit $U_1/IR_{1\_PTC}$ = f(*Temp*). Gemäß der Gl. (2.2) ergibt sich für diesen PTC-Sensor ein nahezu linearer Anstieg des Widerstandes mit der Temperatur bis zu ca. 300°C und oberhalb dieses Wertes wird der Anstieg auf Grund des negativen Koeffizienten $TC_2$ nicht linear vermindert. Bei 0 °C wird der Wert $R_0$ = 100 Ω erreicht.

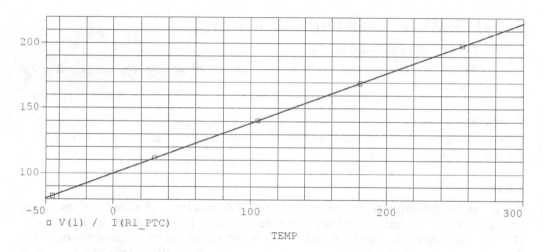

**Bild 2-18** Kennlinie des Sensors Pt 100

## 2.2.2 Temperaturauswertung mit Pt 100-Sensor und Operationsverstärker

Schaltet man den Sensor Pt 100 in den Rückkopplungszweig eines invertierenden Operationsverstärkers gemäß Bild 2-19, dann kann man die Ausgangsspannung zur Temperaturauswertung heranziehen. Die Modellierung des Widerstandes $R_{2\_PTC}$ ist wie im Abschnitt 2.2.1 vorzunehmen.

### ■ Aufgabe

Die Ausgangsspannung $U_A$ soll für den Temperaturbereich von -50 bis 300 °C analysiert werden. Der Widerstand $R_1$ ist dabei so festzulegen, dass $U_A$ den Wert von -4 V für die Temperatur von 0 °C erreicht. Ferner ist eine Kleinsignal-Transfer-Analyse (*TF*, Transfer Function) auszuführen, um die Spannungsverstärkung $v_u$ gemäß Gl. (2.3) sowie den Eingangs- und Ausgangswiderstand der Schaltung bei der Temperatur von 0 °C zu ermitteln.

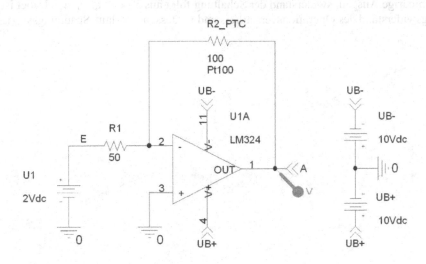

**Bild 2-19** Temperaturauswertung mit dem Sensor Pt 100

**Lösung**

Mit der Analyse *DC Sweep, Temperature, Linear, Start Value*: -50, *End Value*: 300, *Increment*: 1 erhält man das Diagramm nach Bild 2-20.

Für die Spannungsverstärkung des invertierenden Operationsverstärkers gilt:

$$ v_u = - \frac{R_2}{R_1} \tag{2.3} $$

Hieraus folgt bei 0 °C der Wert der Ausgangsspannung mit

$U_A = U_E \cdot v_u = 2\ \text{V} \cdot (-100\ \Omega\ /\ 50\ \Omega) = -4\ \text{V}$, womit die Aufgabenstellung erfüllt wird. Die TF-Analyse ist wie folgt auszuführen:

*Bias Point, Temperature Sweep, Run the simulation at Temperature*: 0 °C, *Calculate small signal dc gain (.TF) from Input source name*: U1, *To output variable*: V(A). Das Analyseergebnis zeigt die Tabelle 2.1.

**Tabelle 2.1** Ergebnisse der Kleinsignal-Transfer-Analyse bei der Temperatur von 0 °C

```
****    SMALL-SIGNAL CHARACTERISTICS
        V(A)/V_U1 = -2.000E+00
  INPUT RESISTANCE AT V_U1 = 5.000E+01
 OUTPUT RESISTANCE AT V(A) = 2.151E-03
```

Mit der TF-Analyse wird das Ergebnis für die Spannungsverstärkung bestätigt. Die Höhe des Eingangswiderstandes des invertierenden Verstärkers entspricht dem Wert des Widerstandes $R_1$ und der niedrige Ausgangswiderstand der Schaltung folgt aus $R_{AUS} = R_O \cdot |v_u / v_{uo}$. Dabei ist $R_O$ der Ausgangswiderstand des Operationsverstärkers und $v_{uo}$ dessen Leerlauf-Spannungsverstärkung.

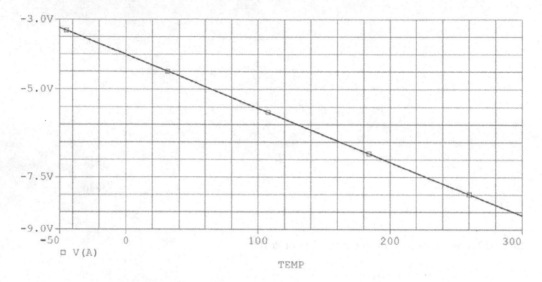

**Bild 2-20** Temperaturgang der Ausgangsspannung

### 2.2.3 Aufbau und Kennlinie eines Silizium-Widerstandssensors

Der prinzipielle Aufbau eines Silizium-Ausbreitungswiderstandes ist im Bild 2-21 dargestellt.

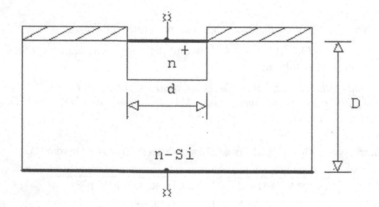

**Bild 2-21** Aufbau des Silizium - Temperatursensors als Ausbreitungswiderstand

Allgemein gilt für den Widerstand:

$$R = \frac{1}{\kappa \cdot A} \tag{2.4}$$

Bei n-Dotierung wird:

$$\kappa \approx \kappa_n = e \cdot n \cdot \mu_n \tag{2.5}$$

Im Bereich höherer Temperaturen ist die Elektronendichte $n$ wegen der Störstellenerschöpfung konstant, während die Elektronenbeweglichkeit $\mu_n$ mit steigender Temperatur absinkt. Mit der Relation $d \ll D$ gilt für den Ausbreitungswiderstand :

$$R \approx \frac{1}{2 \cdot \kappa_n \cdot d} \tag{2.6}$$

Die Temperaturabhängigkeit dieses Widerstandes lässt sich wie folgt annähern:

$$R = R_{25} \cdot \left(1 + TC_1 \cdot \left(Temp - T_{nom}\right) + TC_2 \cdot \left(Temp - T_{nom}\right)^2\right) \tag{2.7}$$

Dabei sind die Temperaturkoeffizienten $TC_1 = 7{,}64 \cdot 10^{-3}/\text{K}$ und $TC_2 = 16{,}6 \cdot 10^{-6}/\text{K}^2$.

■ **Aufgabe**

Es ist die Kennlinie der Temperaturabhängigkeit des Widerstandes für den Sensor KTY 81 mit der Schaltung nach Bild 2-22 im Temperaturbereich von - 50 °C bis 150 °C  mit $R_{25} = 1$ kΩ bei $T_{nom} = 25$ °C zu analysieren.

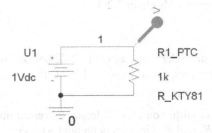

**Bild 2-22**  Schaltung zur Ermittlung der Kennlinie des Temperatursensors KTY 81

**Lösung**

Für einen Widerstand *Rbreak* sind über *Edit* und *Pspice Model* die o. g. Werte der Temperaturkoeffizienten einzugeben und anstelle von *Rbreak* ist die Bezeichnung KTY81 vorzusehen:

.model KTY81 RES R=1 TC1=7.64m TC2=16.6u Tnom=25.

Die Analyse ist durchzuführen mit *DC Sweep*, *Temperature*, *Start Value*: -50, *End Value*: 150, *Increment*: 1.

Das Diagramm nach Bild 2-23 zeigt den über den Temperaturkoeffizienten $TC_1$ bestimmten Anstieg des Widerstandes mit der durch den Temperaturkoeffizienten $TC_2$ bewirkten Krümmung der Kennlinie. Bei der Temperatur von 25 °C wird der für diesen Sensor charakteristische Wert $R_{25} = 1$ kΩ erreicht.

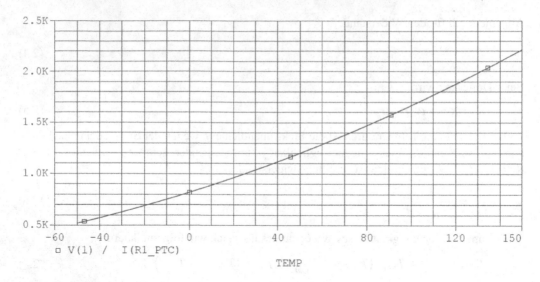

**Bild 2-23** Kennlinie des PTC-Sensors KTY 81

### 2.2.4 Linearisierte Temperaturmessung

Die Kennlinie des Temperatursensors KTY 81 nach Bild 2-23 kann durch einen zusätzlichen Widerstand $R_{lin}$ gemäß Bild 2-24 linearisiert werden. Die Modellierung des Widerstandes $R_{1\_PTC}$ erfolgt wie im vorangegangenen Abschnitt 2.2.3.

■ **Aufgabe**

Die Ausgangsspannung $U_A$ der Schaltung nach Bild 2-22 soll zwischen der unteren Temperatur $Temp_u = 0\ °C$ und der oberen Temperatur $Temp_o = 150\ °C$ linearisiert werden.

**Lösung**

Der Widerstand $R_{lin}$ kann mit Hilfe von drei Widerstandswerten im unteren, mittleren und oberen Temperaturbereich $R_u$, $R_m$ und $R_o$ wie folgt berechnet werden [12]:

$$R_{lin} = \frac{R_m \cdot (R_u + R_o) - 2 \cdot R_u \cdot R_o}{R_u + R_o - 2 \cdot R_m} \qquad (2.8)$$

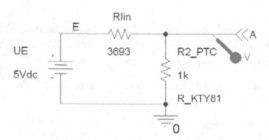

**Bild 2-24** Schaltung zur Linearisierung der Kennlinie

Aus Bild 2-23 erhält man: $R_u$ = 819,4 Ω bei $Temp_u$ = 0 °C, $R_m$ = 1423,5 Ω bei $Temp_m$ = 75 °C und $R_o$ = 2214,4 Ω bei $Temp_o$ = 150 °C. Mit diesen Werten wird $R_{lin}$ = 3693,4 Ω, s. Bild 2-24. Über *DC Sweep, Temperature* folgt das Analyseergebnis von Bild 2-25 mit der Ausgangsspannung:

$$U_A = U_E \cdot \frac{R_T}{R_T + R_{lin}} \tag{2.9}$$

Hierfür ist der Temperatursensor KTY 81 wieder wie folgt zu modellieren:

.model KTY81 RES R=1 TC1=7.64m TC2=16.6u Tnom=25.

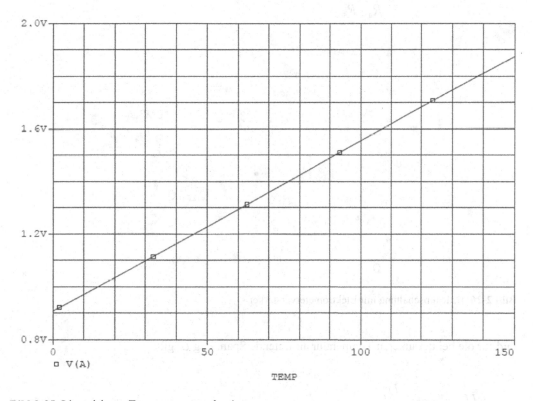

**Bild 2-25** Linearisierter Temperaturgang der Ausgangsspannung

Die auf diese Weise erhaltene linearisierte Spannung kann dem nicht invertierenden Eingang eines Elektrometerverstärker mit seinem stets hochohmigen Eingang zugeführt werden, s. Bild 2-26.

■ **Aufgabe**

Für eine Temperaturerhöhung von 0 auf 150 °C soll die Ausgangsspannung $U_A$ von 0 auf 3 V ansteigen.

**Lösung**

Aus dem Bild 2-25 erhält man für die Spannungen bei der unteren und oberen Temperatur: $U_u$ = 0,90792 V bei $Temp_u$ = 0 °C und $U_o$ = 1,8743 V bei $Temp_o$ = 150 °C.

Die Spannungsverstärkung $v_u$ für den vorgegebenen Bereich $\Delta U_A$ = 3 V beträgt:

$v_u = \Delta U_A/(U_o - U_u)$ = 3 V/0,96638 V = 3,10436.

Die Spannungsverstärkung des Elektrometerverstärkers nach Bild 2-26 ist:

$$v_u = 1 + \frac{U_E}{1 + \dfrac{R_3 \cdot (R_4 + R_5)}{R_4 \cdot R_5}} \tag{2.10}$$

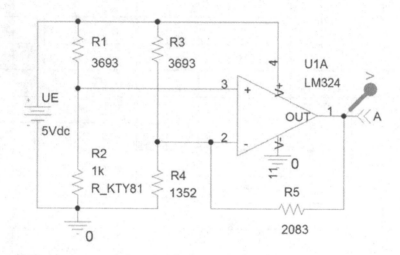

**Bild 2-26** Brückenschaltung mit Elektrometerverstärker

und für die bei der unteren Temperatur auftretende Spannung $U_u$ gilt:

$$U_u = \frac{U_E}{1 + \dfrac{R_3 \cdot (R_4 + R_5)}{R_4 \cdot R_5}} \tag{2.11}$$

Mit der Vorgabe $R_3 = R_1 = 3693\ \Omega$ folgen aus den Gln. (2.10) und (2.11) die Widerstandswerte $R_4 = 1352\ \Omega$ und $R_5 = 2083\ \Omega$.

Über *DC Sweep, Temperature, Start Value*: 0 *End Value*: 150, *Increment*: 1 wird ein weitgehend linearer Temperaturverlauf der Ausgangsspannung erreicht, s. Bild 2-27.

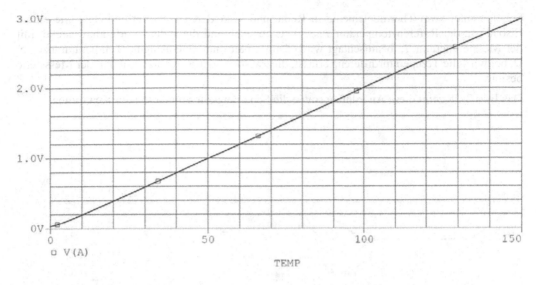

**Bild 2-27** Linearisierte Temperaturanzeige mit im Nullpunkt einsetzender Ausgangsspannung

## 2.3 Thermoelement

### 2.3.1 Aufbau und Kennlinie

Ein Thermoelement entsteht dadurch, dass zwei Drähte aus unterschiedlichen Metallen an einem Ende miteinander verschweißt werden. Erwärmt man diese Verbindungsstelle, dann wird zwischen den freien Drahtenden eine thermoelektrische Spannung gebildet.

Für eine Referenztemperatur $T_{ref} = 0$ °C kann man den Temperaturgang der Thermospannung näherungsweise wie folgt beschreiben:

$$U_{TH} = m \cdot T + n \cdot T^2 + ... \tag{2.12}$$

In der Tabelle 2.2 sind einige Kenndaten üblicher Thermoelemente zusammengestellt [7], [16], [17], [20].

**Tabelle 2.2** Kenndaten von Thermoelementen

| Typ | Material | m in µV/K | n in nV/K$^2$ | Einsatzbereich in °C |
|-----|----------|-----------|---------------|----------------------|
| J | Eisen/Konstantan | 52 | | -40 bis 800 |
| K | Nickel-Crom/Nickel | 40 | | -40 bis 1200 |
| S | Platin/10% Rhodium-Platin | 6 | 3 | 0 bis 1600 |

Eine genauere Berechnung der Thermospannung mit Polynomen höherer Ordnung und weiteren Koeffizienten ist in DIN IEC 584 enthalten.

Schaltet man zwei Thermoelemente in Reihe und setzt deren eine Verbindungsstelle einem Eisbad mit der Referenztemperatur $T_{ref} = 0$ °C aus während die andere Verbindungsstelle mit der Messtemperatur $T_m$ beaufschlagt wird, dann erhält man eine absolute Temperaturanzeige. Dabei wird die Temperaturdifferenz erfasst, die zwischen der Referenzstelle und der Messstelle besteht.

Das Bild 2-28 zeigt diese Anordnung sowie die Schaltung zur Simulation der Kennlinien.

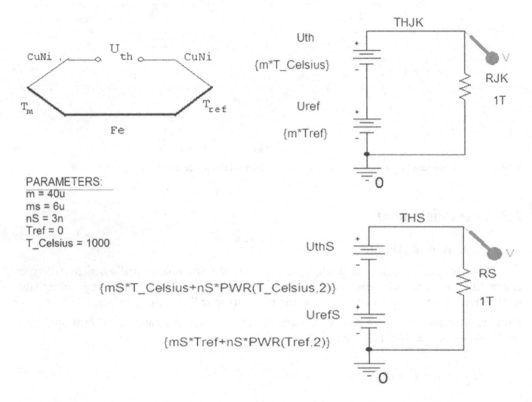

**Bild 2-28** Thermoelement mit Schaltungen zur Kennliniensimulation der Typen J, K und S

■ **Aufgabe**

Für die Thermoelemente vom Typ J, K und S gemäß der Tabelle 2.2 ist die Thermospannung als Funktion der Temperatur im Bereich von 0 bis 1000 °C zu analysieren.

**Lösung**

Über die Analyse *DC Sweep*, *Global Parameter*: T_Celsius, *Start Value*: 0, *End Value*: 1000, *Increment*: 1, *Parametric Sweep*, *Global Parameter:* m, *Value List:* 40u, 52u folgen die Kennlinien der Typen K und J.

Für Typ S wird die Nichtlinearität der Kennlinie mit der SPICE - gemäßen Eingabe der Gl. (2.12) in die Schaltung erreicht, s. Bild 2-29.

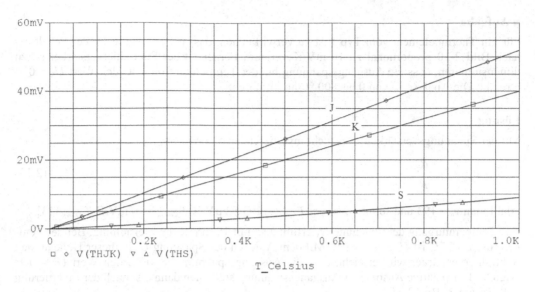

Bild 2-29 Kennlinien der Thermoelemente vom Typ J, K und S


## 2.3.2 Verstärkung der Thermospannung

In der Schaltung nach Bild 2-30 wird anstelle des ungünstig zu realisierendes Eisbades mit $T_{ref}$ = 0 °C eine Referenztemperatur von $T_{ref}$ = 50 °C vorgesehen. Die am Eingang E entstehende Spannung $U_E$ wird vom nicht invertierenden Verstärker auf die Spannung $U_Y$ verstärkt und mit dem nachfolgenden Subtrahierverstärker auf die im Nullpunkt einsetzende Spannung $-U_A$ zurückgeführt.

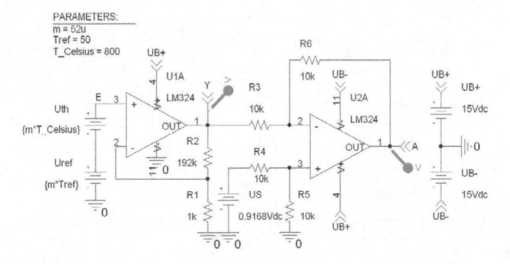

Bild 2-30 Thermoelemente mit nachfolgendem Verstärker

■ **Aufgabe**

Für ein Thermoelement vom Typ J ist zu verwirklichen, dass die Spannung $U_Y$ der Schaltung nach Bild 2-30 proportional zu 10 mV/K verläuft. Ferner ist der Subtrahierverstärker so zu dimensionieren, dass die Ausgangsspannung bei der Temperatur von 0 °C den Wert $U_A = 0$ V erreicht. Die Analyse ist von 0 bis 800 °C auszuführen.

**Lösung**

Mit der Spannungsverstärkung des nicht invertierenden Verstärkers:

$$v_u = 1 + \frac{R_2}{R_1} \tag{2.13}$$

erhält man $v_u = 193$ und somit $U_Y = v_u \cdot m \cdot T_{\_Celsius} = 193 \cdot 52 \ \mu V/K \cdot T_{\_Celsius} = 10 \ mV/K \cdot T_{\_Celsius}$ [13].

Der Temperaturgang der Spannung $U_Y$ erfüllt also mit 10 mV/K die Zielstellung. Bei der Temperatur von 0 °C ist $U_Y = 0{,}9168$ V. Mit dem Anlegen der Spannung $U_S$ in dieser Höhe an den Subtrahierverstärker wird erreicht, dass die Ausgangsspannung bei 0 °C den Wert $U_A = 0$ V erreicht. Der positive Anstieg der Ausgangsspannung stellt sich dann erst nach der Invertierung auf $-U_A$ ein, s. Bild 2-31.

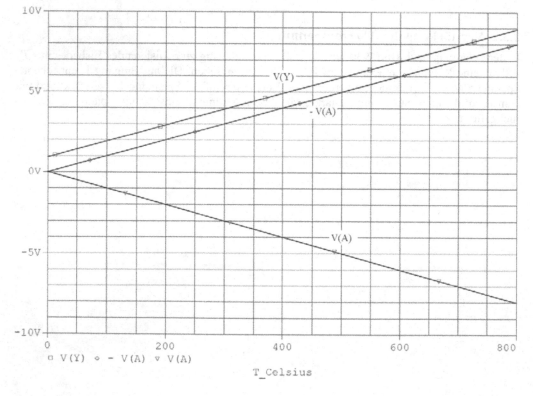

**Bild 2-31** Temperaturabhängigkeit der Ausgangsspannungen

## 2.4 Halbleiterbauelemente als Temperatursensoren

Dioden und Bipolartransistoren lassen sich prinzipiell auch als Einzelbauelemente zu Temperaturauswertungen im Bereich von −50 bis 150 °C nutzen. Wegen der starken Exemplarstreuungen ist jedoch ein individueller Abgleich erforderlich. Als Temperatursensoren sind Schaltungen aus mehreren Transistoren wie die Bandabstands-Referenzspannungsquelle geeigneter, weil deren Ausgangsspannung auf der Basis der Temperaturspannung linear von der Temperatur abhängt.

### 2.4.1 Kennlinien von Dioden und Basis-Emitter-Strecken

Die Temperaturabhängigkeit von Dioden ist dadurch gekennzeichnet, dass ihre Durchlassspannung bei konstantem Strom um ca. 2 mV/K absinkt. Eine ähnliche Abhängigkeit ergibt sich für die Basis-Emitter-Diode eines Bipolartransistors. Bei kurzgeschlossener Basiskollektordiode, d. h. für $U_{BC} = 0$ erhält man $U_{BE} = U_T \cdot \ln (I_C/I_S)$. Weil die Temperaturspannung $U_T$ weitaus geringer als der Sättigungsstrom $I_S$ mit der Temperatur ansteigt, sinkt die Durchlassspannung $U_{BE}$ mit wachsender Temperatur ab.

#### ■ Aufgabe

Zu untersuchen sind die Diode 1N 4148 sowie die Basis-Emitter-Dioden des npn-Transistors 2N 2222 und des pnp-Transistors 2N 2907 A nach Bild 2-32. Für den konstanten Strom $I = 1$ mA sind die Durchlassspannungen im Temperaturbereich von 0 bis 150 °C zu analysieren und darzustellen. Für die Diode ist ferner mit einer Empfindlichkeitsanalyse (DC-Sensitivity-Analyse) zu ermitteln, wie empfindlich die Diodenspannung $U_D$ auf Schwankungen von Schaltungs- bzw. Bauelementeparametern reagiert.

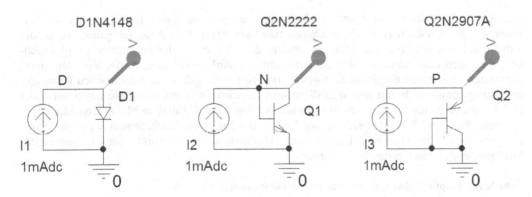

**Bild 2-32** Spannungen der Diode und der Basis-Emitter-Strecken bei konstantem Durchlassstrom

#### Lösung

Über *DC Sweep*, *Temperature*, *Start Value*: 0, *End Value*: 150, *Increment*: 1 folgt das Diagramm nach Bild 2-33. Die Durchlassspannungen der Dioden verringern sich, wenn die Temperatur ansteigt.

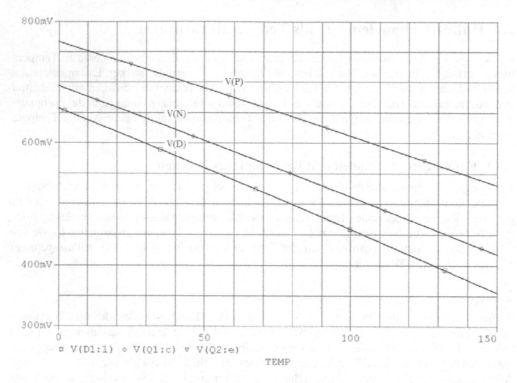

**Bild 2-33** Temperaturabhängigkeit der Durchlassspannungen von Dioden

Zur Ausführung der Gleichstrom-Empfindlichkeitsanalyse ist wie folgt zu verfahren: *Bias Point, Perform sensitivity analysis, Output variable*: V(D). Das Analyseergebnis ist in der Tabelle 2.2 zusammengestellt. Man erkennt aus dem Parameter der normierten Empfindlichkeit, dass sich eine Änderung des Quellenstromes $I_1$ stark auswirken würde. Von den zwölf Parametern, mit denen die Diode D1N4148 modelliert wird, gehen die dynamischen Parameter erwartungsgemäß nicht ein und auch diejenigen Gleichstromkenngrößen, die das Sperr- oder Durchbruchverhalten beschreiben, sind bedeutungslos. Von den drei verbleibenden Modellparametern $R_s$, $I_s$ und $N$ würden sich Schwankungen des Emissionskoeffizienten $N$ und des Sättigungsstromes $I_s$ am stärksten auf die Ausgangsspannung auswirken. Im Gegensatz dazu ist der Einfluss des Serienwiderstandes $R_s$ gering.

**Tabelle 2.3** Empfindlichkeitsanalyse zur Temperaturabhängigkeit der Diode.

```
    DC SENSITIVITIES OF OUTPUT V(D)

                ELEMENT         ELEMENT         ELEMENT         NORMALIZED
                NAME            VALUE           SENSITIVITY     SENSITIVITY
                                                (VOLTS/UNIT)    (VOLTS/PERCENT)

                I_I1            1.000E-03       4.819E+01       4.819E-04
        D_D1
        SERIES RESISTANCE
                RS              5.664E-01       1.000E-03       5.664E-06
        INTRINSIC PARAMETERS
                IS              2.682E-09      -1.594E+07      -4.274E-04
                N               1.836E+00       2.962E-01       5.437E-03
```

## 2.4.2 Transistor-Thermometer

Die Schaltung nach Bild 2-34 zeigt eine Anwendung des Transistors als Temperatursensor. Mit einem nachgeschaltetem invertierenden Verstärker kann ein Thermometer aufgebaut werden. Dabei wird der Nullpunkt der Ausgangsspannung mit dem Einstellwiderstand $R_3$ und die Steigung mit dem Einstellwiderstand $R_5$ festgelegt [7].

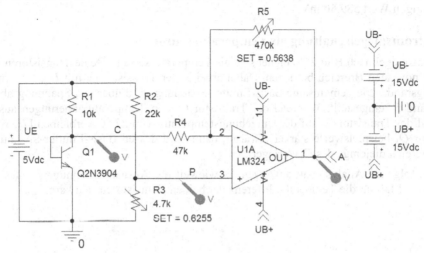

**Bild 2-34** Transistor-Thermometer

■ **Aufgabe**

Es ist ein Thermometer für den Temperaturbereich von - 20 bis 50 °C zu realisieren. Dabei sind die Werte für den Parameter *SET* der Einstellwiderstände so festzulegen, dass die Ausgangsspannung bei 0 °C den Wert 0 V annimmt und bei 50 °C den Wert 500 mV erreicht. Darzustellen sind die Temperaturverläufe von $U_C$, $U_P$ und $U_A$.

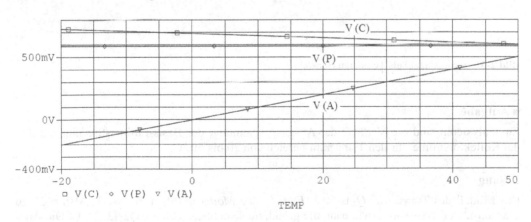

**Bild 2-35** Temperaturabhängigkeit von Spannungen des Transistor-Thermometers

**Lösung**

Die Analyse ist mit *DC Sweep, Temperature, Start Value*: -20, *End Value*: 50, *Increment*: 1 durchzuführen. Für *SET* = 0,6255 bei $R_3$ und *SET* = 0,5638 bei $R_5$ erhält man die Diagramme nach Bild 2-35, mit denen die Aufgabenstellung erfüllt wird.

Bei der Temperatur von 0 °C ist $U_A$ = 0. Der Temperaturgang von $U_A$ beträgt 10 mV/K. Die Spannung $U_C$ verläuft mit -1,79 mV/K und die Spannung $U_P$ erreicht den von der Temperatur unabhängigen Wert 589,50 mV.

### 2.4.3 Stromspiegelschaltung als Temperatursensor

Ein Stromspiegel nach Bild 2-36 eignet sich als Temperatursensor. Beide Transistoren werden im aktiv normalen Brereich betrieben. Dabei arbeitet der Transistor $Q_1$ mit $U_{CB}$ = 0 am Übersteuerungsrand. Die gemeinsame Basis-Emitter-Spannung wird über den Spannungsabfall am Widerstand $R_1$ eingestellt. Während der Transistor $Q_1$ den Temperaturänderungen ausgesetzt wird, soll der Transistor $Q_2$ auf der Umgebungstemperatur von 27 °C verbleiben [7]. Wird der Transistor $Q_1$ beispielsweise stärker erwärmt, dann wird dessen Basis-Emitter-Spannung und damit zugleich diejenige des $Q_2$ verringert.

Die nachfolgende Analyse soll aufzeigen, in wieweit die Ausgangsspannung $U_A$ des Stromspiegels ein Maß für die Temperaturdifferenz der beiden Transistoren sein kann.

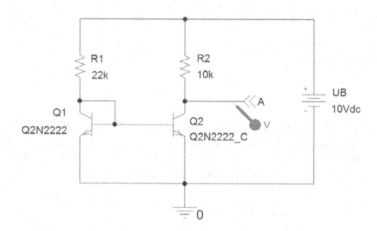

**Bild 2-36** Stromspiegel als Temperatursensor

■ **Aufgabe**

Zu analysieren sind die Verläufe der Ausgangsspannung, der Basis-Emitter-Spannungen und der Kollektorströme für den Temperaturbereich von 20 bis 50 °C.

**Lösung**

Das Modell des Transistors $Q_2$ ist über *Edit, Pspice Model* mit dem Eintrag T_ABS = 27 zu erweitern. Der Transistor erhält dann die geänderte Typenbezeichnung Q2N2222_C. Die Analyse ist vorzunehmen mit *DC Sweep, Temperature, Start Value*: 20, *End Value*: 50 und *Increment*: 1.

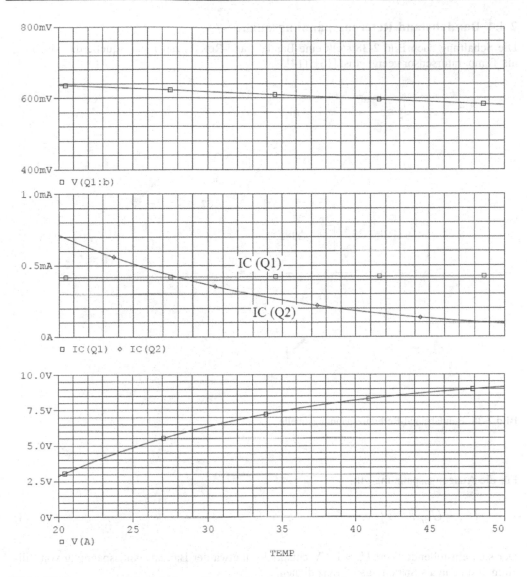

**Bild 2-37** Temperaturabhängigkeit von Kenngrößen des Stromspiegels

Die Diagramme nach Bild 2-37 lassen erkennen:

1.) Die Durchlassspannung $U_{BE}$ ist für beide Transistoren entsprechend der Beschaltung gleich gross und fällt mit höherer Temperatur ab.

2.) Der Kollektorstrom von $Q_1$ bleibt nahezu unabhängig von der Temperatur, weil $U_{BE}$ mit steigender Temperatur fällt, aber der Sättigungsstrom $I_S$ ansteigt.

3.) Der Kollektorstrom von $Q_2$ fällt mit steigender Temperatur ab, weil die Spannung $U_{BE}$ wegen der Kopplung mit dem Transistor $Q_1$ absinkt, während $I_S$ konstant bleibt

4.) Mit der Verringerung des Kollektorstromes von $Q_2$ wird der Spannungsabfall am Widerstand $R_2$ kleiner und die Ausgangsspannung $U_A$ steigt an.

### 2.4.4  Bandabstand-Referenzspannungsquelle

Die Schaltung nach Bild 2-38 stellt eine Bandabstand-Referenzspannungsquelle dar, die auch als Temperatursensor geeignet ist [13]; [14].

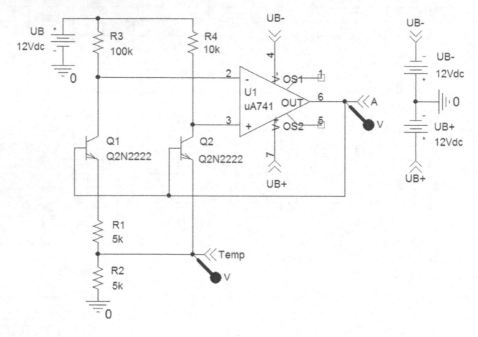

**Bild 2-38**  Bandabstand-Referenzspannungsquelle

Für die Ausgangsspannung gilt:

$$U_A = U_{BE2} + U_{R_2} \tag{2.14}$$

Der sich einstellende Wert $U_A \approx 1{,}2$ V entspricht in etwa der Bandabstandsspannung von Silizium und kann als Spannungsreferenz dienen.

Mit der Differenzeingangsspannung $U_D = 0$ des Operationsverstärkers wird:

$$I_{C1} \cdot R_3 = I_{C2} \cdot R_4 = I_{C2} \cdot \frac{R_3}{n} \tag{2.15}$$

Es ist $I_{C2} = n \cdot I_{C1}$ mit dem Faktor $n = 10$ für das gewählte Schaltungsbeispiel. Den Spannungsabfall über $R_1$ erhält man zu:

$$U_{R_1} = R_1 \cdot I_{C1} = U_{BE2} - U_{BE1} = \Delta U_{BE} \tag{2.16}$$

Näherungsweise ist:

$$\Delta U_{BE} = U_T \cdot \ln\left(\frac{I_{C2}}{I_{C1}}\right) = U_T \cdot \ln(n) \qquad (2.17)$$

Hieraus folgt:

$$\Delta U_{BE} \approx 200 \left[\frac{\mu V}{°C}\right] \cdot Temp \qquad (2.18)$$

mit der Temperatur *Temp* in °C.

### ■ Aufgabe

Für den Temperaturbereich von - 50 bis 100 °C sind die Ausgangsspannung $U_A$, die Spannung $U_{Temp}$ sowie die Spannungsdifferenz $\Delta U_{BE}$ mit Bild 2-38 zu analysieren.

### Lösung

Zum Ziel führt die Analyse *DC Sweep* mit T*emperature, Start Value*: - 50, *End Value*: 100, *Increment*: 1. Das Bild 2-39 zeigt, dass die Ausgangsspannung nur schwach mit der Temperatur ansteigt und dabei Werte von 1,22 V bis 1,25 V annimmt. Die Spannung $U_{Temp}$ erfüllt einen linearen Temperaturanstieg mit 2,18 mV/°C.

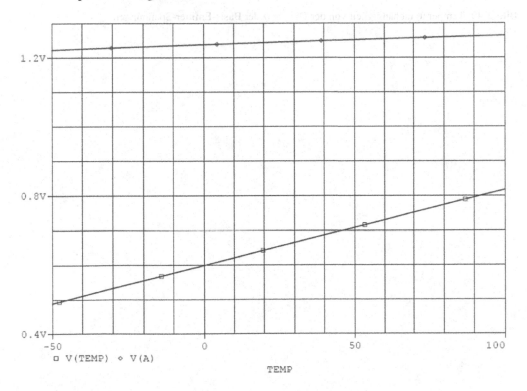

**Bild 2-39** Temperaturverläufe zur Bandabstand-Referenzspannungsquelle

Das Bild 2-40 zeigt den Temperaturverlauf von $\Delta U_{BE}$.

Die Kursorauswertung liefert $\Delta U_{BE} = 198{,}43\ \mu V\ /\ °C \cdot$ Temp in guter Übereinstimmung mit der Gleichung (2.18).

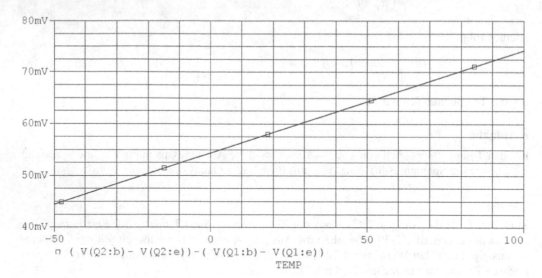

**Bild 2-40** Temperaturabhängigkeit von der Differenz der Basis-Emitter-Spannungen

# 3 Schaltungen mit optischen Sensoren

In optoelektronischen Schaltungen werden u. a. Fotowiderstände, Fotodioden und Fototransistoren eingesetzt. Der Fotowiderstand ist ein sperrschichtfreies Bauelement, dessen elektrischer Widerstand bei Lichteinwirkung absinkt. Der typische Einsatz liegt in Dämmerungsschaltern, bei denen seine Trägheit keine Rolle spielt.

Fotodioden reagieren dagegen viel schneller auf Lichtänderungen. Sie können passiv im Diodenbetrieb oder aktiv im Elementbetrieb verwendet werden. Großflächige Ausführungen von pin-Fotodioden dienen als positionsempfindliche Sensoren.

Der Fototransistor ist träger als die Fotodiode. Er weist dafür eine höhere Fotoempfindlichkeit bei allerdings großen Streuungen auf und wird u. a. als Empfänger in Gabelschranken verwendet. Lichtwellenleiter können in Reflexlichtanordnungen zu Abstandsmessungen insbesondere an schwer zugänglichen Objekten herangezogen werden.

Zur Simulation der Kennlinien und Schaltungen mit optischen Sensoren werden in diesem Kapitel die Analysearten *DC Sweep*, *Time Domain* (*Transient*) und *Sensitivity* eingesetzt. Als analoge Baugruppen werden Transistorstufen, Schwellwertschalter, Transimpedanzverstärker und astabile Multivibratoren in die Untersuchungen einbezogen.

## 3.1 Fotowiderstand

Fotowiderstände eignen sich zur Anwendung als einfacher Belichtungsmesser sowie zur Lichtsteuerung von Verbrauchern.

### 3.1.1 Aufbau und Kennlinien

Fotowiderstände (LDR, Light Dependent Resistor) bestehen aus dünnen, strukturierten Halbleiterschichten der Verbindungen CdS, CdS/CdSe, PbS oder PbSe, die auf einem Keramikträgerplättchen aufgebracht sind. Es handelt sich um Bauelemente, deren Widerstand $R_p$ stark abnimmt, wenn eine einwirkende Beleuchtungsstärke $E_v$ erhöht wird.

$$R_p = R_0 \cdot E_v^{-p} \tag{3.1}$$

Dabei ist $R_0$ der auf eine Beleuchtungsstärke von 1 lx bezogene Widerstand und $p$ eine materialabhängige Kenngröße in den Werten $p = 0,5$ bis 1. Typische Dunkelwiderstände weisen den Wert 10 MΩ auf, während die Hellwiderstände (für $E_v = 1000$ lx) bei 100 Ω liegen. Die erzielbare relative spektrale Empfindlichkeit $S_{rel}$ hängt von der Wellenlänge des Lichts ab. So wird z. B. bei einem CdS-Fotowiderstand das Maximum von $S_{rel}$ bei der Wellenlänge $\lambda = 0,55$ μm erreicht. Zu den Vorteilen von Fotowiderständen zählen ihre hohe Fotoempfindlichkeit und Belastbarkeit, aber nachteilig ist ihre träge Reaktion auf Änderungen der Beleuchtungsstärke, denn die dabei auftretenden Zeitverzögerungen liegen im Bereich von Millisekunden bis zu einer Sekunde.

### ■ Aufgabe

Für den CdS-Fotowiderstand LDR 05 mit den Daten $R_0 = 71$ kΩ und $p = 0,95$ sind die folgenden Simulationen auszuführen:

1.) die Abhängigkeit des Fotowiderstandes $R_p$ von der Beleuchtungsstärke $E_v$ für den
   Bereich von 0.01 bis 10000 lx.

2.) die Strom-Spannungs-Kennlinie für Spannungen von 0 bis 50 V mit $E_v$ = 10, 100,
   300 und 1000 lx als Parameter bei Beachtung der Verlustleistung $P_v$ = 200 mW.

**Lösung**

**Zu 1.):** In der Schaltung nach Bild 3-1 wird der Fotowiderstand dadurch nachgebildet, dass
anstelle des Standardwertes von 1 kΩ die in geschweifte Klammern gesetzte Gl. (3.1) eingetragen wird und dass die Typbezeichnung $R_1$ durch den Sensornamen $R_{1\_LDR}$ ausgetauscht wird. Mit
Hilfe der Spannungsquelle $U_1$ kann man dann die Sensorkennlinie wie folgt simulieren: $R_{1\_LDR}$
= $U_1/I_1$ = f ($E_v$). Die Analyse wird ausgeführt mit: *DC Sweep, Primary Sweep, Global Parameter, Parameter Name*: Ev, *Logarithmic, Start Value*: 0.01, *Decade, End Value*: 10k und
*Points/Dec*: 100.

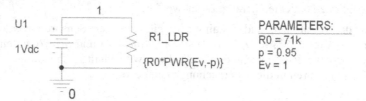

**Bild 3-1** Schaltung zur Simulation der Kennlinie des Fotowiderstandes

Das Analyseergebnis im doppeltlogarithmischen Maßstab zeigt Bild 3-2. Mit $R_p$ = 100 Ω bei
$E_v$ = 1000 lx wird eine typische Datenblattangabe erreicht.

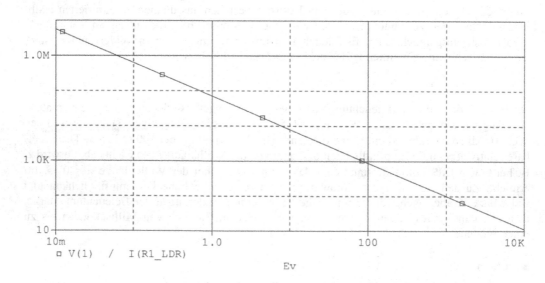

**Bild 3-2** Fotowiderstand LDR 05 in Abhängigkeit von der Beleuchtungsstärke in Lux

**Zu 2.):** Analyseart: *DC Sweep, Primary Sweep, Voltage So*urce: V(1), Start Value: 0, *End Value*: 50, *Increment*: 10m, *Parametric Sweep, Global Parameter*: Ev, *Value List*: 10, 30, 100, 300, 1000.

Die Darstellung der $P_v$-Verlustleistungshyperbel erfolgt über *Trace, Add Trace* mit der Eingabe von 200 mW/V(1) für die Stromachse.

Das analysierte Kennlinienfeld von Bild 3-3 zeigt nochmals die starke Abnahme des Fotowiderstandes bei zunehmender Beleuchtungsstärke.

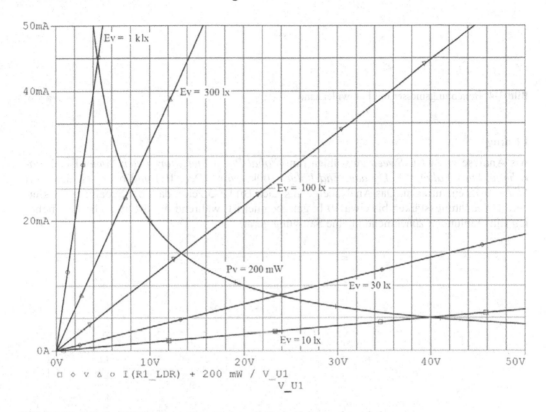

**Bild 3-3** Kennlinienfeld des Fotowiderstandes mit Verlustleistungshyperbel

### 3.1.2 Einfacher Belichtungsmesser

Mi einem CdS-Fotowiderstand kann ein einfacher Belichtungsmesser realisiert werden [7].

■ **Aufgabe**

In der Schaltung nach Bild 3-4 ist als Widerstand $R_2$ ein Fotowiderstand LDR 05 zu verwenden. Der Einstellwiderstand $R_1$ ist über den Parameter *SET* so einzustellen, dass die Nullspannungsquelle $U_2$, die als Amperemeter dient, bei voller Sonneneinstrahlung von $E_v = 10^5$ lx (22. Juni, mittags, unbewölkter Himmel) den Wert von 1 mA erreicht. Es ist der Fotostrom $I_{U2} = f$ $(E_v)$ für $E_v = 0{,}1$ bis $10^5$ lx darzustellen.

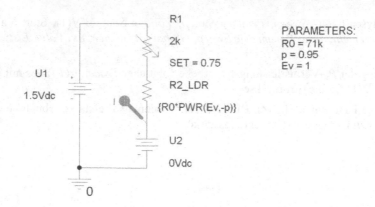

**Bild 3-4**  Belichtungsmesser mit Fotowiderstand

**Lösung**

Als Analyseart ist *DC Sweep* zu wählen mit *Global Parameter*, *Parameter Name*: Ev, *Logarithmic*, *Start Value*: 0.1, *Decade*, *End Value*: 100k, *Points/Dec*: 100 und bei $R_1$ ist der Wert *SET* = 0.75 einzutragen. Das Analyseergebnis nach Bild 3-5 zeigt, dass die Schaltung für kleinere Beleuchtungsstärken bis etwa 10 lx gut geeignet ist, während der Strom $I_{U2}$ bei den höheren Einstrahlungen zunehmend in eine Sättigung gerät.

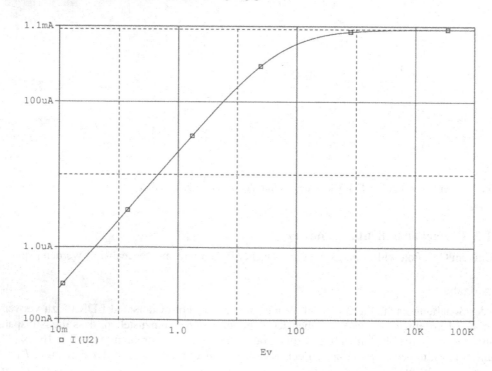

**Bild 3-5**  Amperemeterstrom als Maß für die in Lux angegebene Beleuchtungsstärke

### 3.1.3 Transistoransteuerung mittels Fotowiderstand

Ein Fotowiderstand kann zur Ansteuerung eines Bipolartransistors gemäß Bild 3-6 eingesetzt werden.

■ **Aufgabe**

Es ist ein CdS- Fotowiderstand vom Typ LDR 05 zu verwenden. Zu untersuchen ist der Verlauf der Ausgangsspannung als Funktion der Beleuchtungsstärke $E_v$ im Bereich von 1 lx bis 1 klx.

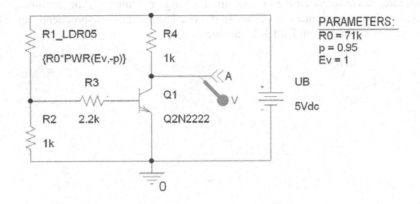

**Bild 3-6** Transistoransteuerung mit dem Fotowiderstand LDR 05

**Lösung**

Die Analyse erfolgt mit *DC Sweep*, *Global Parameter*, *Parameter Name*: Ev, *Logarithmic*, *Start Value*: 0.1, *End Value*: 10k, *Points/Dec.*: 100.

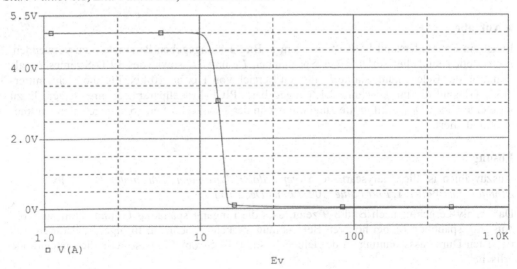

**Bild 3-7** Ausgangsspannung als Funktion der Beleuchtungsstärke in Lux

Im Analyseergebnis von Bild 3-7 kommt zum Ausdruck, dass der Fotowiderstand $R_1$ bei Beleuchtungsstärken $E_v < 10$ lx sehr hochohmig ist, so dass der Transistor $Q_1$ sperrt und somit der Ausgang die volle Höhe der Betriebsspannung annimmt. Bei $E_v > 10$ lx wird $Q_1$ leitend. Damit ergibt sich ein hoher Spannungsabfall über $R_4$ und am Ausgang verbleibt nur die stets sehr kleine Sättigungsspannung.

### 3.1.4 Lichtgesteuerte LED-Anzeige

Ein als Spannungsfolger arbeitender Operationsverstärker in der Schaltung nach Bild 3-8 erhält an seinem nicht invertierenden P-Eingang eine Eingangsspannung $U_P$, die zunimmt, wenn sich der Wert des Fotowiderstandes $R_{1\_LDR}$ bei stärkerem Lichteinfall entsprechend der Gleichung (3.1) und der Darstellung nach Bild 3-2 verringert.

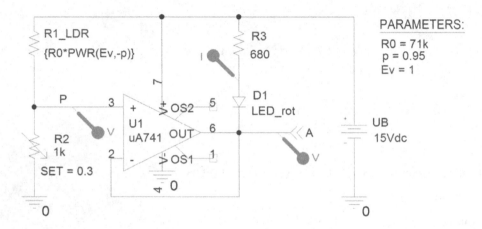

**Bild 3-8** Lichtsteuerung einer LED-Anzeige

### ■ Aufgabe

Es ist ein Fotowiderstand LDR 05 mit dem in Bild 3-8 angegeben Parametern zu verwenden. Darzustellen sind die Verläufe der Spannungen $U_P$ und $U_A$ sowie des LED-Stromes $I_{D1}$ als Funktion der Beleuchtungsstärke $E_v$ für den Bereich von 1 lx bis 10 klx. Für die Lichtemitterdiode D1 sind die im Abschnitt 2.1.6 angegeben SPICE-Modellparameter einzusetzen. Dazu wird eine Diode $D_{BREAK}$ aufgerufen und mit den in der Tabelle 1.7 Seite 5 angegebenen Parametern modelliert.

### Lösung

Auszuwählen ist die Analyseart *DC Sweep, Global Parameter, Parameter Name*: Ev, *Logarithmic, Start Value*: 1, *End Value*. 10k, *Points/Dec.*: 100.

Das Analyseergebnis nach Bild 3-9 zeigt, dass die Eingangsspannung $U_P$ und somit auch die Ausgangsspannung $U_A$ bei höheren Beleuchtungsstärken zunehmen. Infolge der dadurch verringerten Durchlassspannung an der Diode $D_1$ sinkt der Strom $I_{D1}$ ab, so dass die Leuchtdiode erlischt.

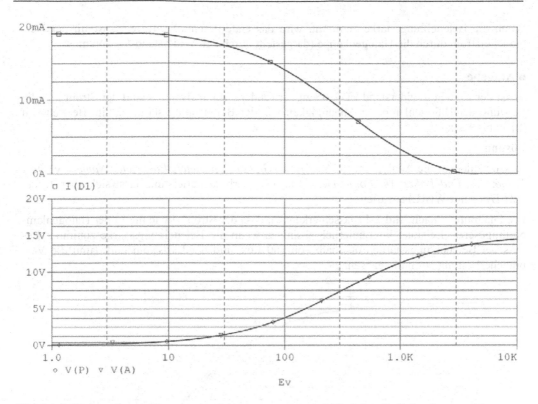

**Bild 3-9** LED-Strom sowie Eingangs- und Ausgangsspannung als Funktion der Beleuchtungsstärke

### 3.1.5 Lichtansteuerung einer Halogenlampe

In der Schaltung nach Bild 3-10 sorgt ein Fotowiderstand in Verbindung mit einem MOS-Leistungstransistor dafür, eine Halogenlampe mit der Höhe der Beleuchtungsstärke leistungslos zu steuern [8]. Der verwendete N-Kanal-Anreicherungs-MOS-FET vom Typ IRF150 wurde aus der *EVAL*-Bibliothek aufgerufen.

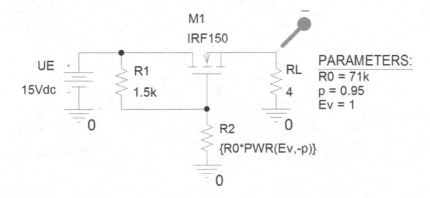

**Bild 3-10** Lichtsteuerung eines Laststromes

Wenn die Beleuchtungsstärke zunimmt, wird das Gate-Potential verringert, womit der Verbraucherstrom durch die Halogenlampe (dargestellt durch den Widerstand $R_L$) abnimmt.

## ■ Aufgabe

Es ist der CdS-Fotowiderstand LDR 05 zu verwenden.. Zu analysieren sind der Strom und die Leistung der Halogenlampe in Abhängigkeit von der Beleuchtungsstärke $E_v$ im Bereich von 0,1 lx bis 1 klx.

## Lösung

Auszuwählen ist die Analyseart *DC Sweep* mit *Global Parameter, Parameter Name*: Ev, *Start Value*: 0.1, *End Value*: 1k, *Points/Dec.*: 100. Die Verbraucherleistung lässt sich über *Trace, Add Trace* mit W(RL) aufrufen.

Die Diagramme nach Bild 3-11 lassen erkennen, dass der Strom sowie die in der Halogenlampe umgesetzte Leistung kontinuierlich absinken, wenn die Beleuchtungsstärke zunimmt. Bereits bei Beleuchtungsstärken oberhalb von 300 Lux sind der Laststrom und damit die Verbraucherleistung auf null abgesunken.

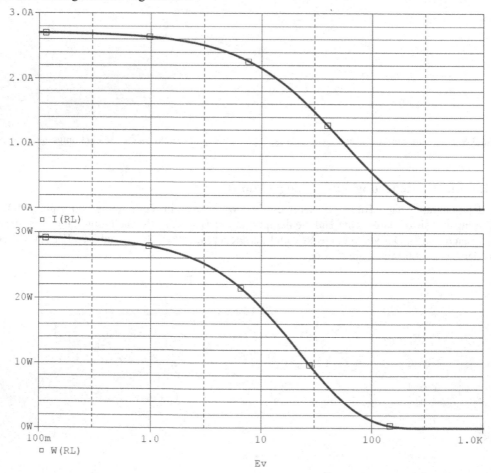

**Bild 3-11** Laststrom und Leistung in Abhängigkeit von der Beleuchtungsstärke in Lux

### 3.1.6 Dämmerungsschalter

In der Schaltung nach Bild 3-12 kann eine Halogenlampe über einen als Schmitt-Trigger betriebenen Operationsverstärker eingeschaltet werden, wenn die Beleuchtungsstärke unter einen vorgegebenen Grenzwert absinkt [7].

■ **Aufgabe**

Es ist zu untersuchen, welcher Wert der Beleuchtungsstärke $E_v$ unterschritten werden muss, um die Halogenlampe mit $R_L = 4\ \Omega$ einzuschalten. Darzustellen sind die Spannungsverläufe $U_N$, $U_P$ und $U_A$, der Verbraucherstrom $I_{RL}$ sowie die im Verbraucherwiderstand $R_L$ umgesetzte Leistung $W_{RL}$ als Funktion der Beleuchtungsstärke im Bereich von 0.1 lx bis 1 klx.

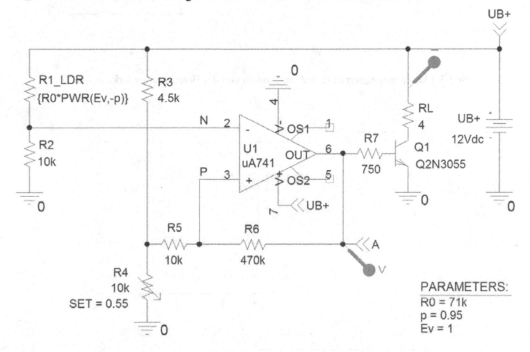

**Bild 3-12** Dämmerungsschalter mit einem Fotowiderstand

**Lösung**

Auszuwählen ist die Analyseart *DC Sweep*, *Global Parameter*, *Parameter Name*: Ev, Start Value: 0.1, *End Value*: 1k, *Points/Dec.*: 100.

Zur Modellierung des bipolaren Leistungstransistors ist aus der Break-Bibliothek ein Transistor *QbreakN* aufzurufen und über *Edit*, *Pspice Model* sind die nachstehenden Werte einzutragen:

.model  Q2N3055 NPN IS=15n BF=75 NF=1.67 VAF=100 IKF=4 RC=60m

Das Bild 3-13a zeigt die Spannungsverläufe und Bild 3-13b lässt erkennen, wie die Halogenlampe eingeschaltet wird, wenn $E_v$ den Wert von 10 lx unterschreitet.

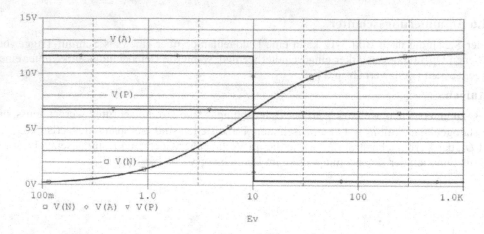

**Bild 3-13a** Spannungsverläufe in Abhängigkeit von der Beleuchtungsstärke in Lux

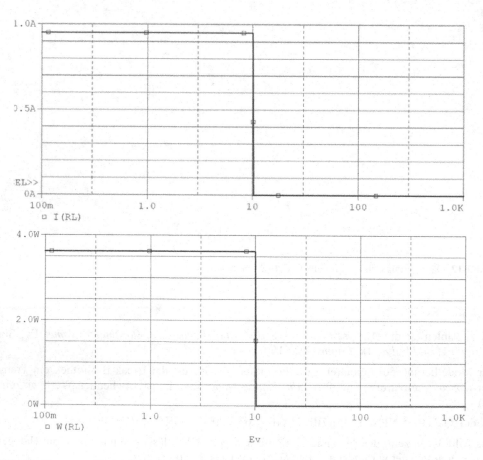

**Bild 3-13b** Strom- und Leistungsaufnahme als Funktion der Beleuchtungsstärke in Lux

## 3.2 Fotodiode

Die in Sperrrichtung betriebene Fotodiode liefert einen zur Beleuchtungsstärke proportionalen Fotostrom. Der spektrale Empfindlichkeitsbereich von Silizium-Fotodioden liegt bei etwa 0,4 bis 1,1 μm. Mit Fotodioden können Belichtungsmesser und Licht-Frequenzwandler realisiert werden.

### 3.2.1 Aufbau und Kennlinienfeld zum Diodenbetrieb

Der strukturelle Aufbau und die Beschaltung einer Silizium-pin- Fotodiode sind im Bild 3-14 dargestellt.

Im Diodenbetrieb fällt der Hauptanteil der angelegten Sperrspannung über dem hochohmigen Intrinsicgebiet ab. Die durch die Lichtquanten erzeugten Elektron-Loch-Paare werden durch die elektrische Feldstärke getrennt und driften dann zu den Kontakten.

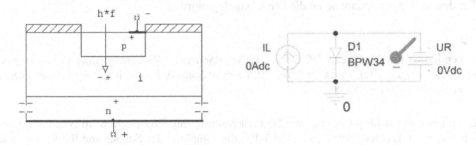

**Bild 3-14** Aufbau der Si-pin-Fotodiode und ihre Beschaltung für den Diodenbetrieb

Für die Si-pin-Fotodiode BPW 34 werden die folgenden Kenndaten angegeben [15]:

* Kurzschlussstrom $I_K = 80$ μA bei $E_v = 1$ klx

* Leerlaufspannung $U_0 = 400$ mV bei $E_v = 1$ klx

* Dunkelsperrstrom $I_{RD} = 2$ nA bei $E_v = 0$ lx und $U_R = 10$ V

* Durchbruchspannung $U_{BR} = 32$ V

* Sperrschichtkapazität $C_j = 75$ pF bei $U = 0$ V

Man erhält die Temperaturspannung mit:

$$U_T = \frac{k \cdot T}{e} \tag{3.2}$$

und den Sättigungsstrom zu:

$$I_S = \frac{I_K}{e^{\frac{U_0}{U_T}}} \tag{3.3}$$

Bei $T = 300$ K folgen mit der Boltzmann-Konstante $k = 1{,}38 \cdot 10^{-23}$ Ws/K und der Elementarladung der Elektronen $e = 1{,}6 \cdot 10^{-19}$ As die Werte $U_T = 25{,}875$ mV und $I_s = 15{,}46$ pA. Die Wirkung der Beleuchtungsstärke $E_v$ lässt sich mit einem Strom $I_L$ simulieren, der in die Diode fließt. Dabei gilt, dass $I_L$ proportional mit $E_v$ ansteigt. Beträgt gemäß der oben angegebenen Kenndaten $I_L = 80$ µA bei $E_v = 1000$ lx, so werden also die Werte $I_L = 16$ µA bei $E_v = 200$ lx, $I_L = 32$ µA bei $E_v = 400$ lx usw. erreicht.

Für die Fotodiode ist aus der Break-Bibliothek eine Diode *Dbreak* aufzurufen und über *Edit*, *PSpice Model* wie folgt zu modellieren:

.model BPW34 D IS=15.46p RS=0.1 ISR=0.6n BV=32 IBV=100u CJO=75p

■ **Aufgabe**

Es ist das Kennlinienfeld $-I_L + I_{D1} = f(U_R)$ darzustellen für $U_R = 0$ bis 15 V mit dem Parameter $E_v = 0, 200, 400, 600, 800$ und 1000 lx. Dieses Kennlinienfeld gilt für den passiven Diodenbetrieb, bei dem eine Sperrspannung an die Diode angelegt wird.

**Lösung**

Zu verwenden ist die Analyseart *DC Sweep, Voltage Source*: UR, *Linear, Start Value*: 0, *End Value*: 15, *Increment*: 10m, *Parametric Sweep, Current Source, Name*: IL, *Linear, Start Value*: 0, *End Value*: 80u, *Increment*: 80u.

Das Diagramm von Bild 3-15a zeigt die Dunkelkennlinie mit Stromwerten im Nano-Ampere-Bereich, während das Diagramm nach Bild 3-15b die Zunahme der Fotoströme für ansteigende Werte der Beleuchtungsstärke ausweist. Die Abszisse mit der Sperrspannung $U_R$ von 0 V bis 15 V wurde über *Plot x-Axis, User defined* auf 15 V bis 0 V vertauscht, um damit den üblichen Darstellungen dieses Kennlinienfeldes zu entsprechen. Bei $U_R = 0$ V ergeben sich die Werte der Kurzschlussströme für die jeweiligen Beleuchtungsstärken. Dabei wird u. a. die Datenblattangabe $I_K = I_{UR} = 80$ µA bei $E_V = 1$ klx erreicht.

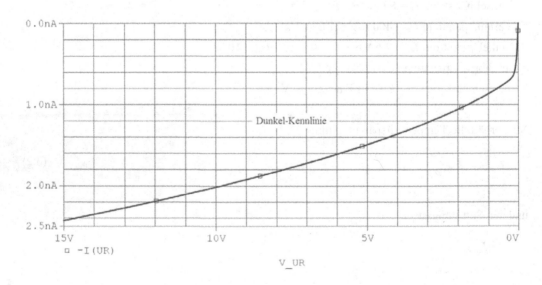

**Bild 3-15a** Dunkelkennlinie einer Fotodiode

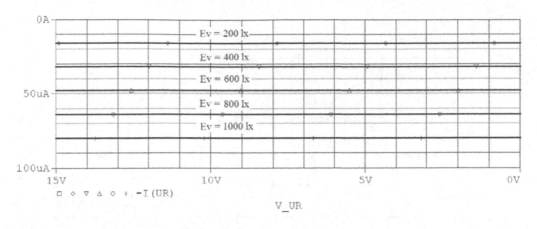

**Bild 3-15b** Kennlinienfeld einer Fotodiode im Diodenbetrieb

## 3.2.2 Kennlinienfeld zum Elementbetrieb

Die Fotodiode wird nun energieerzeugend, also aktiv, betrieben [5], s. Bild 3-16.

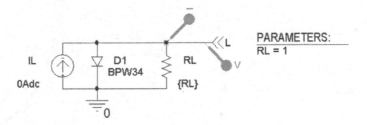

**Bild 3-16** Fotodiode im Elementbetrieb

### ■ Aufgabe

Darzustellen ist das Kennlinienfeld $I_{RL} = f(U_L)$ mit dem Parameter $E_v = 200, 400, 600, 800$ und 1000 lx.

### Lösung

Zunächst wird $I_{RL} = f(R_L)$ analysiert mit *Primary Sweep, Global Parameter, Parameter Name*: RL, *Start Value*: 10m, *End Value*: 1Meg, *Points/Dec.*: 100 sowie *Secondary Sweep, Current Source*: IL, *Linear, Start Value*: 16u, *End Value*: 80u, *Increment*: 16u. Das auf diese Weise erzeugte Diagramm $I_{RL} = f(R_L)$ ist dann umzuwandeln in das Diagramm $I_{RL} = f(U_L))$ mit den Analyseschritten: *Plot Add, Plot to Window, Unsynchrone x-Axis, Plot, x-Axis Variable*: V(L) anstelle von RL.

Das obere Diagramm von Bild 3-17 zeigt die Werte des Kurzschlussstromes sowie die Werte der Leerlaufspannung für die jeweiligen Beleuchtungsstärken. So erhält man z. B. bei $E_v = 1$ klx die Leerlaufspannung $U_0 = 400$ mV sowie nochmals den Kurzschlussstrom $I_K = 80$ µA.

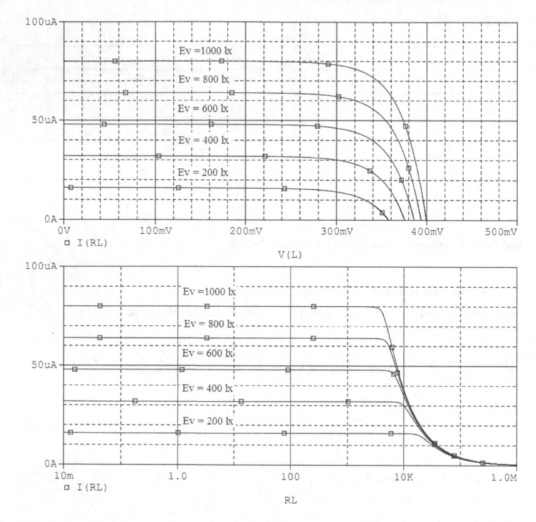

**Bild 3-17** Kennlinien der Fotodiode für den Elementbetrieb mit der Beleuchtungsstärke als Parameter
oberes Diagramm: Strom-Spannungskennlinienfeld
unteres Diagramm: Abhängigkeit des Stromes vom Lastwiderstand

## 3.2.3 Spektrale Empfindlichkeit als Funktion der Wellenlänge

Die spektrale Empfindlichkeit $S$ ist als Quotient des Fotostromes $I_p$ zur auftreffenden Strahlungsleistung $\Phi_e$ in starkem Maße von der Wellenlänge $\lambda$ gemäß Gl. (3.4) abhängig.

$$S(\lambda) = \frac{I_p}{\theta_e} \qquad (3.4)$$

Für die betrachtete Si-pin-Fotodiode BPW 34 wird der typische Wert der maximalen spektralen Empfindlichkeit $S_{max} = 0{,}6$ A/W mit dem maximalen Fotostrom $I_{pmax} = 80$ µA bei der Strahlungsleistung $\Phi_e$ = 133,3 μW erreicht. Das Maximum der relativen spektralen Empfindlichkeit $S_{rel}$ = $S/S_{max}$ erscheint bei $\lambda$ = 0,85 μm.

■ **Aufgabe**

Für die Diode BPW 34 sind die Abhängigkeiten $S_{rel}$ = f($\lambda$) sowie $S$ = f($\lambda$) darzustellen. Dabei sind die Werte der Tabelle 3.1 zu verwenden.

**Tabelle 3.1** Spektrale Empfindlichkeit der Diode BPW 34 in Abhängigkeit von der Wellenlänge

| $\lambda$/μm | 0,4 | 0,5 | 0,7 | 0,8 | 0,85 | 0,9 | 1 | 1,1 |
|---|---|---|---|---|---|---|---|---|
| $S_{rel}$/% | 10 | 39 | 80 | 97 | 100 | 96 | 72 | 10 |
| $I_p$/μA | 8 | 30,4 | 64 | 77,6 | 80 | 76,8 | 57,6 | 8 |
| $S$/A/W | 0,06 | 0,228 | 0,048 | 0,582 | 0,6 | 0,576 | 0,432 | 0,06 |

**Lösung**

Zur Umsetzung der Tabelle 3.1 in eine grafische Darstellung wird die Tabellenfunktion *TABLE* aus der Bibliothek *ABM* (Analog Behavior Model) eingesetzt, s. Bild 3-18.

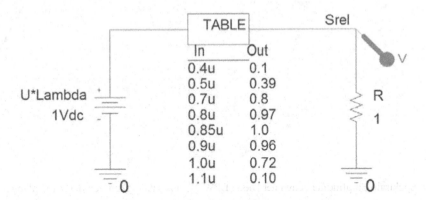

**Bild 3-18** Schaltung zur Abhängigkeit der spektralen Empfindlichkeit von der Wellenlänge

Die standardmäßig vorhandenen fünf Wertepaare für die Eingänge und die Ausgänge lassen sich wie folgt erweitern: nach einem Doppelklick auf das Schaltsymbol *TABLE* trägt man die zusätzlichen Werte über *New ROW* als ROW6 bis ROW8 fortlaufend weiter ein beginnend mit *Name*: ROW6, *Value*: 0.9u, 0.96, *Apply, Cancel, Display, Name and Value, Apply*. Die jeweils neue Reihe ist ferner in die Zeile *Pspice Template* nach dem vorgegebenen Schema der vorangegangenen fünf Reihen hinein zu kopieren [1]. Die Analyse erfolgt über *DC Sweep, Voltage Source, Name*: U*LAMBDA, *Linear, Start Value*: 0.4u, *End Value*: 1.1u, *Increment*: 10n. Das

Analyseergebnis nach Bild 3-19 weist $S_{max} = 0,6$ A/W bei $\lambda = 0,85$ µm aus und die Darstellung $S_{rel} = f(\lambda)$ entspricht den Angaben der Tabelle 3.1.

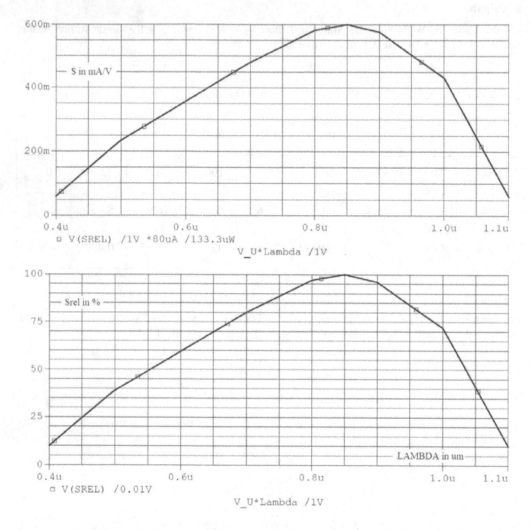

**Bild 3-19** Spektrale Empfindlichkeiten der Diode BPW 34 in Abhängigkeit von der Wellenlänge

## 3.2.4 Belichtungsmesser mit Fotodiode

In der Schaltung nach Bild 3-20 arbeitet die Fotodiode im Diodenbetrieb. Der zur Beleuchtungsstärke proportionale Fotostrom durchfließt den Widerstand $R_A$. Der Spannungsabfall $U_A$ kann somit als ein Maß für die Beleuchtungsstärke ausgewertet werden.

**■ Aufgabe**

Es ist der Ausgangspannung $U_A$ als Funktion der Beleuchtungsstärke für den Bereich $E_v = 0$ bis 10000 lx zu analysieren. Bei der Einströmung $I_L = 500$ µA ist mit einer *DC-Sensitivity*-Analyse zu ermitteln, wie empfindlich die Ausgangsspannung $U_A$ auf Änderungen der Schaltungs- und Bauelemente-Modellparameter reagiert.

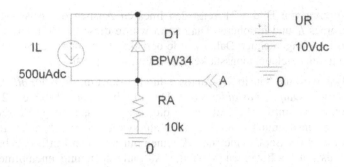

**Bild 3-20** Einfacher Belichtungsmesser mit einer Fotodiode

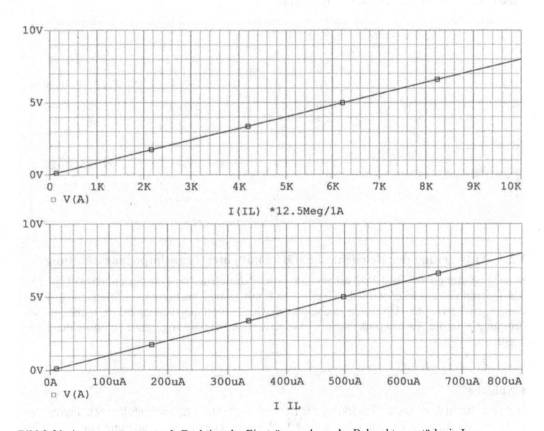

**Bild 3-21** Ausgangsspannung als Funktion der Einströmung bzw. der Beleuchtungsstärke in Lux

**Lösung**

Die erste Analyse erfolgt mit *DC Sweep, Current Source*: IL, *Start Value*: 0, *End Value*: 800u, *Increment*: 0.1u.

Das untere Diagramm von Bild 3-21 zeigt den linearen Anstieg der Ausgangsspannung als Funktion des Stromes $I_L$ und im oberen Diagramm wurde diese Einströmung in die Beleuchtungsstärke $E_v$ in Lux umgerechnet. Dabei wurde berücksichtigt, dass der Spannungswert $U_A$ = 0.8 V bei $I_L$ = 80 μA der Beleuchtungsstärke $E_v$ = 1000 lx entspricht.

Als zweite Analyse wird die Sensitivity-Analyse durchgeführt mit *Bias Point, Perform Sensitivity Analysis (.SENS), Output Variable*: V(A). Das Ergebnis nach Tabelle 3.2 zeigt mit den Daten der normierten Empfindlichkeit, dass die Ausgangsspannung $U_A$ recht stark von Schwankungen der Einströmung $I_L$ und des Abschlusswiderstandes $R_A$ abhängt, während der Sättigungsstrom $I_S$ und der Serienwiderstand $R_S$ einen nur geringen Einfluss haben. Gegen Änderungen des Emissionskoeffizienten $N$ ist die Ausgangsspannung unempfindlich, weil die Diode in der Sperrrichtung betrieben wird.

**Tabelle 3.2** Ergebnisse der DC-Sensitivity-Analyse

```
DC SENSITIVITIES OF OUTPUT V(A)


               ELEMENT         ELEMENT         ELEMENT        NORMALIZED
               NAME            VALUE         SENSITIVITY      SENSITIVITY
                                            (VOLTS/UNIT)   (VOLTS/PERCENT)

               R_RA          1.000E+04        5.000E-04        5.000E-02
               V_UR          1.000E+01        1.235E-06        1.235E-07
               I_IL          5.000E-04        1.000E+04        5.000E-02
   D_D1
   SERIES RESISTANCE
               RS            1.000E-01       -1.819E-15       -1.819E-18
   INTRINSIC PARAMETERS
               IS            1.546E-11        1.000E+04        1.546E-09
               N             1.000E+00       -0.000E+00       -0.000E+00
```

### 3.2.5 Auswertung der Beleuchtungsstärke mit einer Transimpedanzschaltung

In der Schaltung nach Bild 3-22 arbeitet die Fotodiode wieder im Fotodiodenbetrieb [7]; [13]. Als Operationsverstärker wird der Typ LF 411 mit seinen hochohmigen Sperrschicht-FET-Eingängen verwendet. Über den hochohmigen Gegenkopplungswiderstand $R$ wird die Einströmung $I_L$ in die Ausgangsspannung $U_A$ umgewandelt. Für die angesetzte Stromrichtung von $I_L$ gilt:

$$U_A = I_L \cdot R \tag{3.5}$$

■ **Aufgabe**

Mit dem Strom $I_L$ wird die Einwirkung der Beleuchtungsstärke $E_v$ nachgebildet. Zu analysieren ist $U_A$ = f($I_L$) für eine Variation $I_L$ = 0 bis 80 μA entsprechend einer Änderung von $E_v$ = 0 bis 1000 lx.

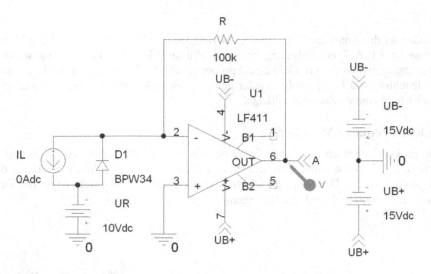

**Bild 3-22** Fotodiode mit nachfolgender Transimpedanzschaltung

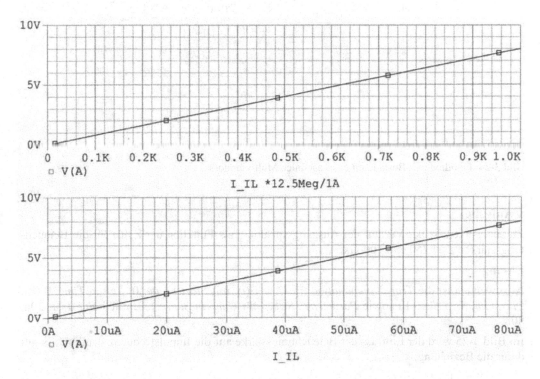

**Bild 3-23** Ausgangsspannung als Funktion der Einströmung bzw. der Beleuchtungsstärke in Lux

**Lösung**

Anzuwenden ist die Analyseart *DC Sweep*, *Current Source*: IL, *Start Value*: 0, *End* Value: 80 uA, *Increment*: 0.1uA. Das Analyseergebnis erscheint im Bild 3-23. Die Ausgangsspannung ist der Einströmung gemäß der Gl. (3.5) direkt proportional. Die Umrechnung der Einströmung $I_L$ in die Beleuchtungsstärke $E_v$ erfolgt wieder unter der Berücksichtigung der im vorangegangenen Abschnitt genannten Zusammenhänge.

### 3.2.6 Licht-Frequenz-Wandler

Wird die im Diodenbetrieb arbeitende Fotodiode als ein Bestandteil des astabilen Multivibrators nach Bild 3-24 verwendet, dann ändert sich dessen Frequenz je nach der Höhe der Beleuchtungsstärke $E_v$ [8]. Der Wert der Einströmung $I_L = 80$ µA entspricht dabei der Beleuchtungsstärke $E_v = 1000$ lx. Es gilt die Beziehung $E_v \sim I_L$.

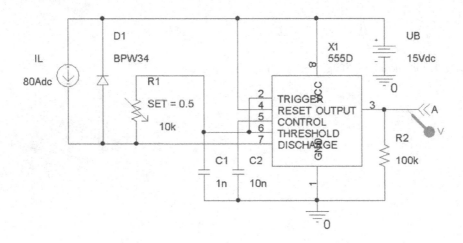

**Bild 3-24** Fotodiode als Bestandteil eines astabilen Multivibrators

■ **Aufgabe**

Zu analysieren ist der Verlauf der Ausgangsspannung als Funktion der Zeit $t$ für die Beleuchtungsstärken $E_v = 250$ und 1000 lx.

**Lösung**

Anzuwenden ist die *Transientenanalyse* für $U_A = f(t)$ mit *Start Value*: 0, *Run to Time*: 0.6m, *Maximum Step Size*: 1u sowie *Parametric Sweep* für *Current Source*: IL mit *Value List*: 20u, 80u.

Im Bild 3-25 wird der Einfluss der Beleuchtungsstärke auf die Impulsfrequenz deutlich. Es gilt dafür die Beziehung:

$$f = \frac{1}{T} = 3 \cdot \frac{I_L}{C_1 \cdot U_B} \tag{3.6}$$

Mit der Gl. (3.6) erhält man die Signalfrequenzwerte $f$ = 4 kHz für $E_v$ = 250 Hz bzw. $f$ = 16 kHz für $E_v$ = 1000 lx. Diese Werte werden auch näherungsweise mit den Analyseergebnissen von Bild 3-25 erreicht.

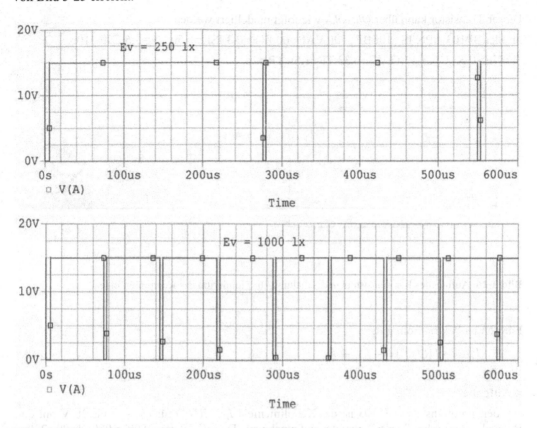

**Bild 3-25** Zeitverläufe der Ausgangsspannung mit der Beleuchtungsstärke als Parameter

## 3.3 Fototransistor

Fototransistoren werden in Silizium-Planartechnologie hergestellt. Aufgrund ihrer hohen Foto-empfindlichkeit eignen sie sich für den Einsatz in Optokopplern und Lichtschranken.

### 3.3.1 Aufbau und Kennlinienfeld

Beim Silizium-npn-Fototransistor wird die Kollektor-Basis-Diode dem einfallenden Licht ausgesetzt., s. Bild 3-26. Der auf diese Weise erzeugte Fotostrom wird dann in etwa mit dem Wert der Stromverstärkung $B_N$ des Transistors in Emitterschaltung multipliziert, s. Gl. (3.7).

$$I_C = I_L \cdot (1 + B_N)$$ (3.7)

Für den Fototransistor BP 103 gelten folgende Kenndaten [10]:

$I_C = 2{,}5$ bis 5 mA bei $U_{CE} = 5$ V, $E_v = 1000$ lx

$B_N = 180$ bis 710, $U_{CE0} = 50$ V, $I_{Cmax} = 50$ mA

Dieser Transistor kann über *QbreakN* wie folgt modelliert werden:

.model BP103 NPN IS=10f BF=500 VAF=60 IKF=0.3 ISE=0.5n NE=3.5 CJE=10p

+ MJE=0.33 CJC=15p MJC=0.33 TF=1.5n TR=2u.

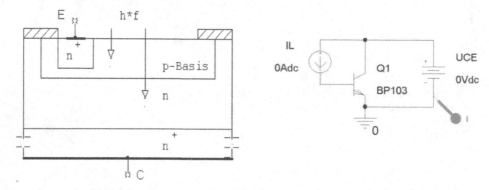

**Bild 3-26** Aufbau des Fototransistors und Schaltung zur Simulation des Kennlinienfeldes

Für den Kollektorstrom gilt:

$$I_C = -I(U_{CE}) = -I_{C1} + I_L \qquad (3.8)$$

■ **Aufgabe**

Für den Fototransistor BP 103 ist das Kennlinienfeld $I_C = f(U_{CE})$ für $U_{CE} = 0$ bis 20 V mit der Beleuchtungsstärke $E_v$ als Parameter aufzunehmen. Den $E_v$-Werten 500, 1000, 1500, 2000, 2500 und 3000 lx entsprechen dabei die Ströme $I_L = 5, 10, 15, 20, 25$ und 30 µA. Es gilt also wiederum, dass $E_v$ proportional zu $I_L$ ist.

**Lösung**

Zu verwenden ist die Analyseart *DC Sweep, Voltage Source.*UCE, *Linear, Start Value*: 0, *End Value*: 20, *Increment*: 10m, *Secondary Sweep, Current Source*: IL, *Linear, Start Value*: 5u, *End Value*: 30u., Increment: 5u.

Als Analyseergebnis erscheint das Kennlinienfeld des Fototransistors nach Bild 3-27. Mit dem Modellparameter *VAF*, der so genannten Early-Spannung, wird bewirkt, dass der Fotostrom bei der jeweiligen Beleuchtungsstärke mit zunehmender Kollektor-Emitter-Spannung ansteigt. Die Modellparameter *ISE*, *NE* und *IKF* bestimmen die Stromabhängigkeit der Stromverstärkung. Diese Abhängigkeit fällt im betrachteten Kennlinienbereich mit den gewählten Werten dieser Modellparameter gering aus, so dass der Fotostrom bei gleichen Zuwächsen der Beleuchtungs-stärke in annähernd gleicher Weise erhöht wird.

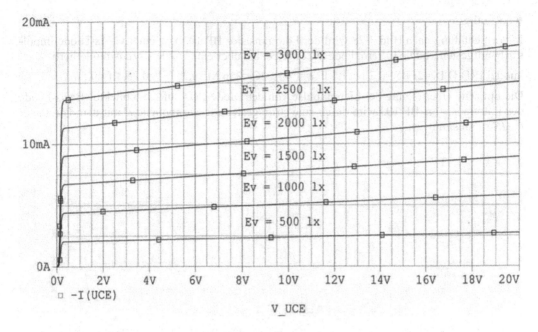

Bild 3-27 Kennlinienfeld des Fototransistors BP 103 mit der Beleuchtungsstärke als Parameter

## 3.3.2 Schaltverhalten

Das Schaltverhalten des Fototransistors wird u. a. von den Kapazitäten *CJC* und *CJE* im Zusammenspiel mit den Diffusionswiderständen des Transistors sowie von der Laufzeit *TF*, vom Lastwiderstand und von der Lastkapazität bestimmt.

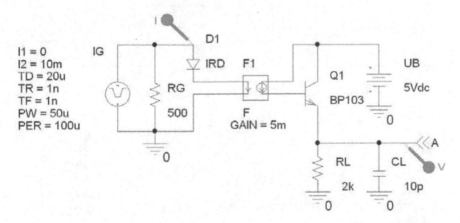

Bild 3-28 Simulation des Schaltverhaltens eines Fototransistors

■ **Aufgabe**

In der Schaltung nach Bild 3-28 wird der Fototransistor BP 103 von einer GaAs-Diode impulsartig aufgesteuert. Die Infrarotdiode *IRD* wird dabei über eine Diode *Dbreak* modelliert:

.model IRD D IS=2f RS=0.7 N=1.5 EG=1.45 CJO=25p M=0.35 VJ=0.75 TT=0.5u.

Die optische Übertragung der Lichtimpulse von der Diode IRD auf die Kollektor-Basis-Diode des Fototransistors BP 103 wird durch eine stromgesteuerte Stromquelle *F* mit dem Parameter *GAIN* = 5m simuliert.

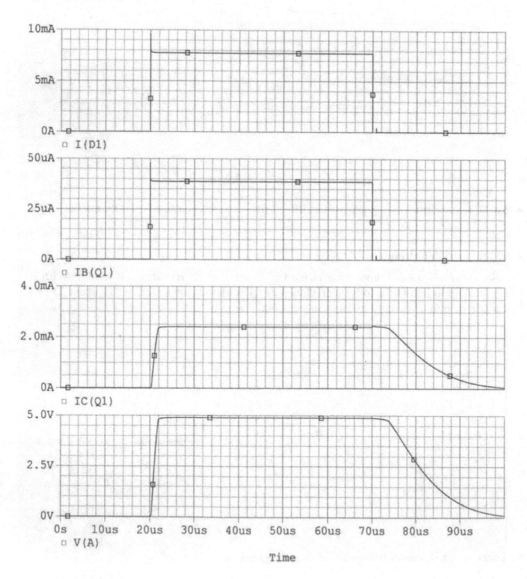

**Bild 3-29**  Stromimpulse und Ausgangspannung zur Demonstration des Schaltverhaltens

Es sind zu analysieren und darzustellen:

1.) die Stromimpulse durch die Infrarotdiode

2.) die Basisstrom- und Kollektorstromimpulse des Fototransistors

3.) die Ausgangsstromimpulse über der Last

**Lösung**

Durchzuführen ist eine Zeitbereichsanalyse *Time Domain* (*Transient*) von 0 bis 100 µs.

Das Ergebnis nach Bild 3-29 zeigt den Stromimpuls durch die Sendediode, ferner die infolge der Übertragungsverluste verringerte Impulshöhe des Basisstromes sowie die Verzerrung des Kollektorstromimpulses mit den Anstiegs-, Abfall- und Speicherzeiten im Mikrosekundenbereich, die sich auch im Spannungsimpuls über der Last widerspiegeln.

### 3.3.3 Schaltung zur Hell/Dunkel-Unterscheidung

Wegen der arbeitspunktabhängigen Stromverstärkung und deren großen Streuungen sind Fototransistoren für Messzwecke weniger geeignet als Fotodioden. Mit ihren relativ großen Schaltzeiten im Mikrosekundenbereich reagieren sie auch träger als die Fotodioden. Auf Grund ihrer hohen Fotoempfindlichkeit eignen sich Fototransistoren aber für ja/nein-Entscheidungen, also dafür, ob die Helligkeit einen vorgegebenen Grad erreicht hat oder nicht [7]. In der Schaltung nach Bild 3-30 wird die Lichtansteuerung eines Fototransistors mit einer Impulsstromquelle simuliert.

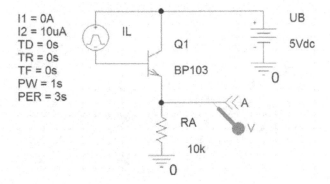

**Bild 3-30** Impulsansteuerung eines Fototransistors

■ **Aufgabe**

Für die Schaltung nach Bild 3-30 ist im Zeitbereich von 0 bis 5 s zu untersuchen, wie sich die Ausgangsspannung unter Lichteinfluss ändert.

**Lösung**

Anzuwenden ist die Transientenanalyse mit *Start Value*: 0, *End Value*: 5.

Eine Beleuchtungsstärke von $E_v = 1000$ lx entspricht dem Basisstrom $I_L = 10$ µA, der den Transistor einschaltet. Der resultierende Emitterstrom erzeugt dann über dem Lastwiderstand eine

Ausgangsspannung in der Höhe der Betriebsspannung, denn über der Kollektor-Emitter-Strecke fällt nur die kleine Kollektor-Emitter-Sättigungsspannung ab, s. Bild 3-31.

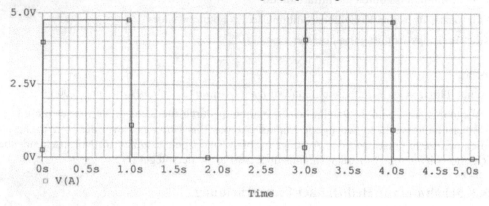

**Bild 3-31** Ausgangsspannung bei impulsartiger Beleuchtung

### 3.3.4 Schwellwertschalter

Der Schwellwertschalter wird mit einem Komparatorschaltkreis realisiert [8], s. Bild 3-32. Über den Spannungsteiler $R_2$, $R_3$ wird am invertierenden N-Eingang eine positive Spannung $U_N$ $\approx 2$ V eingestellt.

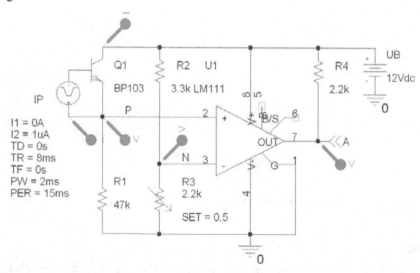

**Bild 3-32** Schwellwertschalter mit Fototransistor

Der Fototransistor erfährt innerhalb der Anstiegszeit $TR = 8$ ms der Impulsstromquelle $I_P$ einen Anstieg der Beleuchtungsstärke $E_v$ von 0 auf 100 lx. Der Impulsstrom $I_2$ ist der Beleuchtungsstärke $E_v$ proportional. Es entspricht $E_v = 100$ lx dem Strom $I_2 = 1$ µA. Mit wachsendem Strom $I_2$ steigen auch die Ströme $I_B$, $I_C$ und $I_E$ des Fototransistors und somit auch die Spannung $U_P$ am

P-Eingang an. Sobald die Spannung $U_P$ die Höhe von $U_N$ erreicht, gerät die Ausgangsspannung $U_A$ auf HIGH, und wenn $U_P$ kleiner als $U_N$ wird, springt $U_A$ auf LOW zurück.

■ **Aufgabe**

Es ist die Zeitabhängigkeit der Ströme $I_L$, $I_{C1}$ sowie der Spannungen $U_P$, $U_N$ und $U_A$ zu analysieren und darzustellen.

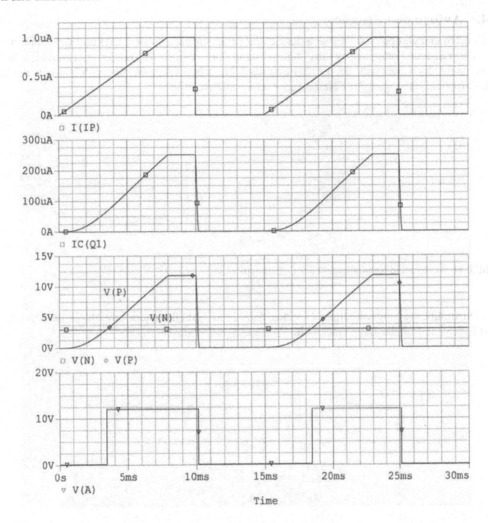

**Bild 3-33** Zeitverlauf von Strömen und Spannungen am Schwellwertschalter

**Lösung**

Auszuführen ist die Transientenanalyse von 0 bis 20 ms. Das Analyseergebnis nach Bild 3-33 zeigt das rampenartige Anwachsen der Ströme und insbesondere das Kippen der Ausgangsspannung von LOW auf HIGH sobald $U_P$ die Höhe von $U_N$ überschreitet. Andererseits wird der Sprung von HIGH auf LOW sichtbar, sobald $U_P$ unter den Wert von $U_N$ absinkt.

## 3.4  Gabelkoppler

Der Gabelkoppler ist eine optoelektronische Strahlschranke, die abgeschirmt vom Umgebungs-
licht zu betreiben ist. Er wird als Sicherheitsschalter und zur Drehzahlauswertung angewendet.

### 3.4.1  Aufbau und Kennlinie

Bei einem Gabelkoppler stehen sich der Sender (z. B. eine GaAs-IR-LED) und der Empfänger
(z. B. ein Si-npn-Fototransistor) in einem Abstand von wenigen Millimetern gegenüber, s. Bild
3-34. Wird der Lichtstrahl der LED durch das Eintauchen eines Gegenstandes in den Schlitz
unterbrochen, dann wird der Fototransistor ausgeschaltet [8].

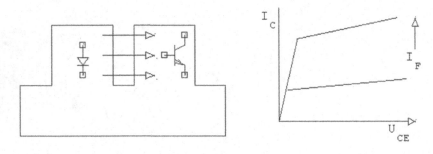

**Bild 3-34**  Aufbau und Kennlinienfeld des Gabelkopplers

Das Stromübertragungsverhältnis $\ddot{U}_I$ eines derartigen Gabelkopplers erreicht je nach Aufbau
und Eigenschaften der Bauelemente die Werte $\ddot{U}_I = I_C/I_F = 0,3$ bis 2.

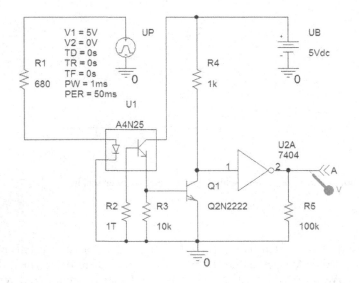

**Bild 3-35**  Gabelkoppler zur Drehzahlerfassung

### 3.4.2 Drehzahlerfassung

In der Schaltung nach Bild 3-35 wird die Anwendung des Gabelkopplers zur Drehzahlerfassung simuliert. Der Lichtstrahl wird durch eine auf der rotierenden Welle angeordneten Nocke unterbrochen, womit der Ausgang des Inverters auf LOW gerät.

■ **Aufgabe**

Innerhalb der Periodendauer $PER = 50$ ms weist die Nocke eine Verweilzeit $PW = 1$ ms auf. Dieses Verhalten wird mit der Quelle $U_P$ simuliert. Die Abhängigkeit $U_A = f(t)$ ist im Zeitbereich von 0 bis 120 ms zu simulieren. Der Widerstand $R_s$ ist dabei aus Simulationsgründen vorzusehen um einen Analogwert für die Ausgangsspannung zu erhalten.

**Lösung**

Die Transientenanalyse von 0 bis 120 ms führt zum Ergebnis von Bild 3-36. Die durch die Nocke bewirkte Unterbrechung wird eindeutig erfasst.

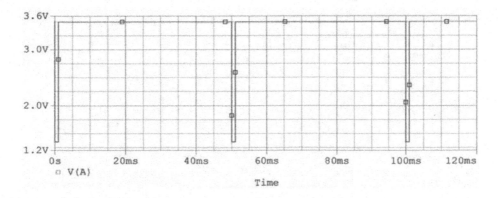

**Bild 3-36** Zeitabhängigkeit der Ausgangsspannung des Gabelkopplers

### 3.4.3 Anzeige einer Lichtunterbrechung

Wird der Lichtstrahl im Gabelkoppler nach einer gewissen Zeit unterbrochen, dann kann man diesen Zustand mit einer LED anzeigen [15], s. Bild 3-37.

Im Gegensatz zum vorangegangenen Abschnitt wird hier der Gabelkoppler nicht mit einem Optokoppler, sondern über eine GaAs-Sendediode, eine stromgesteuerte Stromquelle $F$ und den Fototransistor nachgebildet. Eine bleibende Unterbrechung lässt sich mit dem Schalter $U_2$ erreichen, der nach einer vorgegebenen Zeit den Sendestrom abschaltet. Dieser Zustand wird durch die Leuchtdiode angezeigt.

■ **Aufgabe**

Nach einer Zeit von fünf Sekunden soll in der angegebenen Schaltung eine dauerhafte Unterbrechung herbeigeführt und angezeigt werden. Die Sendediode $D_1$ vom Typ IRD ist dabei wie im Abschnitt 3.3.2 zu modellieren.

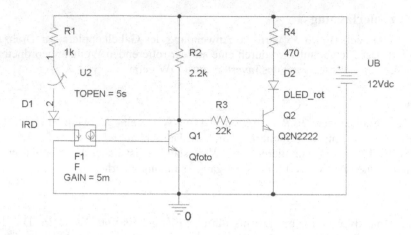

**Bild 3-37** Anzeige einer Lichtunterbrechung beim Gabelkoppler

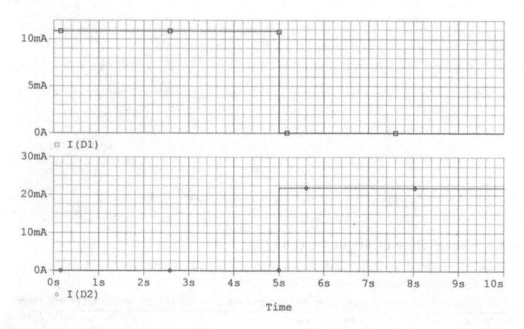

**Bild 3-38** Zeitabhängigkeit von Diodenströmen bei einer Lichtunterbrechung des Gabelkopplers

## Lösung

Mit einer *Transientenanalyse* von 0 bis 10 Sekunden wird im Bild 3-38 nachgewiesen, dass bei einem Sendestrom $I_{D1} = 11$ mA die Diode $D_2$ (LED-rot) ausgeschaltet ist und dass diese den Wert $I_{D2} = 22$ mA erreicht, sobald das Licht der Sendediode $D_1$ unterbrochen wird.

## 3.5 Positionsempfindliche Fotosensoren

Mit großflächigen Silizium-pin-Fotodioden in Lateral- oder Kreisstruktur kann die Position eines auftreffenden Lichtflecks erkannt werden. Bei diesen PSD-Elementen (PSD: Position Sensitive Device) werden hohe Anforderungen an die Gleichförmigkeit des Halbleitermaterials gestellt. Die Anwendung liegt im Bereich von Robotern und Werkzeugmaschinen.

### 3.5.1 Lateraleffekt-Fotodiode

Die Lateraleffekt-Fotodiode dient zu Positions- und Abstandsmessungen. Dabei kann eine Positionsempfindlichkeit von einigen Mikrometern bei Messbereichen im Zentimeter-Bereich erzielt werden. Ihre Ausführung entspricht einer großflächigen pin-Fotodiode mit einer streifenförmigen Struktur.

### 3.5.1.1 Aufbau und Ersatzschaltung

Bei der pin-Struktur nach Bild 3-39 trifft der Lichtfleck auf die bestrahlungsempfindliche Oberfläche auf. Die über die Randkontakte abfließenden Ströme $I_1$ und $I_2$ lassen sich zur Positionsbestimmung des Lichteinfalls auswerten [13], [16] bis [18].

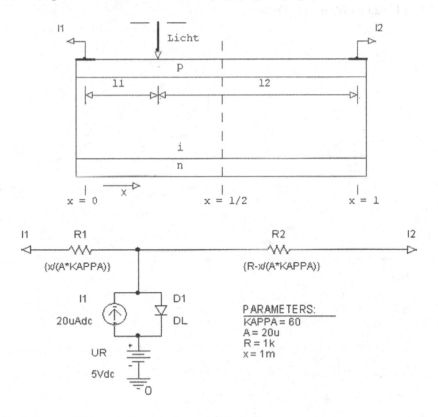

**Bild 3-39** Aufbau und Ersatzschaltung der Lateraleffektdiode

### 3.5.1.2 Anwendung zur Abstandsmessung

Wird die Oberfläche der Lateraleffekt-Fotodiode mit einer punktförmigen Lichtquelle bestrahlt, dann werden an der betreffenden Stelle vor allem im hochohmigen Intrinsicgebiet Ladungen erzeugt und durch die Feldwirkung getrennt. Der so entstehende Fotostrom teilt sich je nach der Höhe der durch die oberen p-Schicht gebildeten Widerstände $R_1$ und $R_2$ in die Teilströme $I_1$ und $I_2$ gemäss der Gl. (3.7) auf:

$$\frac{I_1}{I_2} = \frac{R_2}{R_1} = \frac{l_2}{l_1}$$

(3.7

Trifft der Lichtfleck in der Strukturmitte auf, dann wird bei den gleichen Längen $l_1 = l_2$ die Stromdifferenz $I_1 - I_2 = 0$.

Die Auswertung der Ströme erfolgt über Transimpedanzverstärker, s. Bild 3-40.

Weil der Strom $I_l$ von M nach O fließen soll, muss der Widerstand $R_1$ um 180 ° gedreht werden. Die Diode ist wie folgt zu modellieren:

.model DL D IS=2.6p ISR=0.1n CJO=80p

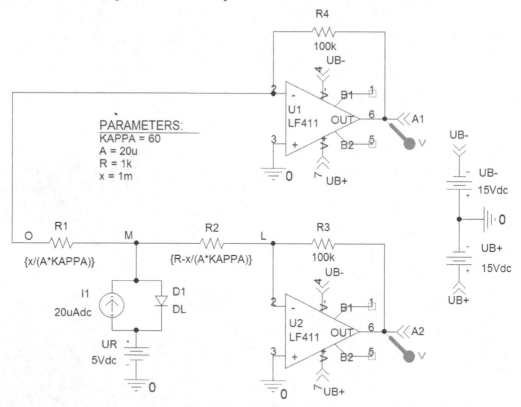

**Bild 3-40** Transimpedanzverstärker zur Auswertung der Ströme der Lateraleffektdiode

Für die betrachtete Struktur gilt als Widerstand der p-Schicht $R = R_1 + R_2 = 1$ kΩ für die Leitfähigkeit $\kappa = KAPPA = 60$ 1/Ωcm. Die von den Strömen durchflossene Fläche der p-Schicht ist $A = 20 \cdot 10^{-6}$ cm$^2$. Für den Fotostrom des Lichtflecks wurde unter der Berücksichtigung seiner Fläche und der Höhe der Beleuchtungsstärke ein Wert von $I_p = 20$ µA abgeschätzt. Dieser Wert erscheint als Einströmung in der Gleichstromquelle $I_1$.

**■ Aufgabe**

Als Funktion der Abmessung $x$ sind für den Bereich von $x = 0$ bis zu $x = l = l_1 + l_2 = 1{,}2$ cm die Spannungen $U_{A1}$ und $U_{A2}$ sowie die Stromdifferenz $I_1 - I_2$ zu analysieren und darzustellen. Hinweis: der Wert $x = 1.2$ soll der Länge $l = 1{,}2$ cm = 12 mm entsprechen.

**Lösung**

Mit der Analyse *DC Sweep*, *Global Parameter*, *Parameter Name*: x, *Linear*, *Start Value*: 1m, *End Value*: 1.2, *Increment*: 10m erscheinen die Diagramme nach Bild 3-41. Die Differenz der Ströme gibt die Lage des Lichtflecks in $x$-Richtung an, s. Gl.(3.7). Nimmt die Stromdifferenz den Wert null an, dann bedeutet das für das gewählte Beispiel, dass der Lichtfleck die Position $x = l/2 = 0{,}6$ cm erreicht hat. Trifft der Lichtfleck aber außerhalb der Strukturmitte, z. B. bei $x = l_1 = 0{,}45$ cm auf, dann folgen aus Gl. (3.7) die Ströme $I_1 = 12{,}5$ µA und $I_2 = 7{,}5$ µA. Damit ergibt die Stromdifferenz $I_1 - I_2 = 5$ µA. Dieser Wert wird auch im oberen Diagramm von Bild 3-41 angezeigt.

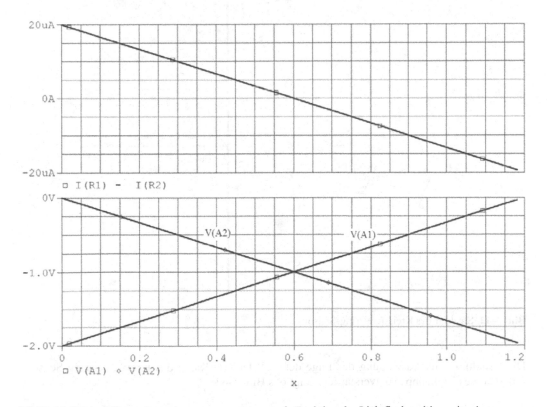

**Bild 3-41** Stromdifferenz bzw. Ausgangsspannungen als Funktion der Lichtfleckposition mit x in cm

### 3.5.2 Kreis-Kreisring-Sensor

Der Kreis-Kreisring-Sensor dient zur Positionsbestimmung von Hell-Dunkel-Kanten [13].

#### 3.5.2.1 Prinzipdarstellung

Die Anordnung nach Bild 3-42 besteht aus zwei konzentrisch angeordneten Epitaxie-Fotodioden mit gleich großen Flächen. Wird über die Struktur von links nach rechts in $x$-Richtung eine Blende geschoben, so kann man z. B. die Position eines Werkstückes bestimmen. Befindet sich die Blende bei $x = 0$ in der Mitte der Struktur, dann sind jeweils die Hälfte der Kreisringfläche $A_{KR}$ sowie der Kreisfläche $A_K$ beleuchtet, d. h. es ist $A_{KR}/2 = A_K/2$. Damit sind die Fotoströme gleich groß. Für diesen Sonderfall ist also $I_{KR} = I_K$ und in der Schaltung des Impedanzverstärkers nach Bild 3-43 ergibt sich mit der Differenzbildung dieser Ströme gemäß der Gl. (3.8) für die Ausgangsspannung ein Nullsignal:

$$U_A = -\left(I_K - I_{KR}\right) \cdot R_1 = -I_{R1} \cdot R_1 \tag{3.8}$$

Die Diode $D_p$ ist wie folgt zu modellieren:

.model Dp D IS=30p ISR=1n.

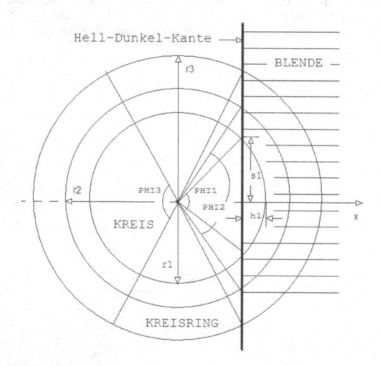

**Bild 3-42** Struktur des Kreis-Kreisring-Sensors

Die Schaltung zur Auswertung der Lage der Hell-Dunkel-Kante des Kreis-Kreisring-Sensors mittels eines Transimpedanzverstärkers zeigt das Bild 3-43.

Die Kenngrößen werden wie folgt bezeichnet:

$A_{KR}$     Kreisringfläche

$A_{KRb}$     beleuchtete Kreisringfläche

$A_K$     Kreisfläche

$A_{Kb}$     beleuchtete Kreisfläche

$r_1$     Kreisradius

$r_2, r_3$     Radien zum Kreisring

$\varphi_1$     Öffnungswinkel PHI1 zum beleuchteten Kreissegment

$\varphi_2, \varphi_3$     Öffnungswinkel PHI2 bzw. PHI3 zum beleuchteten Kreisringsegment

$A_1$     Fläche des unbeleuchteten Kreissegments

$A_3 - A_2$ Fläche des unbeleuchteten Kreisringsegments

$\pi$     Konstante, $\pi$ = Pi = 3,1416

$h_1$     Bogenhöhe des Kreissegments

$s_1$     Sehnenhälfte des Kreissegments

$x$     Ortskoordinate

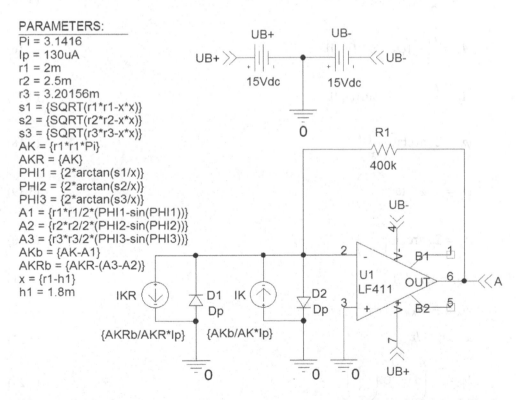

PARAMETERS:
Pi = 3.1416
Ip = 130uA
r1 = 2m
r2 = 2.5m
r3 = 3.20156m
s1 = {SQRT(r1*r1-x*x)}
s2 = {SQRT(r2*r2-x*x)}
s3 = {SQRT(r3*r3-x*x)}
AK = {r1*r1*Pi}
AKR = {AK}
PHI1 = {2*arctan(s1/x)}
PHI2 = {2*arctan(s2/x)}
PHI3 = {2*arctan(s3/x)}
A1 = {r1*r1/2*(PHI1-sin(PHI1))}
A2 = {r2*r2/2*(PHI2-sin(PHI2))}
A3 = {r3*r3/2*(PHI3-sin(PHI3))}
AKb = {AK-A1}
AKRb = {AKR-(A3-A2)}
x = {r1-h1}
h1 = 1.8m

**Bild 3-43**   Kreis-Kreisring-Sensor mit Transimpedanzverstärker zur Positionsbestimmung mittels einer Änderung der Bogenhöhe $h_1$

Es gelten die Beziehungen:

$$h_1 = r_1 \cdot \left( 1 - \cos\left( \frac{\varphi_1}{2} \right) \right) \tag{3.9}$$

$$s_1 = \sqrt{r_1^2 - x^2} \tag{3.10}$$

$$s_2 = \sqrt{r_2^2 - x^2} \tag{3.11}$$

$$s_3 = \sqrt{r_3^2 - x^2} \tag{3.12}$$

$$A_K = r_1^2 \cdot \pi = A_{KR} \tag{3.13}$$

$$A_1 = \frac{r_1^2}{2} \cdot \left( \pi \cdot \frac{\varphi_1}{180°} - \sin(\varphi_1) \right) \tag{3.14}$$

Mit den Winkeln $\varphi$ bzw. *PHI* im Bogenmaß gelten die Beziehungen:

$$A_1 = \frac{r_1^2}{2} \cdot \left( \varphi_1 - \sin(\varphi_1) \right) \tag{3.15}$$

$$A_2 = \frac{r_2^2}{2} \cdot \left( \varphi_2 - \sin(\varphi_2) \right) \tag{3.16}$$

$$A_3 = \frac{r_3^2}{2} \cdot \left( \varphi_3 - \sin(\varphi_3) \right) \tag{3.17}$$

$$\varphi_1 = 2 \cdot \arctan\left( \frac{s_1}{x} \right) \tag{3.18}$$

$$\varphi_2 = 2 \cdot \arctan\left( \frac{s_2}{x} \right) \tag{3.19}$$

$$\varphi_3 = 2 \cdot \arctan\left( \frac{s_3}{x} \right) \tag{3.20}$$

$$A_{Kb} = A_K - A_1 \tag{3.21}$$

$$A_{KRb} = A_{KR} - \left( A_3 - A_2 \right) \tag{3.22}$$

$$x = r_1 - h_1 \tag{3.23}$$

$$h_1 = r_1 \cdot \left( 1 - \cos\left( \frac{\varphi_1}{2} \right) \right) \tag{3.24}$$

Hinweis: bei den trigonometrischen Funktionen werden die Winkel im Programm PSPICE nicht in Grad, sondern im Bogenmaß eingesetzt. Es entspricht $1° = 0,01745329$ rad.

Beginnend bei $x = 0$ (dem Mittelpunkt von Kreis bzw. Kreisring), kann das Verschieben der Blende nach rechts auf zweierlei Weise berechnet werden: entweder, indem man die Bogenhöhe $h_1$ oder indem man den Öffnungswinkel $\varphi_1 = PHI_1$ verändert.

### 3.5.2.2 Lagenachweis einer Hell-Dunkel-Kante

#### ■ Aufgabe

Gegeben sind die Kreisradien mit $r_1 = 2$ mm, $r_2 = 2,5$ mm und $r_3 = 3,20156$ mm.

(Hinweis: der Wert $r_1 = 2$ mm ist bei PSPICE als $r_1=2m$ anzusetzen).

Bei der vollständigen Kreisbeleuchtung soll der Photostrom den Wert $I_p = 130$ μA annehmen. Im einzelnen sind die folgenden Untersuchungen durchzuführen:

**1.)** Für die Bogenhöhe $h_1 = 1,8$ mm sind die Ströme $I_{KR}$, $I_K$ und $I_{R1}$ sowie die Ausgangsspannung $U_A$ zu ermitteln.

**2.)** Die Verläufe $I_{KR}$, $I_K$, $I_{R1}$, $U_A = f(x)$ sind über die Änderung der Bogenhöhe $h_1$ für $x = 0$ bis 2 mm zu analysieren und darzustellen.

**3.)** Es sind die gleichen Abhängigkeiten wie im Punkt 2.) zu erfassen, wenn anstelle von $h_1$ nun der Öffnungswinkel $\varphi_1 \equiv PHI_1$ von 0 bis zu $\pi \equiv Pi$ variiert wird.

#### Lösung

**Zu 1.)** Betätigt man nach der Arbeitspunktanalyse (*Bias Point*) die in der oberen Anzeigeleiste angeordnete *I*-Taste, dann werden die folgenden Stromwerte angezeigt: $I_{KR} = 67,91$ μA, $I_K = 73,26$ μA, $I_{R1} = 5,357$ μA.

Es ist also in Übereinstimmung mit der Gl. (3.8):

$$I_{R_1} = I_{KR} - I_K \tag{3.25}$$

Aktiviert man die *V*-Taste, dann folgt in Auswertung der Gl. (3.8) der Wert der Ausgangsspannung $U_A = -2,143$ V.

Bei $h_1 = 1,8$ mm befindet sich die Blende in der Position $x = r_1 - h_1 = 0,2$ mm. Damit wird etwas mehr als die Hälfte der Struktur beleuchtet, womit die Ströme $I_{KR}$ und $I_K$ dementsprechend höher ausfallen als $I_p/2 = 65$ μA. Ferner sind damit bei $x = 0,2$ mm auch $I_{R1} > 0$ und $U_A < 0$, s. auch die Diagramme von Bild 3-44.

**Zu 2.)** Anzuwenden ist die Analyseart *DC Sweep*, *Global Parameter*, *Parameter Name*: h1, *Start Value*: 0, *End Value*: 2m, *Increment*: 10u. Den Verlauf der Ausgangsspannung $U_A$ zeigt das Diagramm von Bild 3-44.

Über die Umwandlung der Abszisse von $h_1$ auf $x = r_1 - h_1 = 2m - 1$ erhält man die Ströme und die Ausgangsspannung als Funktion der Längenkoordinate $x$.

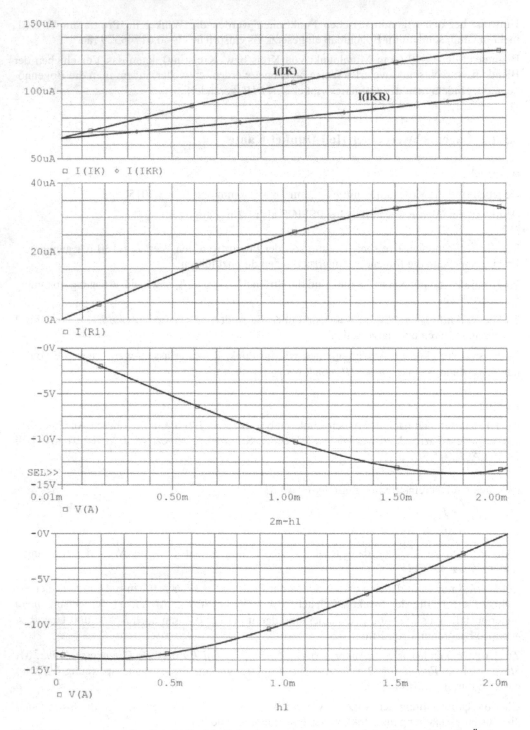

**Bild 3-44** Auswertung der Ortsabhängigkeit der Ausgangsspannung und der Ströme über die Änderung der Bogenhöhe des Kreissegments

Für $x = 2$ mm ist die Blende so weit nach rechts verschoben, dass die gesamte <u>Kreisfläche</u> beleuchtet wird, aber ein Teil des <u>Kreisringes</u> noch abgedeckt bleibt, daher ist $I_{KR} < I_K$. In der Strukturmitte, d. h. bei $x = 0$ sind die beiden Ströme gleich groß, womit die Ausgangsspannung den Wert $U_A = 0$ erreicht.

**Zu 3.):** Die Analyse nach Bild 3-45 erfolgt mit *DC Sweep, Global Parameter, Parameter Name*: PHI1, *Start Value*: 0, *End Value*: 3.1416, *Increment*: 10m. Bei der gleichen Schaltungsstruktur wie in Bild 3-43 sind nun für die Variation des Öffnungswinkels die Parameter $PHI_1$ und $h_1$ anders festzulegen.

Das Analyseergebnis nach Bild 3-46 zeigt die Ausgangsspannung $U_A$ als Funktion des Öffnungswinkels $\varphi_1$. Die Umwandlung der Abszisse von PHI1 auf $x = r_1 - r_1 \cdot (1 - \cos(PHI_1/2))$ nach Bild 3-46 erbringt dann die gleichen Ergebnisse wie zuvor im Bild 3-44.

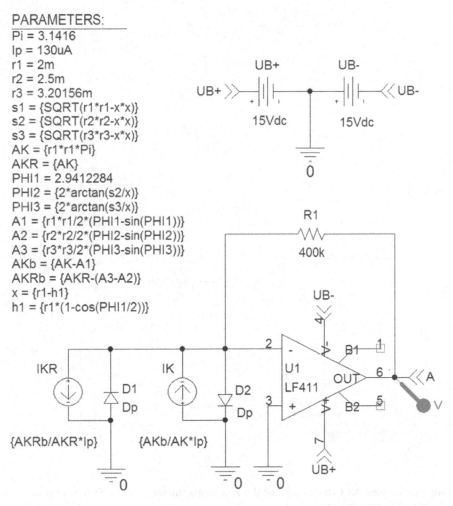

**Bild 3-45** Kreis-Kreisring-Sensor mit Transimpedanzverstärker zur Positionsbestimmung mittels der Änderung des Öffnungswinkels $\varphi_1$

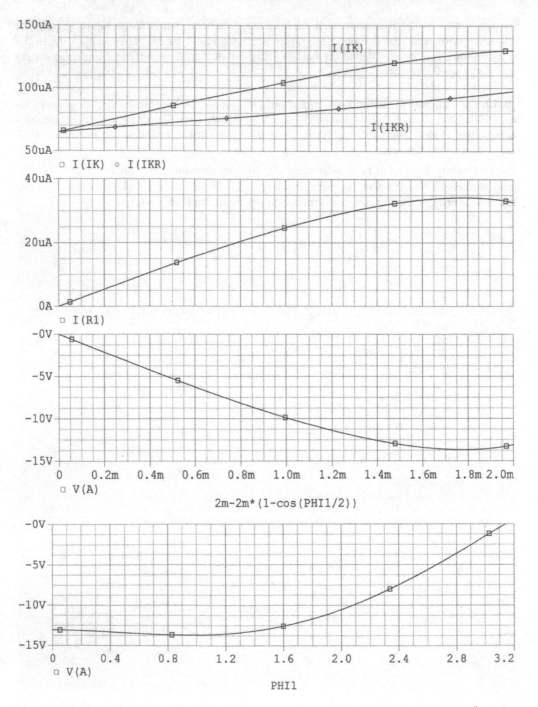

**Bild 3-46** Auswertung der Ortsabhängigkeit der Ausgangsspannung und der Ströme über die Änderung des Öffnungswinkels $\varphi_1$

## 3.6 Reflexlichtsensoren mit Plastikfaser-Lichtwellenleitern

Faseroptische Sensoren (Plastikfaser, Glasfaser) können u. a. für Abstandsmessungen speziell an schwer erreichbaren Orten bzw. in explosionsgefährdeter Umgebung sowie bei Füllstands- oder pH -Wert-Messungen eingesetzt werden.

### 3.6.1 Doppelfaser-Reflexlichtsensor

Das Bild 3-47 zeigt die Verwendung von zwei parallelen Lichtwellenleitern (LWL) als Bestandteile eines Reflexlichtsensors.

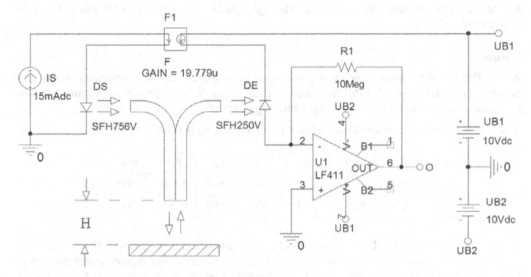

```
.model SFH756V D IS=7.53p N=3.18 RS=4.94 IKF=28.8m
.model SFH 250V D ISR=270p NR=5 M=0.423 VJ=0.39
```

**Bild 3-47** Reflexlichtsensor mit Doppelfaser-Lichtwellenleitern zur Abstandsmessung bei Verwendung einer stromgesteuerten Stromquelle

Das von der Diode $D_S$ in den Sende-Lichtwellenleiter ausgesandte Licht trifft auf die Streufläche auf. Ein dort diffus reflektierter Anteil gelangt über den Empfänger-Lichtwellenleiter zur Empfängerdiode $D_E$. Die Intensität der Rückstreuung kann als Maß für die Abstandshöhe $H$ ausgewertet werden. Der Fotodiodenstrom wird mit einem Transimpedanzverstärker ausgewertet. Für die Ausgangsspannung gilt:

$$U_A = -I_{R1} \cdot R_1 = I_{DE} \cdot R_1 \tag{3.26}$$

In der Schaltung wird die optische Übertragung mit der stromgesteuerten Stromquelle $F_1$ simuliert. Die Ausgangsspannung und somit auch der Übertragungsparameter *GAIN* sind abstandsabhängige Kenngrößen. Die Sende- als auch die Empfangsdiode weisen Steckverbindungen zur Aufnahme der LWL auf. Die Dämpfungen dieser Lichtwellenleiter hängen vom Fasermaterial, dessen Anschliff sowie von den Abmessungen und der Wellenlänge ab.

■ **Aufgabe**

**1.)** Die Schaltung des Reflexlichtsensors ist aufzubauen. Es sind Plastikfaser-LWL mit dem Kerndurchmesser $D = 1$ mm und den Längen $L_S = L_E = 0,1$ m bzw. 5 m zu verwenden. Die Sendediode ist mit einen Konstantstrom von 15 mA zu speisen. Die Abhängigkeit der Ausgangsspannung $U_0$ von der Abstandshöhe $H$ ist zu <u>messen</u>.

**2.)** Die Modellparameter der Dioden sind über Datenblattangaben zu bestimmen.

**3.)** Der Parameters *GAIN* der *F*-Quelle ist für denjenigen Abstand $H$ zu ermitteln, für den die maximale Ausgangsspannung auftritt.

**4.)** Anschließend ist in der Schaltung von Bild 3-47 die *F*-Quelle durch eine *GPOLY*-Quelle mit dem Ziel zu ersetzen, die gemessene Abhängigkeit $U_A=f(H)$ unter *VALUE* mit einer Gleichung zu simulieren.

**Lösung**

**Zu 1.:** Die bei der Abstandsänderung punktweise gemessenen Ausgangsspannungswerte sind in der Tabelle 3.3 aufgeführt. Mittels Abdunkelung wurde Nebenlicht auf der Streufläche (silbergraues, eloxiertes Aluminium) weitgehend eingeschränkt.

**Tabelle 3.3** Gemessene Abstandsabhängigkeit der Ausgangsspannung bei $L_E = L_S = 0,1$ m

| $H$/mm | 1,0 | 1,5 | 2,0 | 2,5 | 3,5 | 4,5 | 5,9 | 9,9 | 14,9 | 19,9 |
|---|---|---|---|---|---|---|---|---|---|---|
| $-U_A$/V | 0,376 | 0,854 | 1,613 | 2,348 | 2,967 | 2,692 | 2,100 | 1,015 | 0,529 | 0,331 |
| $U_A/U_{Amax}$ | 0,127 | 0,288 | 0,544 | 0,791 | 1,000 | 0,907 | 0,708 | 0,342 | 0,178 | 0,112 |

Werden die parallelen LWL stirnseitig direkt auf die Streufläche aufgesetzt (Abstand $H = 0$), dann kann kein Licht die Detektordiode erreichen, so dass die Ausgangsspannung null wird. Wird der Abstand $H$ erhöht, dann erreicht die Ausgangsspannung mit dem Wert $U_A = 2,967$ V bei $H = 3,5$ mm das Maximum. Bei weiterer Abstandserhöhung nimmt die Intensität des reflektierten Lichts und damit die Höhe von $U_A$ ab. Die Tabelle 3.4 gilt für die längeren Lichtwellenleiter, bei denen auf Grund der höheren Dämpfung bei denselben Abständen geringere Ausgangsspannungen auftreten.

**Tabelle 3.4** Gemessene Abstandsabhängigkeit der Ausgangsspannung bei $L_E = L_S = 5$ m

| $H$/mm | 1,0 | 1,5 | 2,0 | 2,5 | 3,2 | 4,5 | 5,9 | 9,9 | 14,9 | 19,9 |
|---|---|---|---|---|---|---|---|---|---|---|
| $-U_A$/V | 0,312 | 0,758 | 1,399 | 1,832 | 1,981 | 1,636 | 1,185 | 0,550 | 0,281 | 0,172 |
| $U_A/U_{Amax}$ | 0,157 | 0,382 | 0,705 | 0,923 | 1,000 | 0,825 | 0,597 | 0,277 | 0,142 | 0,087 |

**Zu 2.:** Die Modellparameter der Dioden werden mit dem Programmteil *Pspice Model Editor* von OrCAD & Pspice ermittelt.

Für die Empfängerdiode SFH 250V wird die hier bedeutsame Sperrkennlinie ausgewertet. Die Parameterextraktion liefert die Werte für den Sperrsättigungsstrom ISR=270p und den Sperr-Emissionskoeffizienten NR=5, s. Bild 3-48.

Aus der Datenblattangabe für die Durchbruchspannung der Empfängerdiode SFH 250V folgt als Modellparameter BV=30. Als dazugehöriger Strom kann IBV=10u gesetzt werden.

Schließlich folgen mit dem Programmpaket Model Editor aus der Kapazitätskurve $C_0 = f(U_R)$ die Nullspannungskapazität CJO=10.52p, der Exponent M=0.423 und die Diffusionsspannung VJ=0.39, s. Bild 3-48. Über *Capture CIS Lite Edition* können dann Dioden *Dbreak* aufgerufen und über *Edit Pspice Model* mit diesen Modellparametern versehen werden. Gleichzeitig kann die Umbenennung von *Dbreak* auf SFH 250V bzw. SFH 756V vorgenommen werden, s. Bild 3-47.

### Spec Data

| Vrev | Irev |
|------|--------|
| 0.8V | 100pA |
| 3.0V | 200pA |
| 5.5V | 300pA |
| 9.5V | 500pA |
| 13V | 700pA |
| 20V | 1nA |
| 30V | 1.25nA |

### Active Parameters

| Name | Value |
|------|-----------|
| ISR | 2.704e-10 |
| NR | 4.995 |

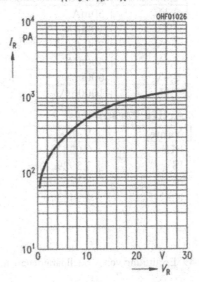

### Spec Data

| Vrev | Cj |
|-------|-------|
| 0.01 | 10.7p |
| 0.055 | 10p |
| 0.1 | 9.5p |
| 0.3 | 8p |
| 1 | 5.9p |
| 3 | 4.1p |
| 10 | 2.7p |
| 30 | 2.15p |

### Aktive Parameters

| Name | Value |
|------|----------|
| CJO | 10.52p |
| M | 0.422986 |
| VJ | 0.390500 |

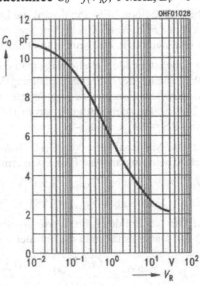

**Bild 3-48** Ermittlung von Modellparametern aus der Sperrkennlinie und der Kapazitätskennlinie für die Diode SFH 250V [19]

**Spec Data**

| Vfwd | Ifwd |
|------|------|
| 1.7V | 1mA |
| 1.75 | 8mA |
| 1.8V | 20mA |
| 2.0V | 40mA |
| 2.1V | 50mA |
| 2.4V | 100mA |
| 3,2V | 200mA |
| 4,4V | 400mA |
| 5,4V | 600mA |
| 7,2V | 1000mA |

**Active Parameters**

| Name | Value |
|------|-------|
| IKF | 0.028783 |
| IS | 7.5929e-012 |
| N | 3.176300 |
| RS | 4.943300 |

**Forward current** $I_F = f(V_F)$,
single pulse, duration = 20 µs

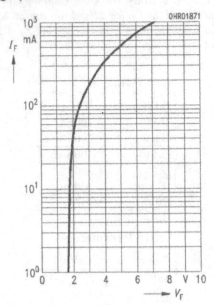

**Bild 3-49** Ermittlung von Modellparametern aus der Durchlasskennlinie für die Diode SFH 756V [19]

Für die Sendediode SFH 756V wird die Durchlasskennlinie mit Model Editor wie folgt ausgewertet: über *File, New, Model New* legt man zunächst die Typenbezeichnung mit *Model*: SFH 756V fest, nach o. k. erscheint eine Standardkennlinie.

In die nebenstehende Tabelle trägt man die aus Messungen bzw. dem Datenblatt [19] erhaltenen Wertepaare der Durchlassspannung Vfwd und des Stromes Ifwd ein und gewinnt über *Tools, Extract Parameters* die Werte für die aktiven Parameter: Knickstrom vorwärts IKF=28.8m, Transfer-Sättigungsstrom IS=7.53p, Emissionskoeffizient N=3.18 und Serienwiderstand RS=4.94, s. Bild 3-49.

**Zu 3.:** Die Maximalwerte von *GAIN* wurden durch Anpassung an die Maximalwerte von $U_A$ mit der Arbeitpunktanalyse *Bias Point* ermittelt.

$GAIN_{max}$ = 19.779u bei $U_{Amax}$ = 2,967 V, $H$ = 3,5 mm, $L_S = L_E = 0,1$ m

$GAIN_{max}$ = 13.206u bei $U_{Amax}$ = 1,981 V, $H$ = 3,2 mm, $L_S = L_E = 5$ m

**Zu 4.:** Die Nachbildung der Werte der Tabellen 3.3 bzw. 3.4 gelingt mit der Schaltung nach Bild 3-50. Dabei erhält man die normierte Abstandsänderung der Intensität $k$ zu:

$$k = \frac{U_{A(x)}}{U_{Amax}} = \frac{GAIN_{(x)}}{GAIN_{max}} = \frac{a \cdot x^n}{b + x^m} \tag{3.27}$$

mit dem normierten Abstand $x = H/D$.

Die für $k = k_{max}$ geltenden Werte $x_{max}$ folgen aus $k' = dk / dx = 0$ über:

$$x_{max} = \left( \frac{n \cdot b}{m - n} \right)^{\frac{1}{m}}$$

(3.28)

Die Koeffizienten für die Gln. (3.27) und (3.28) sind in der Tabelle 3.5 zusammengestellt.

**Tabelle 3.5** Koeffizienten zum Doppelfaser-Reflexlichtsensor

| | $a$ | $b$ | $m$ | $n$ | $x_{max}$ |
|---|---|---|---|---|---|
| $L_S = L_E = 0{,}1$ m | 10,55 | 91,72 | 4 | 2,5 | 3,52 |
| $L_S = L_E = 5$ m | 9 | 60 | 4 | 2,5 | 3,16 |

In der spannungsgesteuerten Stromquelle *GPOLY* wird der Fotostrom $I_{D2}$ der Si–Fotodiode mit dem in der Schaltung nach Bild 3–50 angegebenen Wert (*VALUE*) über eine Gleichung erfasst.

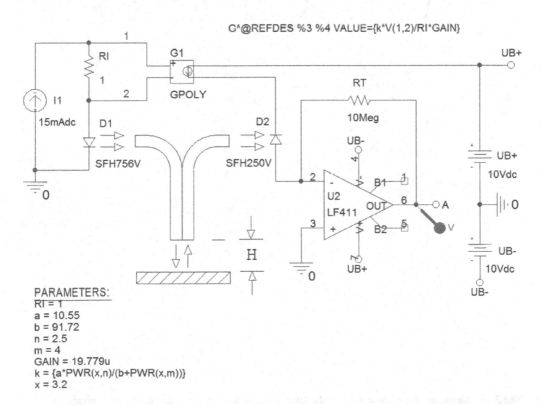

PARAMETERS:
RI = 1
a = 10.55
b = 91.72
n = 2.5
m = 4
GAIN = 19.779u
k = {a*PWR(x,n)/(b+PWR(x,m))}
x = 3.2

**Bild 3-50** Reflexlichtsensor mit Doppelfaser-Lichtwellenleitern zur Abstandsmessung bei Verwendung einer spannungsgesteuerten Stromquelle

Dabei entspricht dann der Quotient $(U_1 - U_2) / R_1 = V(1,2)/R_1 = I_{D1}$ dem Durchlassstrom der GaAs–Sendediode $D_1$.

Bei den Parametern ist für *GAIN* der angegebene Maximalwert einzutragen.

Mit der Analyse *DC* Sweep, *Global Parameter, Parameter Name:* x, *Start Value*: 0.15, *End Value*: 20, *Increment*: 1m erhält man für $L_S = L_E = 0{,}1$ m die Diagramme nach Bild 3-51.

Für die gewählte Messanordnung werden die Höchstwerte des Fotodiodenstromes bzw. der Intensität bei dem normierten Abstand $x = x_{max} = H/D = 3{,}51$ mm / 1 mm = 3,51 erreicht.

Die simulierten Verläufe von Bild 3-51 stimmen gut mit den Messwerten für die kurzen Faserlängen der Tabelle 3.5 überein.

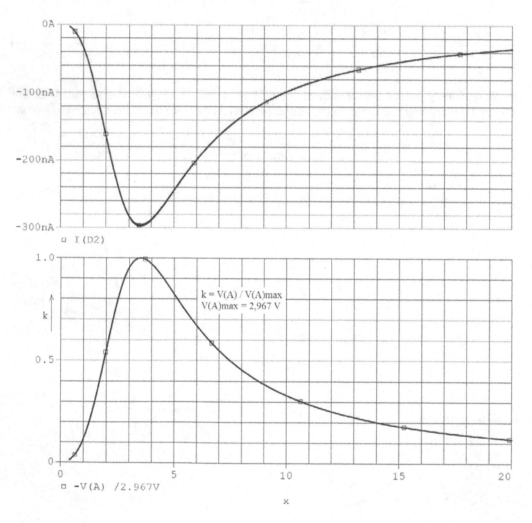

**Bild 3-51** Abstandsabhängigkeit des Fotodiodenstromes und der normierten Ausgangsspannung

Die Bilder 3-52a und 3-52b zeigen, wie sich unterschiedliche Faserlängen auf die Höhe der Ausgangsspannung auswirken.

Wird die Faserlänge erhöht, dann verringert sich die Ausgangsspannung infolge der größeren Dämpfung. Dabei tritt eine leichte Verschiebung des Maximums in Richtung kleinerer Abstände ein. Entsprechend der Gl. (3.28) treten die Maxima der Ausgangsspannungen bei $x = 3,51$ für die kurzen Faserlängen und bei $x = 3,16$ für die die längeren Fasern auf.

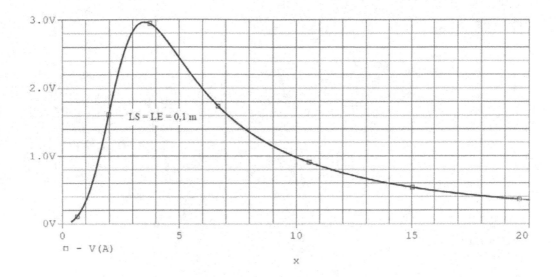

**Bild 3-52a** Doppelfaser-Abstandssensor mit 0,1 m Lichtwellenleiterfaserlänge

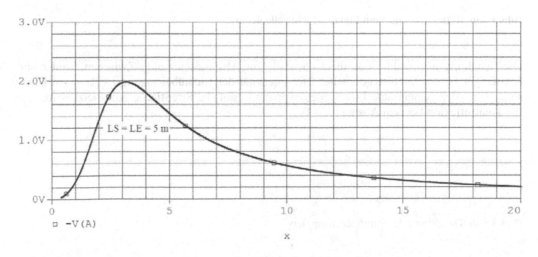

**Bild 3-52b** Doppelfaser-Abstandssensor mit 5 m Lichtwellenleiterfaserlänge

### 3.6.2 Einfaser-Reflexlichtsensor

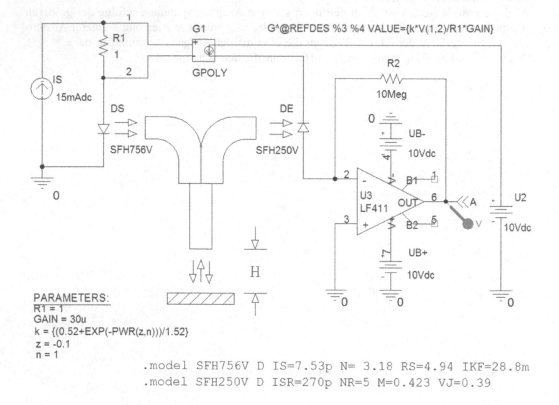

**Bild 3-53a** Reflexlichtsensor mit Einfaser-Lichtwellenleiter

Die Schaltung nach Bild 3-53a dient ebenfalls zur Abstandsmessung. Zwischen Sender und Empfänger ist ein Koppler geschaltet. Die Intensität der Lichtübertragung ist dann am höchsten, wenn der gemeinsame Lichtwellenleiter direkt auf die Streufläche aufgesetzt wird, d.h. für Totalreflexion bei dem Abstand $H = 0$.

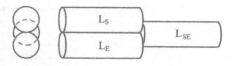

**Bild 3-53b** Darstellung des Stirnflächenkopplers

Die Ausgangsspannung $U_A$ wird von einem Transimpedanzverstärker abgenommen. Hierfür wird $U_A$ analog zu Gl. (3.26) mit $U_A = -I_{R2} \cdot R_2 = I_{DE} \cdot R_2$ berechnet.

Im Bild 3-53b nimmt der Lichtwellenleiter mit der Länge $L_S$ das Licht der Sendediode $D_S$ auf, der Lichtwellenleiter mit der Länge $L_{SE}$ strahlt auf die Streufläche und der Lichtwellenleiter mit der Länge $L_E$ überträgt das reflektierte Licht zur Empfängerdiode $D_E$.

■ **Aufgabe**

**1.)** Die Schaltung des Einfaser- Reflexlichtsensors ist aufzubauen. Dabei sind die Längen der Sender- und Empfänger-LWL mit $L_S = L_E = 0,23$ m sowie $L_{SE} = 0,75$ m auszuführen.

Die Sendediode ist mit einem Konstantstrom von $I_S = 15$ mA zu speisen. Mittels einer Mikrometerschraube ist die Abhängigkeit der Ausgangsspannung $U_A$ vom Abstand $H$ für $H = 0$ bis 10 mm zu messen. Der Kerndurchmesser der Plastikfaser beträgt $D = 1$ mm.

**2.)** Die gemessene Funktion $U_A/U_{Amax} = f(x)$ mit $x = H/D$ ist mathematisch zu beschreiben, als Gleichung in die Quelle GPOLY einzugeben und graphisch darzustellen.

**Lösung**

**Zu 1.)** Die Tabelle 3.6 zeigt die gemessene Ausgangsspannung als Funktion des Abstandes $H$. Damit unterscheidet sich diese Abhängigkeit des Einfaser-Reflexlichtsensors grundlegend von derjenigen des Doppelfaser-Reflexlichtsensors. Man vergleiche hierzu die Bilder 3-51 und 3-52 mit dem Bild 3-54.

**Tabelle 3.6** Gemessene Abstandsabhängigkeit der Ausgangsspannung und des Übertragungsparameters

| $H$/mm | 0 | 0,1 | 0,5 | 1 | 1,5 | 1,95 | 2,65 | 3,65 | 4,90 |
|---|---|---|---|---|---|---|---|---|---|
| $-U_A$/V | 4,12 | 4,50 | 3,54 | 2,72 | 2,22 | 1,91 | 1,79 | 1,67 | 1,61 |
| $U_A/U_{Amax}$ | 0,916 | 1,0 | 0,787 | 0,604 | 0,493 | 0,424 | 0,398 | 0,371 | 0,358 |

Mit der verwendeten eloxierten Aluminiumoberfläche trat die maximale Übertragungsintensität auf Grund der Streueffekte bei $H = 0,1$ mm auf. Bei Verwendung einer $F$-Quelle (anstelle von GPOLY) in Bild 3-53a wurde $U_{Amax} = 4,50$ V bei $GAIN_{max} = 30u$ ermittelt. Dieser Wert wird in der Gleichung bei VALUE der GPOLY-Quelle verwendet.

Es ist $VALUE = k \cdot I_{R1} \cdot GAIN$ mit $I_{R1} = (U_1-U_2)/R_1$. In der Schreibweise für PSPICE wird $U_1-U_2 =$ V(1,2) und somit ist einzutragen: GAIN={k*V(1,2)/R1*GAIN.

**Zu 2.)** Die Abhängigkeit der normierten Ausgangsspannung $k$ vom normierten Abstand $x$ kann man mit $x = z + c$ wie folgt annähern:

$$k = \frac{a + e^{-z^n}}{b} \tag{3.29}$$

Die verwendeten Koeffizienten zeigt die Tabelle 3.7

**Tabelle 3.7** Koeffizienten zum Einfaserreflexlichtsensor bei $L_S = L_E = 0,23$ m und $L_{SE} = 0,75$ m

| a | b | c | n |
|---|---|---|---|
| 0,52 | 1,52 | 0,1 | 1 |

Die simulierten Abhängigkeiten des Bildes 3-54 erfüllen die Messwerte von Tabelle 3.6.

Die Gl. (3.29) wird unter *VALUE* der *GPOLY*-Quelle eingeschrieben.

Mit der Analyse *DC Sweep, Global Parameter, Parameter Name*: z, *Linear, Start Value*: -0.1, *End Value*: 5, *Increment*: 1m erhält man die Diagramme von Bild 3-54.

Dabei gelangt man zum normierten Abstand *x* als Abszisse wie folgt: *Plot, Axis Settings, Axis Variable*: z+0.1.

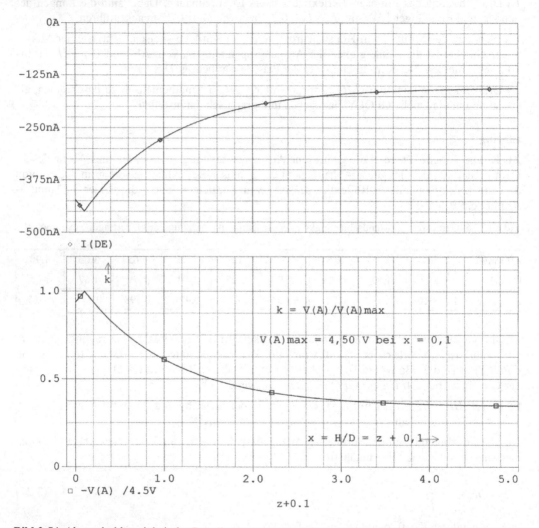

**Bild 3-54** Abstandsabhängigkeit des Fotodiodenstromes und der normierten Ausgangsspannung

# 4 Schaltungen mit Drucksensoren

Druck entsteht, wenn eine Kraft pro Fläche ausgeübt wird. Der Druck kann durch die auf einen Verformungskörper aufgeklebten Dehnungsmessstreifen erfasst werden. Kapazitive Sensoren werten die vom Druck verursachten Verformungen einer Membran aus. Weiterhin lassen sich druckbedingte Ladungsverschiebungen piezoelektrischer Materialien als Sensoreffekt ausnutzen. Für die Simulation von Schaltungen mit Drucksensoren werden in diesem Kapitel Messbrücken, Subtrahierverstärker, Elektrometerverstärker und Instrumentenverstärker eingesetzt und je nach der speziellen Anforderung mit den Analysearten *Bias Point*, *DC Sweep*, *AC Sweep*, *Time Domain (Transient)*, und *Transfer Function* untersucht.

## 4.1 Folien-Dehnungsmessstreifen

### 4.1.1 Aufbau und Kennlinie

Dehnungsmessstreifen (DMS) entstehen aus einer Metallfolie mit einer Schichtstärke von wenigen Mikrometern. Aus der Folie wird ein Messgitter herausgeätzt, das zwischen einer Träger- und einer Abdeckkunststofffolie eingeschweißt wird. Zur Kontaktierung dienen nach außen geführte breite Anschlüsse. Allgemein gilt, dass ein Leiter länger und dünner wird, wenn er gedehnt wird, womit sein Widerstand ansteigt.

$$\frac{\Delta R}{R} = K \cdot \frac{\Delta l}{l} = K \cdot \varepsilon \tag{4.1}$$

Dabei bedeuten:

$K$  Proportionalitätsfaktor zur Dehnungsempfindlichkeit

$l$  Länge

$\Delta l$  Längenänderung

$R$  Nennwiderstand

$\Delta R$  Widerstandsänderung

$\varepsilon$  Dehnung

Die Folien-DMS werden auf ein Messobjekt (z. B. Stahl) aufgeklebt. Je nach einer Zug- oder Druckbelastung lassen sich damit positive als auch negative Dehnungen erfassen. Die positive Dehnung entspricht einer Verlängerung und die negative einer Stauchung. Weil in der Dehnungsmesstechnik nur sehr kleine Dehnungen auftreten, wird $\varepsilon$ in der Maßeinheit µm/m angegeben. Die bezogene Widerstandsänderung $\Delta R/R$ wird in mΩ/Ω ausgewiesen.

■ **Aufgabe**

Für einen Folien-DMS aus Konstantan mit dem Näherungswert des Faktors $K = 2$ sowie dem Nennwiderstand $R = 120\ \Omega$ ist die Kennlinie $\Delta R/R = f(\varepsilon)$ zu analysieren und darzustellen. Der Variationsbereich von $\varepsilon$ soll sich dabei von -1000 bis 1000 µm/m erstrecken.

Zur Analyse der Kennlinie ist die Schaltung nach Bild 4-1 zu verwenden.

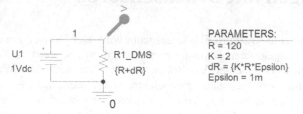

**Bild 4-1** Schaltung zur Kennliniensimulation

## Lösung

Mit der Analyse *DC Sweep*, *Global Parameter*, *Parameter Name*: Epsilon, *Start Value*: -1m, *End Value*: 1m, *Increment*: 1u folgt als Ergebnis das Diagramm nach Bild 4-2. Im negativen und positiven Dehnungsbereich von Folien-DMS ergibt sich für $\Delta R/R$ eine lineare Abhängigkeit. Als Beispiel folgt aus einer positive Dehnung $\varepsilon =1000$ μm/m = 1mm/m die relative Widerstandsänderung $\Delta R/R = 2$ mΩ/Ω.

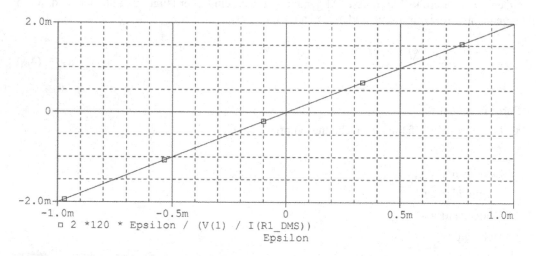

**Bild 4-2** Relative Widerstandsänderung eines Konstantan-DMS in Abhängigkeit von der Dehnung

## 4.1.2 Brückenschaltung mit Subtrahierverstärker

Die recht kleinen Widerstandsänderungen von Folien-DMS erfordern i. a. die Auswertung in einer Vollbrücke. Dabei werden unerwünschte Einflussgrößen wie die Temperaturabhängigkeit kompensiert. In der Schaltung nach Bild 4-3 unterliegen die DMS $R_1$ und $R_4$ einer Dehnung und $R_2$ und $R_3$ einer Stauchung. Die Diagonalspannung $U_d$ dieser Brücke ist:

$$U_d = U_1 - U_2 = K \cdot \varepsilon \cdot U_B \tag{4.2}$$

Die Verstärkung der Diagonalspannung kann mit einem invertierenden Subtrahierverstärker erfolgen, s. Bild 4-3. Man erhält dessen Ausgangsspannung mit

$$U_A = -\frac{R_8}{R_5} \cdot U_d = -\frac{R_8}{R_5} \cdot \frac{\Delta R}{R} \cdot U_B \tag{4.3}$$

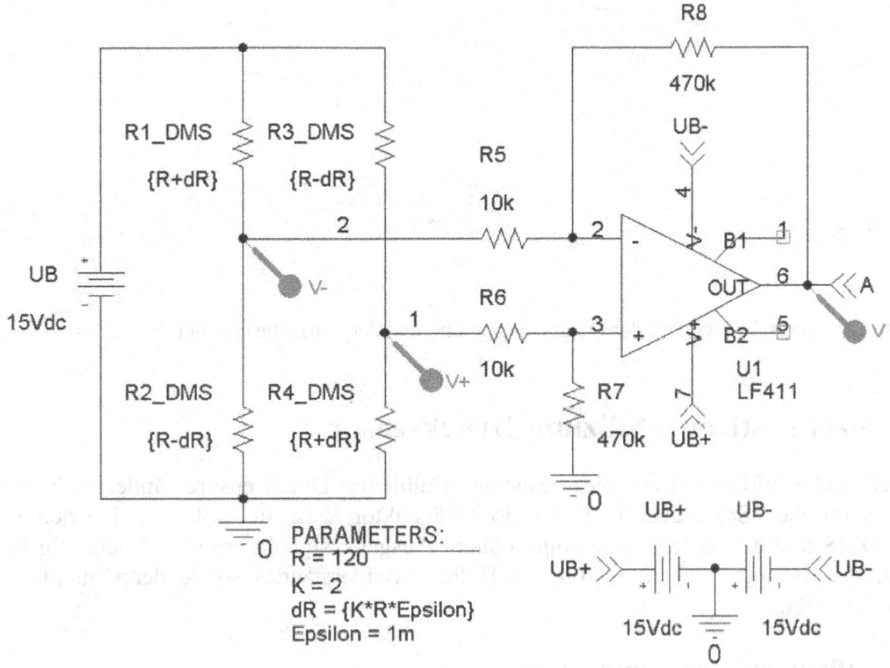

**Bild 4-3** DMS-Brücke mit Subtrahierverstärker

■ **Aufgabe**

In der Schaltung nach Bild 4-3 werden Konstantan-Folien-DMS mit $K = 2$ und $R = 120\ \Omega$ verwendet. Für die Dehnungen $\varepsilon = 10$ bis $1000\ \mu m/m$ sind die Brücken-Diagonalspannung sowie die Ausgangsspannung zu analysieren und im doppelt-logarithmischen Maßstab darzustellen.

**Lösung**

Anzuwenden ist die Analyse *DC Sweep*, *Global Parameter*, *Parameter Name*: Epsilon, *Start Value*: 10u, *End Value*: 1m, *Increment*: 0.1u.

Man erhält die Brückenspannung mit $U_d = U_1 - U_2 \equiv V(1,2)$. Diese negative Diagonalspannung $-U_d = U_2 - U_1$ wird vom Subtrahierverstärker gemäß Gl. (4.3) zu einer positiven Spannung $U_A$ verstärkt. Im Bild 4-4 wird nachgewiesen, dass die Diagonalspannung linear von der Dehnung abhängt. Infolge von Offsetfehlern wird die durch den Quotienten $R_8/R_5$ bestimmte 47-fache Spannungsverstärkung bei den kleineren Epsilon-Werten herabgesetzt. Ersetzt man den Operationsverstärker LF 411 durch eine spannungsgesteuerte Spannungsquelle $E$ mit $GAIN$=200k dann bleibt die Verstärkung über den gesamten Dehnungsbereich konstant.

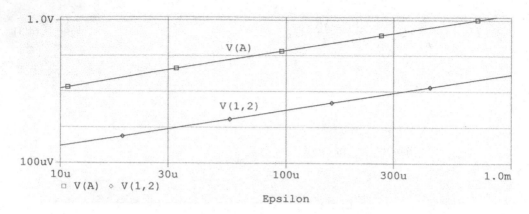

**Bild 4-4** Dehnungsabhängigkeit der Diagonalspannung und der Ausgangsspannung

## 4.2 Piezoresistiver p-Silizium-Drucksensor

Der elektrische Widerstand von piezoresistiven Halbleiter- Drucksensoren ändert sich stark mit der mechanischen Spannung. Ihr Proportionalitätsfaktor $K$ ist viel höher als bei den Metall-Folien-DMS und es werden demzufolge höhere Ausgangssignale erreicht. Nachteilig ist aber die stärkere Temperaturabhängigkeit des Halbleiterwiderstandes sowie deren nicht linearer Kennlinienverlauf.

### 4.2.1 Aufbau und Brückenschaltung

Der Proportionalitätsfaktor $K$ der p-Silizium-Drucksensoren kann Werte von 100 bis 200 erreichen. Bei n- Silizium ist $K$ dagegen negativ und nimmt Werte bis zu −100 an. Die Nachteile von Halbleiter-DMS lassen sich einschränken, wenn sie aus einem Trägermaterial heraus als Brückenschaltung erzeugt werden. Bei hochohmigen Silizium-Drucksensoren ist zur Verstärkung der Brücken-Diagonalspannung ein Instrumentenverstärker erforderlich. Im Bild 4-5 ist die Brückenschaltung eines Relativdrucksensors vom Typ KPY 44 R von Infineon [19] mit vier monolithisch integrierten p-Si-Sensoren dargestellt, deren Grundwert ohne Druckeinwirkung $R$ = 6 kΩ beträgt. Die infolge des Drucks auftretende Widerstandsänderung ist:

$$\Delta R = m \cdot p \cdot U_B \tag{4.4}$$

Dabei bedeuten:

$p$  Druck, gemessen in bar

$m$  Anstiegsfaktor, gemessen in Ω/(V·bar)

Der Druck wird in den Einheiten bar bzw. Pascal [Pa] gemessen. Dabei gelten die Umrechnungsbeziehungen: 1 bar = $10^2$ kPa = $10^5$ N/m$^2$ = 1,02 kp/cm$^2$.

Die Diagonalspannung der Brücke ist:

$$U_d = U_1 - U_2 = \frac{\Delta R}{R} \cdot U_B \qquad (4.5)$$

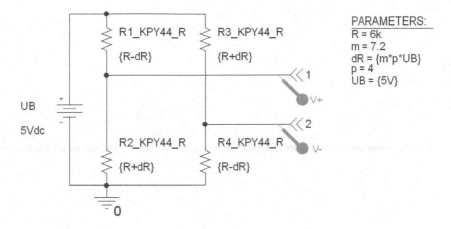

**Bild 4-5** Brückenschaltung mit p-Si-Drucksensoren

■ **Aufgabe**

Für die Schaltung nach Bild 4-5 sind gegeben:

$m = 7.2$ $\Omega/$(V·bar) bei 25 °C; $m = 8$ $\Omega/$(V·bar) bei -40 °C und $m = 6$ $\Omega/$(V·bar) bei 125 °C.

Zu analysieren ist die Abhängigkeit der Diagonalspannung $U_d$ vom Druck $p$ im Bereich $p = 0$ bis 4 bar für

a): die Betriebsspannungen $U_B = 5$ V und 10 V bei der Temperatur von 25 °C und

b): die Temperaturen von -40, 25 und 125 °C bei der Betriebsspannung $U_B = 5$ V.

**Lösung**

Zum Ziel führt die Analyseart *DC Sweep*, *Global Parameter*, *Parameter Name*: p, *Start Value*: 0, *End Value*: 4, *Increment*: 10m. Entsprechend der Aufgabenstellung sind die Parameter wie folgt vorzugeben:

Zu a) *Parametric Sweep*: *Voltage Source*, *Parameter Name*: UB, *Value List*: 5, 10.

Zu b) *Parametric Sweep*: *Global Parameter,Parameter Name*: m, *Value List*: 6, 7.2, 8.

Das Bild 4-6 zeigt die lineare Abhängigkeit der Diagonalspannung $U_d = U_1 - U_2$ vom Druck. Mit der doppelten Betriebsspannung verdoppelt sich auch der $U_d$-Wert. Bei den Messbedingungen $U_B = 5$ V und $p = 4$ bar wird die Datenblattangabe $U_d = 120$ mV für diesen Drucksensor erfüllt.

Zu beachten sind die recht beträchtlichen Toleranzen der Diagonalspannung in diesem Arbeitspunkt, die mit den Werten $U_d = 80$ bis 180 mV genannt werden [19].

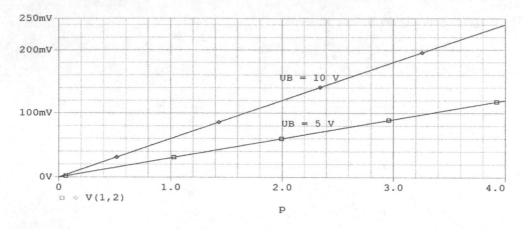

**Bild 4-6** Druckabhängigkeit (in bar) der Diagonalspannung mit der Betriebsspannung als Parameter

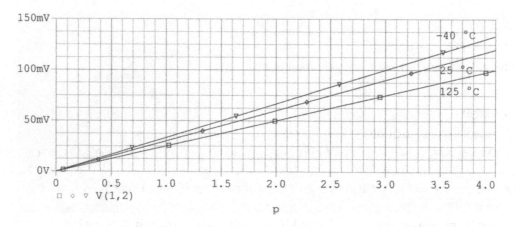

**Bild 4-7** Druckabhängigkeit der Diagonalspannung mit der Temperatur als Parameter

Das Bild 4-7 lässt erkennen, dass die Diagonalspannung bei Erhöhung der Temperatur absinkt. Diese Darstellung beruht auf der Auswertung der vorgegebenen temperaturabhängigen Werte des Anstiegsfaktors $m$.

Für Temperaturkoeffizienten der Diagonalspannung bei $U_B = 5$ V, $p = 4$ bar werden in [19] die folgenden Werte genannt: $TC = -0,17$ ($-0,19... -0,14$) %/K.

### 4.2.2 Brückenschaltung mit Instrumentenverstärker

Bei hochohmigen Brücken ist ein Subtrahierverstärker für eine leistungslose Messung der Brücken-Diagonalspannung nicht mehr geeignet. Es wird vielmehr ein Instrumentenverstärker benötigt, der dadurch gebildet wird, dass dem Subtrahierer zwei Elektrometerverstärker vorge-schaltet werden, s. Bild 4-8. Diese Schaltung eignet sich für die Auswertung der p-Si-Drucksensoren, die erheblich hochohmiger als die Folien-DMS sind [13].

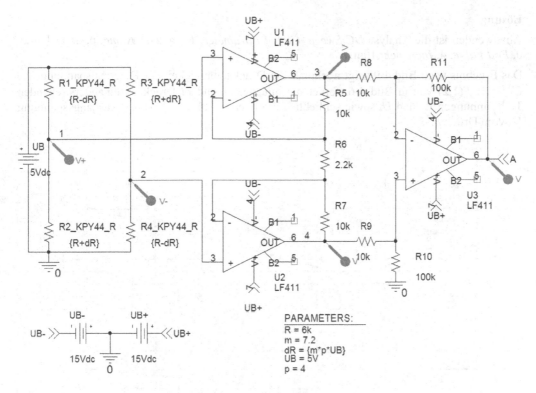

**Bild 4-8** Instrumentenverstärker zur Verstärkung der Brückenspannung

Die Eingangsspannungen $U_1$ bzw. $U_2$ werden an die stets hochohmigen Eingänge der Elektrometerverstärker angelegt und rückwirkungsfrei auf die Höhe der Spannungen $U_3$ und $U_4$ verstärkt. Für $R_5 = R_7$ erhält man:

$$U_3 - U_4 = \left(1 + 2 \cdot \frac{R_5}{R_6}\right) \cdot \left(U_1 - U_2\right) \tag{4.6}$$

Diese Spannungsdifferenz wird dann mit dem Subtrahierer auf die Höhe der Ausgangsspannung verstärkt:

$$U_A = -\frac{R_{11}}{R_8} \cdot \left(U_3 - U_4\right) = -\frac{R_{11}}{R_8} \cdot \left(1 + 2 \cdot \frac{R_5}{R_6}\right) \cdot \left(U_1 - U_2\right) \tag{4.7}$$

■ **Aufgabe**

Es ist die Druckabhängigkeit der Diagonalspannung $U_d = U_1 - U_2$ sowie der Spannungen $U_3$, $U_4$ und der Ausgangsspannung $U_A$ zu analysieren. Der Druckbereich soll dabei $p = 0$ bis 4 bar umfassen. Der Anstiegsfaktor beträgt $m = 7{,}2$ Ω/(V·bar).

## Lösung

Anzuwenden ist die Analyse *DC Sweep*, *Global Parameter*, *Parameter Name*: p, *Start Value*: 0, *End Value*: 4, *Increment*:10m.

Das Ergebnis nach Bild 4-9 zeigt nochmals die Druckabhängigkeit der Diagonalspannung $U_{d} = U_1 - U_2 \equiv V(1,2)$ wie in Bild 4-6, ferner die mit zunehmendem Druck auseinanderstrebenden Teilspannungen $U_3$ und $U_4$ sowie schließlich die lineare Abhängigkeit der Ausgangsspannung $U_A$ vom Druck $p$.

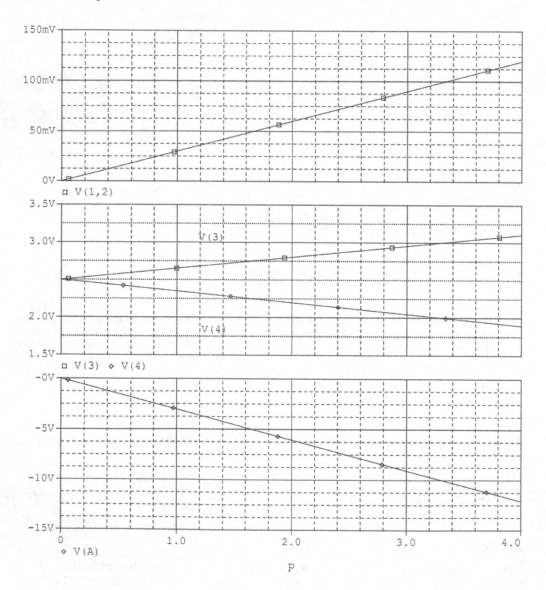

**Bild 4-9** Druckabhängigkeit (in bar) von Spannungen am Instrumentenverstärker

## 4.3 Kapazitiver Silizium-Drucksensor

Bei den kapazitiven Silizium-Drucksensoren ändert sich der Elektrodenabstand, wenn eine Silizium-Membran druckbedingt verformt wird. Die dadurch bewirkte Kapazitätsänderung lässt sich z. B. mit einem astabilen Multivibrator auswerten.

### 4.3.1 Aufbau und Kennlinie

Der prinzipielle Aufbau des kapazitiven Halbleiter-Drucksensors entspricht demjenigen eines Plattenkondensators, dessen eine Platte sich bei einer Druckeinwirkung durchbiegt und damit die Dicke $d$ des Kondensators verringert. Für den Kondensator gilt

$$C = \frac{\varepsilon_0 \cdot \varepsilon_r \cdot A}{d} \qquad (4.8)$$

Bei konstanter Dielektrizitätskonstante $\varepsilon = \varepsilon_0 \cdot \varepsilon_r$ und konstanter Fläche $A$ wird die Sensorkennlinie $C = f(p)$ einen hyperbolischen Verlauf annehmen, wenn man davon ausgeht, dass die Auslenkung der Membran linear vom Druck abhängt [20]. Die dotierte, dünne Membran wird durch beidseitiges Ätzen aus einem Si-Substrat heraus erzeugt. Dieser Membran gegenüber ist eine dotierte, dickere Si-Deckplatte oder eine feste teilweise metallisierte Glasplatte angeordnet. Zwischen den beiden Elektroden befindet sich ein Referenzhohlraum mit dem aus Vakuum oder Luft bestehenden Dielektrikum, s. Bild 4-10.

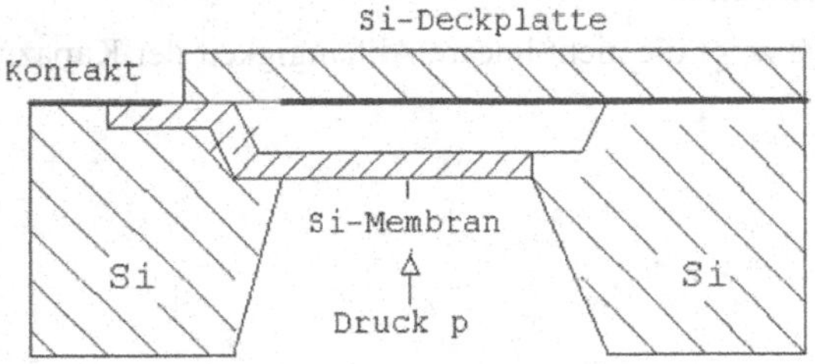

**Bild 4-10**
Aufbau eines kapaziven
Silizium-Drucksensors

Die direkte Abhängigkeit der Kapazität vom Druck kann über die Auswertung von gemessenen Kurven wie folgt beschrieben werden:

$$C = C_0 \cdot \left(1 + a \cdot p^b\right) \qquad (4.9)$$

Die Druckabhängigkeit wird vom Faktor $a$ und vom Exponenten $b$ bestimmt und $C_0$ ist die ohne Druckeinwirkung auftretende Grundkapazität. Für einen kapazitiven Drucksensor mit einer festen Siliziumelektrode werden in der Ausführung für den Hochdruckbereich folgende Richtwerte genannt [20]: Grundkapazität $C_0$ = 5pF, Plattenabstand $d_0$ = 5 µm, Membrandicke $d_M$ = 20 µm und Membranfläche $A_M$ = 3 mm². Die Sensorkennlinie kann mit der Schaltung nach Bild 4-11 simuliert werden.

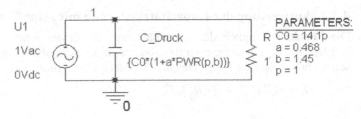

**Bild 4-11**

Schaltung zur Simulation der
Kennlinie des Drucksensors

■ **Aufgabe**

Ein kapazitiver Drucksensor mit einer festen Glaselektrode wird mit den Parametern $C_0 = 14{,}1$ pF, $a = 0{,}468$ pF/bar und $b = 1{,}45$ beschrieben. Es ist die Kennlinie $C = f(p)$ für $p = 0$ bis 1 bar bei der Frequenz $f = 10$ kHz zu analysieren und darzustellen.

**Lösung**

Der kapazitive Blindwiderstand ist:

$$X_c = \frac{1}{\omega \cdot C_p} = \frac{U_1}{I_c} \tag{4.10}$$

Daraus folgt die Kapazität:

$$C = \frac{1}{\omega \cdot X_c} = \frac{I_c}{2 \cdot \pi \cdot f \cdot U_1} \tag{4.11}$$

Die Analyse erfolgt über *AC Sweep/Noise, Logarithmic, Start Frequency*: 10k, *End Frequency*: 10k, *Points/Dec.*: 1, *Parametric Sweep, Global Parameter*: p, *Start Value*: 0, *End Value*: 1, *Increment*: 10m.

Um die Kapazitätsberechnung bei der Festfrequenz von 10 kHz durchführen zu können, wurde also der Start- und der Endwert in der gleicher Höhe von 10 kHz mit nur einem Analysepunkt pro Dekade eingetragen.

Das Bild 4-12 zeigt die nicht lineare Abhängigkeit der Kapazität vom Druck. Bei $p = 0$ wird $C = C_0$.

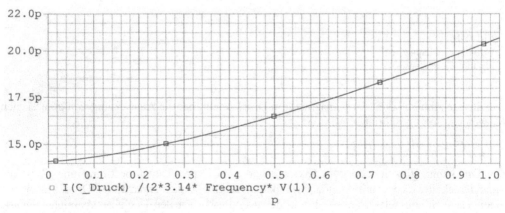

**Bild 4-12** Druckabhängigkeit der Kapazität

### 4.3.2 Auswertung der Kapazitätsänderung mit astabilem Multivibrator

Die Druckabhängigkeit der Kapazität kann mit einem astabilen Multivibrator ausgewertet werden. In der Schaltung nach Bild 4-13 wird der Zeitgeberschaltkreis vom Typ 555 D eingesetzt. Für die Periode $T$ der erzeugten Rechteckschwingungen gilt näherungsweise [13]

$$T = 0{,}7 \cdot (R_1 + 2 \cdot R_2) \cdot C \tag{4.12}$$

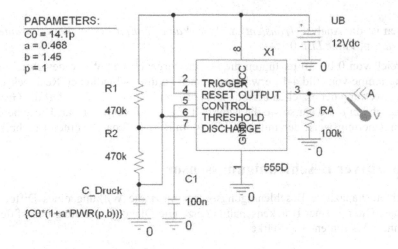

**Bild 4-13** Astabiler Multivibrator mit druckabhängiger Kapazität

■ **Aufgabe**

Über die Gl. (4.11) ist der Wert der Kapazität $C$ für $p = 0$ und 1 bar zu ermitteln.

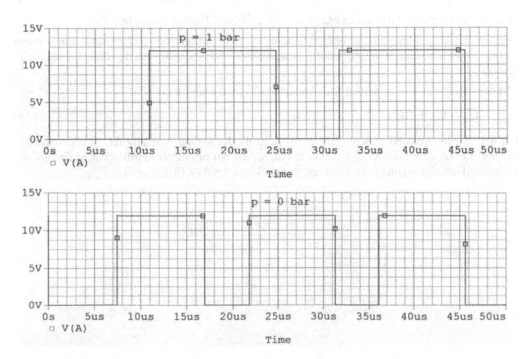

**Bild 4-14** Rechteckschwingungen für zwei unterschiedliche Druckwerte

**Lösung**

Anzuwenden ist die Analyse *Transient* mit *Start Value*: 0, *End Value*: 50us, *Parametric*, *Global Parameter*: p, *Value List*: 0.1.

Im Zeitbereich von 0 bis 50 µs führen die beiden vorgegebenen Werte des Druckes $p$ in den beiden Diagramme von Bild 4-14 erwartungsgemäß zu unterschiedlichen Rechteckschwingungen. Die Auswertung der erzielten Periodendauern $T$ mit der Gl. (4.12) liefert die Grundkapazität $C_0 = 14{,}3$ pF bei $p = 0$ bar sowie die Kapazität $C = 21$ pF bei $p = 1$ bar. Diese beiden Werte entsprechen näherungsweise den mit der Gl. (4.9) im Bild 4-12 dargestellten Ergebnissen.

# 4.4  Kapazitiver Beschleunigungssensor

Der betrachtete kapazitive Beschleunigungssensor nutzt die Wirkung eines Differenzialkondensators aus. Die mit einer Brückenschaltung erzeugte Diagonalspannung bedarf der Verstärkung mit einem Instrumentenverstärker.

## 4.4.1  Aufbau und elektrische Ersatzschaltung

Der kapazitive Beschleunigungssensor ist so aufgebaut, dass eine seismische Silizium-Masse $m$ an einem dünnen Steg ausgebildet ist, s. Bild 4-15. Wird eine Beschleunigung $a$ auf die Anordnung ausgeübt, dann tritt eine Kraft $F$ auf, die mit:

$$F = a \cdot m \tag{4.13}$$

eine Auslenkung der seismischen Masse als beweglicher Mittelelektrode bewirkt.

Die von der Mittelelektrode zur oberen bzw. unteren Gegenelektrode auftretenden Kapazitäten $C_1$ und $C_2$ ändern sich dann gegenläufig entsprechend der Änderung $\Delta d$ der Plattenabstände $d_1$ und $d_2$.

Mit der für $d_1 = d_2 = d_0$ geltenden Ruhekapazität $C_0$ erhält man für $\Delta C/C \ll 1$

$$C_1 = C_0 + \Delta C; \quad C_2 = C_0 - \Delta C \tag{4.14}$$

Für sehr kleine Abstandsänderungen $\Delta d \ll d_0$ ist die Kapazitätsänderung $\Delta C$ der Abstandsänderung $\Delta d$ und damit der Kraft $F$ proportional, sodass bei bekannter seismischer Masse auf die Höhe der Beschleunigung $a$ geschlossen werden kann, s. Gl (4.13).

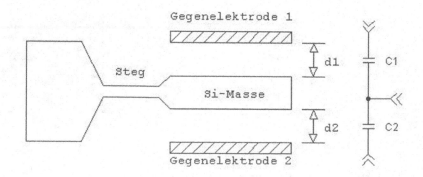

**Bild 4-15** Kapazitiver Beschleunigungssensor und seine Nachbildung als Differenzialkondensator

## 4.4.2 Brückenschaltung mit Differenzialkondensator

Die nachfolgende Brückenschaltung nach Bild 4-16 enthält außer dem Differenzialkondensator noch zwei hochohmige Widerstände. An den Eingang wird eine Wechselspannung angelegt.

Für die Brücken-Diagonalspannung $U_d$ erhält man nach [13]:

$$U_d = U_1 - U_2 = \frac{U_E \cdot \Delta C}{2 \cdot C_0}$$

(4.15)

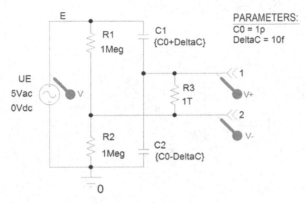

**Bild 4-16** Brückenschaltung mit kapazitivem Beschleunigungssensor

### ■ Aufgabe

Für die Schaltung nach Bild 4-16 beträgt die Ruhekapazität $C_0 = 1$ pF und die Kapazitätsänderung $\Delta C = 0,01$ pF. Zu ermitteln ist der Wert der Diagonalspannung.

### Lösung

Anzuwenden ist die *AC-Analyse* für $f = 1$ bis 100 Hz. Das Analyseergebnis nach Bild 4-17 lässt erkennen, dass die sehr kleine Brückendiagonalspannung verstärkt werden sollte.

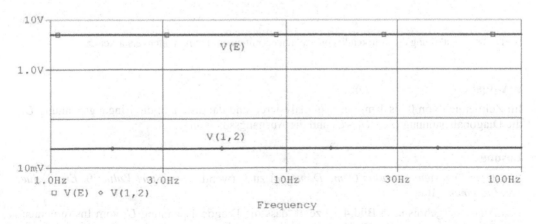

**Bild 4-17** Eingangsspannung und Diagonalspannung als Funktion der Frequenz

### 4.4.3 Verstärkung der Brückendiagonalspannung

In der Schaltung nach Bild 4-18 dient ein Instrumentenverstärker dazu, die Diagonalspannung der Brücke zu verstärken. Die Brücke wird nun von einer Sinusquelle gespeist. Für die Ausgangsspannung $U_A$ gilt:

$$U_A = -\left(1 + 2 \cdot \frac{R_4}{R_5}\right) \cdot \frac{R_9}{R_8} \cdot U_d \tag{4.16}$$

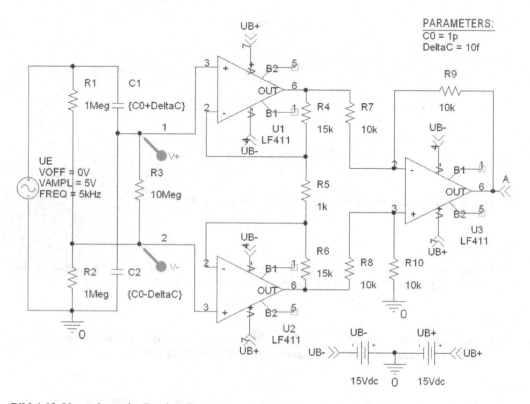

**Bild 4-18** Verstärkung der Brückendiagonalspannung mit einem Instrumentenverstärker

### ■ Aufgabe

Im Zeitbereich von 0 bis 1 ms sind zu analysieren und darzustellen: die Eingangsspannung $U_E$, die Diagonalspannung $U_d, = U_1 - U_2$ und die Ausgangsspannung $U_A$.

### Lösung

Es ist die *Transientenanalyse* (*Time Domaine*) zu verwenden mit *Start Value*: 0, *End Value*: 1m, *Increment*: 10u.

Das Analyseergebnis nach Bild 4-19 zeigt, dass die Diagonalspannung $U_d$ vom Instrumentenverstärker entsprechend der Gl. (4.16) verstärkt wird.

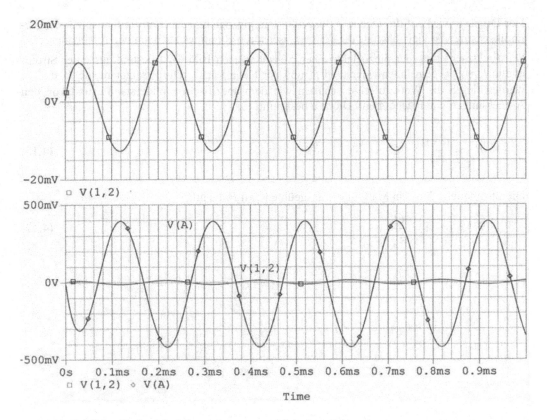

**Bild 4-19** Zeitlicher Verlauf der Diagonalspannung und der verstärkten Ausgangsspannung

## 4.5 Piezoelektrischer Keramiksensor

Piezoelektrische Sensoren dienen zur Druck- und Kraftmessung. Die Gruppe der Keramiksensoren weist eine höhere relative Dielektrizitätskonstante als die Quarzsensoren auf und erreicht damit eine höhere Empfindlichkeit und somit ein größeres Spannungssignal, das bei Bedarf mit einem Elektrometerverstärker weiter verstärkt werden kann. Quarzsensoren haben dagegen einen geringeren Temperaturgang.

### 4.5.1 Wirkungsweise und Ersatzschaltung

Polykristalline keramische Materialien wie Bariumtitanat ($BaTiO_3$) werden bei ihrer Herstellung in einem starken elektrischen Feld bei höherer Temperatur polarisiert. Bei Druckeinwirkung mit einer Stauchung oder Dehnung wird der Kristall deformiert, womit die Polarisation verändert wird und Ladungen an der Oberfläche frei werden. An den äußeren Kontakten des Keramiksensors entsteht dann eine Piezospannung $U_p$ [13]; [16]; [17].

Die Ladungsmenge $Q$ ist dabei proportional zur auftretenden Kraft $F$ gemäß:

$$Q = k_p \cdot F = k_p \cdot p \cdot A = C_p \cdot U_p \tag{4.17}$$

Der Druck $p$ wird auf die Fläche $A$ ausgeübt. Die piezoelektrische Empfindlichkeit $k_p$ der Keramiksensoren ist viel höher als die der Quarzsensoren allerdings auch temperaturabhängiger.

Die Ersatzschaltung der piezoelektrischen Sensoren nach Bild 4-20 besteht aus einer Stromquelle $I_p = Q/t$, dem Innenwiderstand $R_p$ und der Kapazität $C_p$. Die Ersatzelemente $R_p$ und $C_p$ werden durch die Werkstoffeigenschaften wie dem spezifischen Widerstand $\rho$ und von den Abmessungen wie Fläche $A$ und Dicke $d$ bestimmt.

$$R_p = \frac{d \cdot p}{A}; \quad C_p = \frac{\varepsilon_0 \cdot \varepsilon_r \cdot A}{d} \qquad (4.18)$$

Die Stromquelle $I_p$ ist ein Maß für die ausgeübte Kraft $F$. Es gilt:

$$F = p \cdot A = \frac{Q}{k_p} \qquad (4.19)$$

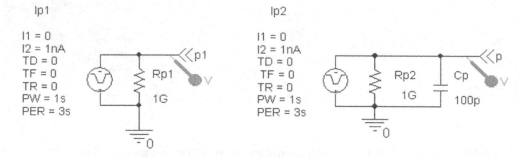

**Bild 4-20**  Ersatzschaltung des piezoelektrischen Keramiksensors

Die durch die Krafteinwirkung freigesetzten Ladungen verbleiben nicht lange auf den Oberflächen, weil sie bestrebt sind, sich über den Widerstand $R_p$ auszugleichen. Daher sind die piezoelektrischen Sensoren für stationäre Messungen nicht geeignet.

### ■ Aufgabe

Für einen piezoelektrischen Keramiksensor mit den Werten $R_p = 1\ \text{G}\Omega$ und $C_p = 100\ \text{pF}$ sind die Spannungen $U_{p1}$ und $U_p$ für den Zeitbereich von 0 bis 5 s zu analysieren und darzustellen.

### Lösung

Zu verwenden ist die *Transientenanalyse* mit *Start Value*: 0, *End Value*: 5, *Increment*: 10m. Das Diagramm nach Bild 4.21 verdeutlicht den Einfluss der Zeitkonstanten $\tau_p = R_p \cdot C_p = 0{,}1$ s. Die durch den Stromimpuls bewirkte Spannung beträgt $U_p = I_p \cdot R_p = 1$ V.

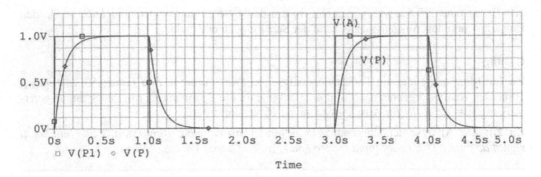

**Bild 4-21** Zeitlicher Verlauf von Spannungen am piezoelektrischen Keramiksensor

## 4.5.2 Auswertung mit Elektrometerverstärker

Die von piezoelektrischen Keramiksensoren erzeugte Spannung erfordert zu ihrer Verstärkung zumindest einen Elektrometerverstärker nach Bild 4-22 oder einen Ladungsverstärker. Letzterer ist für Quarzsensoren wegen des extrem hohen Widerstandes von $R_p \approx 100$ GΩ unerlässlich [13]; [16].

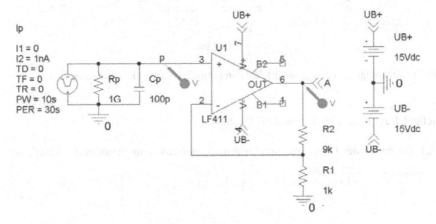

**Bild 4-22** Elektrometerverstärker für piezoelektrischen Keramiksensor

Es ist zu beachten, dass zum Innenwiderstand $R_p$ noch die Widerstände der Verbindungselemente wie Koaxialkabel und Steckverbinder hinzukommen und dass die Kapazität $C_p$ um die entsprechenden kapazitiven Komponenten erhöht wird. Der verwendete Operationsverstärker vom Typ LF 411 wird mit einem Eingang aus Sperrschicht-Feldeffekttransistoren realisiert.

■ **Aufgaben**

**1.)** Für die Schaltung nach Bild 4-22 sind im Zeitbereich von 0 bis 50 s die Spannungsverläufe von $U_p$ und $U_A$ zu analysieren und darzustellen.

**2.)** Es ist eine *TF*-Analyse vorzunehmen, um den Übertragungswiderstand $U_A/I_p$ sowie den Eingangs- und den Ausgangswiderstand der Schaltung zu ermitteln.

**Lösung**

**Zu 1.):** Man verwendet die Transientenanalyse mit *Start Value*: 0, *End Value*: 50, *Increment*: 10m. Das Analyseergebnis nach Bild 4-23 zeigt, dass die Spannung $U_p$ mit der Spannungsverstärkung $v_u = 1 + R_2/R_1$ zur Ausgangsspannung $U_A$ verstärkt wird.

**Zu 2.):** Zur Analyse der Übertragungsfunktion ist anzuwählen: *Bias Point, Calculate small signal dc gain (.TF), From Input source name*: Ip, *To Output Variable*: V(A).

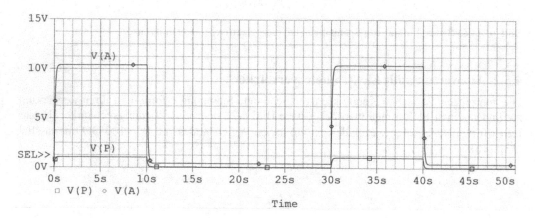

**Bild 4-23** Zeitabhängige Spannungsverläufe für den piezoelektrischen Keramiksensor

Die Tabelle 4.1 zeigt die Ergebnisse der TF-Analyse.

**Tabelle 4.1** Ergebnisse der TF-Analyse zum Elektrometerverstärker mit piezoelektrischem Sensor

```
****        SMALL-SIGNAL CHARACTERISTICS

    V(A)/I_Ip =  9.980E+09

    INPUT RESISTANCE AT I_Ip =  9.980E+08

    OUTPUT RESISTANCE AT V(A) = 1.912E-03
```

Die Tabelle 4.1 weist für den analysierten Verstärker einen Eingangswiderstand von ca. 1 GΩ und einen Übertragungswiderstand von ca. 10 GΩ auf. Für den Strom $I_p = 1$ nA folgt daraus die 10-fache Spannungsverstärkung dieses nicht invertierenden Verstärkers. Der Ausgangswiderstand bleibt mit einem Wert von ca. 2 mΩ wünschenswert niedrig. Die Verwendung des Operationsverstärkers LF 411 war wegen dessen hochohmigen Einganges notwendig, denn mit dem bipolaren Operationsverstärker µA 741 würde der Übertragungswiderstand nur einen Wert von ca. 330 kΩ erreichen und somit das Ergebnis verfälschen.

# 5 Schaltungen mit Magnetfeldsensoren

Magnetfeldsensoren sind Wandler, welche die Wirkungen eines magnetischen oder elektromagnetischen Feldes in ein elektrisches Signal umsetzen. Zu ihnen zählen die Hallsensoren und als magnetoresistive Sensoren die so genannten Feldplatten und die GMR- und AMR-Sensoren. Zur Simulation der Kennlinien und typischer Anwenderschaltungen wie Drehzahl- und Wegemessungen mittels Komparatoren, Schmitt-Triggern und Elektrometerverstärkern werden in die Analysearten *.DC*, *.TRAN*, und *.TEMP* eingesetzt. In diesem Kapitel werden ferner induktive Sensoren wie Spulen mit Tauchanker oder der Kurzschlussring-Sensor betrachtet, die zu Abstandsmessungen eingesetzt werden können.

## 5.1 Hallsensoren

Hallsensoren erzeugen eine elektrische Spannung, die proportional zur magnetischen Induktion und zur Stromdichte ist. Zu ihrer Herstellung werden die Halbleiter InAs, GaAs, InSb und InAsP verwendet.

### 5.1.1 Wirkungsweise

Die Wirkungsweise des Hallsensors kann mit Bild 5-1 verdeutlicht werden. Wird das vom Steuerstrom $I_1$ durchflossene Halbleiterplättchen von einem Magnetfeld mit der magnetischen Induktion $B$ durchsetzt, so kommt es infolge der Lorentz-Kraft zu einer Ablenkung der Ladungsträger dieses Stromes. Das Abdrängen der im Magnetfeld bewegten Ladungsträger bewirkt, dass sich an den gegenüberliegenden Längsseiten des Plättchens die Hallspannung $U_H$ ausbildet [10].

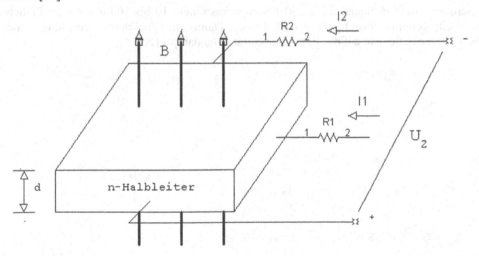

**Bild 5-1** Prinzipskizze zum Hallsensor

Der Steuerstrom $I_1$ durchfließt den Eingangswiderstand $R_1$ und der Laststrom $I_2$ den Ausgangswiderstand $R_2$.

Bei unbelastetem Hallgenerator, d. h. bei $I_2 = 0$ tritt die Leerlauf-Hallspannung $U_{20}$ auf [16]. Es gilt:

$$U_{20} = \frac{1}{e \cdot n} \cdot \frac{B \cdot I_1}{d} = R_H \cdot \frac{B \cdot I_1}{d} = K_{B0} \cdot B \cdot I_1 \tag{5.1}$$

Dabei bedeuten

$e$  Elementarladung der Elektronen

$n$  Elektronenkonzentration

$B$  magnetische Induktion (Flussdichte)

$I_1$  Steuerstrom

$d$  Dicke des Halbleiterplättchens

$R_H$  Hallkoeffizient

$K_{B0}$  Induktionsempfindlichkeit bei Leerlauf

Wenn die magnetische Induktion das Plättchen nicht senkrecht, sondern in einem Winkel $\alpha$ zur Normalen durchsetzt, dann wird

$$U_{20} = K_{B0} \cdot B \cdot I_1 \cdot \cos \alpha \tag{5.2}$$

### 5.1.2 Leerlaufkennlinien eines Indiumarsenid-Hallsensors

Hallsensoren aus Indiumarsenid (InAs) bestehen aus einem 10 bis 100 µm dicken Plättchen, das auf ein Keramiksubstrat geklebt wird. Bei der Dünnschichtausführung wird hingegen eine 2 bis 3 µm dicke Schicht auf das Keramiksubstrat aufgedampft [20].

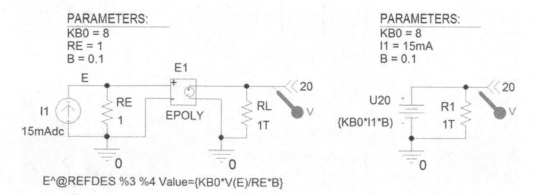

**Bild 5-2**  Ersatzschaltungen zur Analyse der Leerlaufkennlinien. Links: Schaltung mit Gleichstromquelle und gesteuerter Gleichspannungsquelle. Rechts: Schaltung mit Gleichstromquelle

Die Ersatzschaltung des Hallsensors entspricht einer stromgesteuerten Spannungsquelle $H$, aber bei einer Quelle *HPOLY* kann im Programm PSPICE leider keine Gleichung eingegeben werden. Zum Ziel führt jedoch eine spannungsgesteuerte Spannungsquelle *EPOLY*, für die eine Stromquelle an einem parallel dazu angeordneten Widerstand $R_E = 1\ \Omega$ die Eingangsspannung liefert. Wie beim realen Hallsensor weist die Ersatzschaltung nach Bild 5-2 zwei Anschlüsse am Eingang für den Steuerstrom $I_1$ und zwei weitere am Ausgang für die Bereitstellung der Hallspannung $U_H$ auf.

Eine einfachere, formale Ersatzschaltung erhält man, indem man bei der Gleichspannungsquelle *Vdc* anstelle des Standardwertes von 0 V die in geschweifte Klammern gesetzte Gleichung (5.1) gemäß {KB0 *B*I1} einträgt und die konkreten Werte der Kenngrößen wieder unter *PARAMETERS* eingibt, s. Bild 5-2.

### ■ Aufgabe

Zu analysieren ist die Leerlauf-Hallspannung $U_{20}$ eines Indium-Arsenid-Hallsensors als Funktion der magnetischen Induktion $B$ von 0 bis 0,3 T mit dem Steuerstrom $I_1 = 15$, 30 und 60 mA als Parameter. Die Induktionsempfindlichkeit für Leerlauf beträgt im Beispiel $K_{B0} = 8$ V/AT. Hinweis: Es ist 1 Tesla = 1 T = 1 Vs/m².

### Lösung

Linke Schaltung : Zu verwenden ist die Analyse *DC Sweep* mit *Global Parameter*, *Parameter Name*: B, Start Value: 0, *End Value*: 0.3, *Increment*: 1m sowie *Parametric Sweep* mit *Current Source*, *Name*: I1, *Value List*: 15m 30m, 60m.

Rechte Schaltung: Bei *Parametric Sweep* ist zu setzen: *Global Parameter*, *Parameter Name*: I1.

Für beide Varianten der Ersatzschaltung erhält man das gleiche Ergebnis nach Bild 5-3, bei dem die Leerlauf-Hallspannung $U_{20}$ proportional zu $B$ und $I_1$ verläuft.

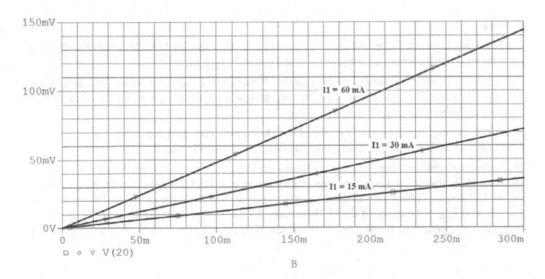

**Bild 5-3** Leerlaufkennlinien eines Indium-Arsenid-Hallsensors

### 5.1.3 Ausgangskennlinien eines InAs-Hallsensors

Die Ausgangskennlinien des InAs-Hallsensors können mit der Ersatzschaltung nach Bild 5-4 analysiert werden. Diese Schaltung enthält den Eingangswiderstand $R_1$ sowie den Ausgangswiderstand $R_2$. Die Höhe dieser beiden Widerstände sowie der Wert der Induktionsempfindlichkeit bei Leerlauf, $K_{B0}$, zählen neben den Angaben für den Steuerstrom $I_1$ zu den Datenblattinformationen [10].

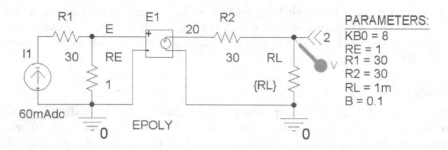

**Bild 5-4** Schaltung zur Analyse der Ausgangskennlinien

### ■ Aufgabe

Zu analysieren sind die Ausgangskennlinien $I_2 = f(U_2)$ mit dem Steuerstrom $I_1 = 60$ mA, den Eingangs und Ausgangswiderständen $R_1 = R_2 = 30\ \Omega$ und der Induktion $B$ als Parameter mit den Werten $B = 0,1;\ 0,2$ und $0,3$ T. Die Induktionsempfindlichkeit bei Leerlauf beträgt $K_{B0} = 8$ V/AT.

### Lösung

Zunächst wird die Abhängigkeit $I_2 = I_{R2} = I_{RL}$ als Funktion des Lastwiderstandes $R_L$ analysiert. Danach wird die $R_L$-Abszisse umgewandelt in $U_2 \equiv V(2) = I_{R2} \cdot R_L$.

Anzuwenden ist die Analyse *DC Sweep*, *Global Parameter*, *Parameter Name*: RL, *Start Value*: 1m, *End Value*: 10k, *Logarithmic*: 100 *Points/Dec* sowie *Secondary Sweep*, *Global Parameter*, *Parameter Name*: B, *Value List*: 0.1, 0.2, 0.3.

Die Umwandlung der Abszisse für das obere Diagramm von Bild 5-5 erfolgt über *Plot*, *Add Plot to Window*, *Unsynchrone Plot*, *Axis Variable*: V(2) anstelle von RL.

Das untere Diagramm zeigt, in welcher Weise der Ausgangsstrom $I_{RL}$ mit zunehmendem Lastwiderstand $R_L$ absinkt und aus dem oberen Diagramm von Bild 5-5 geht hervor, dass der untersuchte Hallsensor lineare Strom-Spannungs-Kennlinien mit $B$ als Parameter aufweist. Im Leerlauf, d. h. bei $I_{RL} = 0$ entspricht die Hallspannung $U_2$ der Leerlauf-Hallspannung $U_{20}$. So wird z. B. bei der magnetischen Induktion $B = 0,3$ T der Wert $U_{20} \approx 143$ mV erreicht, s. auch Bild 5-3.

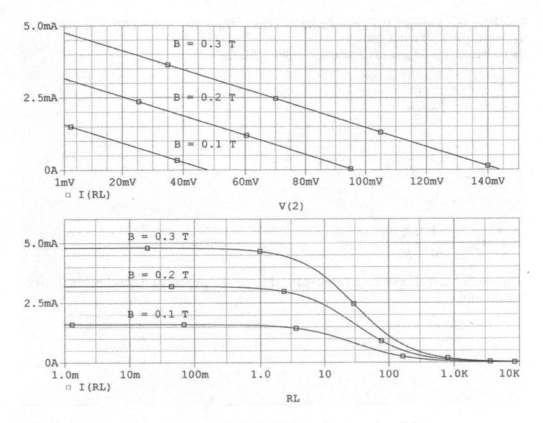

**Bild 5-5** Ausgangsstrom als Funktion des Lastwiderstandes und Ausgangskennlinien

### 5.1.4 Normierte Belastungskennlinien eines InAs-Hallsensors

In der vorangegangenen Schaltung nach Bild 5-4 wird die Hallspannung $U_H \equiv U_2$ ansteigen, wenn der Lastwiderstand hochohmiger wird, während die Leerlauf-Hallspannung $U_{20}$ konstant bleibt, weil sie für den Fall $R_L \Rightarrow \infty$ definiert ist. Die Ausgangsleistung $P_2$ wird bei Leistungsanpassung, d. h. bei $R_2 = R_L$ das Maximum erreichen.

■ **Aufgabe**

Zu analysieren sind die normierten Belastungskennlinien $U_2/U_{20} = f\ (R_2/R_L)$ sowie $P_2/P_{2max} = f(R_2/R_L)$ für den Wertebereich $R_2/R_L = 0$ bis 10.

**Lösung**

Anzuwenden ist die Analyse *DC Sweep, Global Parameter, Parameter Name*: RL, *Start Value*: 1m, *End Value*: 10k, *Logarithmic*: 100 *Points/Dec, Parametric Sweep, Global Parameter, Parameter Name*: B, *Value List*: 0.1, 0.2, 0.3. Das untere Diagramm von Bild 5-6 bestätigt die Aussage, dass $U_{20}$ unabhängig von $R_L$ verläuft. Für $R_L \Rightarrow \infty$ erreicht $U_2$ die Höhe von $U_{20}$. Ferner ist ersichtlich, dass $U_{20}$ proportional zur magnetischen Induktion $B$ ist.

Zu den normierten Belastungskennlinien im oberen Diagramm gelangt man, indem man die Abszisse von $R_L$ in $R_2/R_L$ wie folgt umwandelt: *Plot, Add Plot to Window, Plot, Unsynchrone*

*Plot*, *Plot*, *Axis Settings*, *Axis Variable*: R2/RL, *Trace*, *Trace Add*: V(2)/V(20),
V(2)*I(R2)*4*R2/PWR(V(20),2).
Damit werden die folgenden Gleichungen erfüllt [10]:

$$\frac{U_2}{U_{20}} = \frac{1}{1 + \dfrac{R_2}{R_L}} \tag{5.3}$$

$$\frac{P_2}{P_{2\,max}} = 4 \cdot \frac{R_2}{R_L} \cdot \frac{1}{\left(1 + \dfrac{R_2}{R_L}\right)^2} \tag{5.4}$$

$$P_{2\,max} = \frac{1}{4} \cdot \frac{U_{20}^{\,2}}{R_2} \tag{5.5}$$

Man erkennt, dass die maximale Leistung $P_2 = P_{max}$ für den Anpassungsfall bei $R_2 = R_L = 30\ \Omega$ erreicht wird.

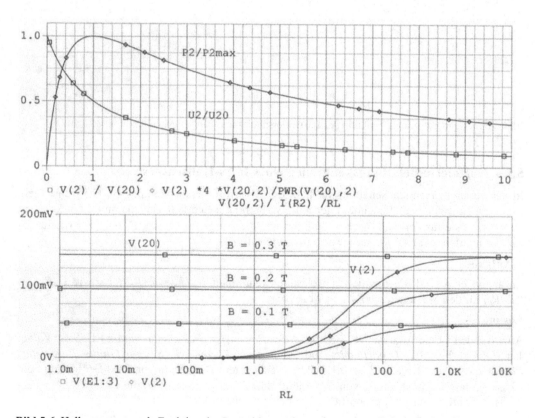

**Bild 5-6** Hallspannungen als Funktion des Lastwiderstandes und normierte Belastungskennlinien

### 5.1.5 Kennlinien eines GaAs-Hallsensors

Gegenüber den InAs-Hallsensoren erreichen GaAs-Hallsensoren höhere Werte für die Induktionsempfindlichkeit bei Leerlauf. So gelten für den Typ KSY 14 von Infineon die Werte $K_{B0}$ = 190 bis 260 V/AT, aber auch die Eingangs- und Ausgangswiderstände fallen mit 900 bis 1200 $\Omega$ höher aus [19]. Der Steuerstrom $I_1$ kann damit bei den GaAs-Hallsensoren niedriger angesetzt werden als bei den InAs-Ausführungen, um die gleichen Hallspannungswerte zu erreichen.

■ **Aufgabe**

Ein GaAs-Hallsensor weist in der Ersatzschaltung nach Bild 5-7 die folgenden Werte auf: $K_{B0}$ = 200 V/AT, $R_1 = R_2 = 1$ k$\Omega$. Zu analysieren und darzustellen sind die Leerlaufkennlinie $U_{20}$ = f($B$) für $B$ = 0 bis 0,1 T mit dem Parameter $I_1$ = 1, 3 und 5 mA.

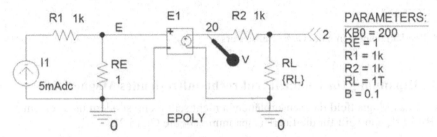

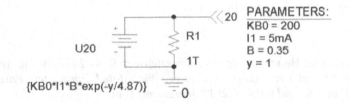

**Bild 5-7** Ersatzschaltungen zu GaAs-Hallsensoren obere Schaltung:Gleichstromquelle und spannungsgesteuerte Spannungsquelle untere Schaltung: Gleichspannungsquelle

**Lösung**

Obere Schaltung: Anzuwenden ist die Analyse *DC Sweep, Global Parameter, Parameter Name*: B, *Linear, Start Value*: 0, *End Value*: 0.1, *Increment*: 1m sowie *Parametric Sweep, Current Source, Name*: I1, *Value List*: 1m, 3m, 5m.

Untere Schaltung: bei Parametric Sweep ist in diesem Fall zu setzen: *Global Parameter, Parameter Name*: I1.

Das Analyseergebnis zeigt Bild 5-8. Bei $B$ = 0,1 T und dem Nominalsteuerstrom $I_1$ = 5 mA wird die Leerlauf-Hallspannung $U_{20}$ = 100 mV erreicht. Dieses Ergebnis entspricht den Datenblattangaben für den Typ KSY 14 von Infineon nach [19].

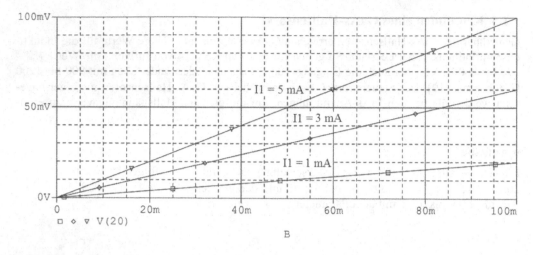

Bild 5-8  Leerlaufkennlinien eines GaAs-Hallsensors

## 5.1.6  Hallspannung für ein nicht senkrecht auftreffendes Magnetfeld

Durchsetzt das Magnetfeld das Sensorplättchen nicht senkrecht, sondern unter einem Winkel $\alpha$ gemäß Bild 5-1, dann gilt für die Leerlaufspannung $U_{20}$ die Gl. (5.2).

■ **Aufgabe:**

Es ist die Leerlauf-Hallspannung $U_{20}$ eines GaAs-Hallsensors in Abhängigkeit des Einfallswinkels für $\alpha = 0$ bis 180 ° darzustellen [21].

**Lösung:**

Der Winkel umfasst im Bogenmaß den Wertebereich von 0 bis $2\pi$. Zum Ziel führt die Schaltung nach Bild 5-9 mit der Analyse *DC Sweep* für *Global Parameter*, *Parameter Name*: ALPHA, *Start Value*: 0, *End Value*: 6.2832, *Increment*: 10m

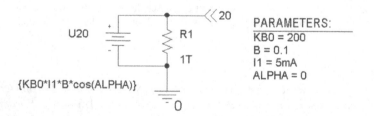

Bild 5-9  Schaltung zur Analyse der Winkelabhängigkeit der Hallspannung

Das Analyseergebnis nach Bild 5-10, oberes Diagramm zeigt, dass die Hallspannung für $\alpha = 0$ bzw. 360 ° maximal wird und bei 90 ° bzw. 270 ° den Wert null annimmt. Die Umrechnung vom Bogenmaß in den Winkel erfolgt über $\pi/180 = 0{,}01745329$.

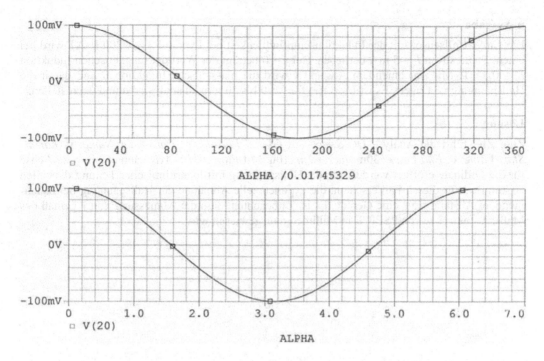

**Bild 5-10** Hallspannung als Funktion des Winkels α in Grad bzw. im Bogenmaß

## 5.1.7 GaAs-Hallsensor als Abstandssensor

In der Anordnung zur Abstandsmessung nach Bild 5-11 wird ein Hallsensor durch einen kleinen Dauermagneten für senkrechte Magnetisierung aktiviert [16]; [19]; [21]. Mit wachsendem Abstand y zwischen dem Magneten und dem Hallgenerator wird die Hallspannung etwa exponenziell abnehmen. Dieser Sachverhalt wird mit der Ersatzschaltung wiedergegeben.

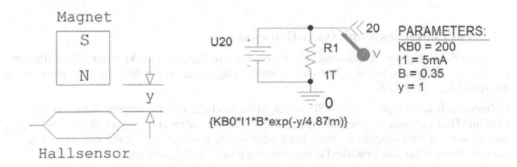

**Bild 5-11** Anordnung zur Abstandsmessung mit Hallsensor nebst Ersatzschaltung

■ **Aufgabe**

Ein GaAs-Hallsensor mit der Induktionsempfindlichkeit bei Leerlauf $K_{B0}$ = 200 V/AT wird bei einem Steuerstrom $I_1$ = 5 mA betrieben. Bei $y$ = 0 beträgt der Wert der magnetischen Induktion $B$ = 0,35 T. Mit zunehmendem Abstand $y$ wird die magnetische Induktion $B$ und damit die Hallspannung verringert. Es ist $U_{20}$ = f($y$) für $y$ = 0 bis 30 mm zu analysieren und darzustellen.

**Lösung**

Zum Ziel führt die Analyse *DC Sweep* mit *Global Parameter, Parameter Name*: y, *Linear, Start Value*: 0, *End Value*: 30m, *Increment*: 10u. Mit *Plot, Add Y-Axis* kann eine zweite Achse für die Ordinate eröffnet werden, um die Hallspannung mit logarithmischer Teilung darstellen zu können. Für diesen Fall erscheint die exponenzielle Abnahme der Hallspannung bei zunehmendem Abstand $y$ als eine Gerade. Es ist zu beachten, dass die Abmessung von $y$ gemäß des Maßstabsfaktors $m$ von PSPICE in Millimeter ausgewiesen wird.

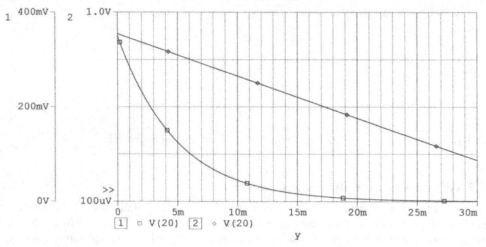

**Bild 5-12** Hallspannung als Funktion der Luftspaltbreite mit linear bzw. logarithmisch geteilter Ordinate

## 5.1.8 Positionsmessung mit GaAs-Hallsensor

Das Bild 5-13 zeigt die Anordnung, bei der ein Dauermagnet mit senkrechter Magnetisierung seitlich am Hallgenerator in $x$-Richtung vorbeibewegt wird, wobei nun die Luftspaltbreite $y$ konstant bleibt [18]; [19].

Befindet sich der Magnet bei $x$ = 0 in der Mitte über dem Hallgenerator, dann erreicht die Leerlauf-Hallspannung $U_{20}$ bei konstanter Luftspaltbreite ihren Höchstwert. Wird der Magnet von dieser Position ausgehend nach links oder rechts bewegt, dann kann die Abnahme der magnetischen Induktion bzw. der Hallspannung mit der Gauß-Kurve angenähert werden.

$$z = \frac{e^{-\frac{x^2}{2}}}{\sqrt{2 \cdot \pi}} \tag{5.6}$$

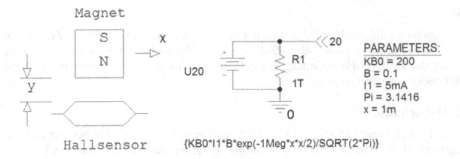

Bild 5-13 Anordnung zur Positionsmessung mit Hallsensor nebst Ersatzschaltung

Eine derartige Abhängigkeit wurde in die Ersatzschaltung nach Bild 5-13 aufgenommen. Die in geschweifte Klammern gesetzte Gleichung gilt für das Einsetzen des Wegeabstandes $x$ in der Einheit Millimeter.

**■ Aufgabe**

Für den GaAs Hallsensor mit $K_{B0} = 200$ V/AT und dem Steuerstrom $I_1 = 5$ mA betrage die magnetische Induktion $B = 0,1$ T bei einer Luftspaltbreite $y - 10$ mm. Es ist zu analysieren und darzustellen, wie sich die Leerlauf-Hallspannung $U_{20}$ als Funktion der Auslenkung $x$ verändert, wenn $x$ von -3 bis 3 mm verändert wird.

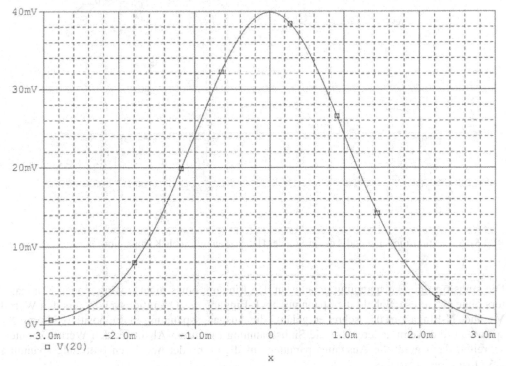

Bild 5-14 Hallspannung als Funktion des Wegeabstandes

**Lösung**

Zu verwenden ist die Analyse *DC Sweep* mit *Sweep type*: linear sowie *Global Parameter*, *Parameter Name*: x, *Start Value*: -3m, *End Value*: 3m, *Increment*: 10u. In Bild 5-14 wird das Absinken der Leerlauf-Hallspannung $U_{20}$ links und rechts der Mittelposition $x = 0$ mit der Gauß–Glockenkurve angenähert.

### 5.1.9 Hallschalter

Wird der Dauermagnet von Bild 5-13 um 90 ° gedreht, s. Bild 5-15, dann bewirkt sein Vorbeibewegen am Hallsensor einen etwa sinusförmigen Verlauf der Hallspannung als Funktion des Weges x [9]; [19].

Verwendet man in der Ersatzschaltung für diese Anordnung die Sinusquelle, dann lässt sich die Hallspannung als Funktion Zeit analysieren und wenn die Geschwindigkeit bekannt ist, mit welcher der Magnet bewegt wird, dann kann man die Zeit in den Weg umrechnen.

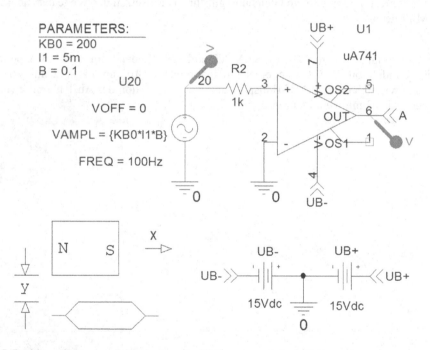

**Bild 5-15** Positionsmessung und Auswertung der Hallspannung mittels Komparator

Die sinusförmige Hallspannung gelangt an den Eingang eines nicht invertierenden Komparators ohne Hysterese. Sobald die Spannung am P-Eingang des Operationsverstärkers den Wert 0 V seines N-Einganges überschreitet, gelangt die Ausgangsspannung in die positive Sättigungsspannung und wenn andererseits die Sinusspannung bei ihrem Absinken den Wert 0 V unterschreitet, dann gerät die Ausgangsspannung auf die Höhe der negativen Sättigungsspannung des Operationsverstärkers.

**■ Aufgabe**

Ein GaAs-Hallsensor mit der Induktionsempfindlichkeit für Leerlauf $K_{B0}$ = 200 V/AT wird mit dem Steuerstrom $I_1$ = 5 mA betrieben. Der konstante Abstand $y$ des Dauermagneten zum Hall-generator bewirkt in Verbindung mit $K_{B0}$ und $I_1$ die Höhe des Scheitelwertes der magnetischen Induktion im Beispiel mit dem Wert $B$ = 0,1 T. Befindet sich der Magnet genau über der Mitte des Hallsensors, dann wird die Hallspannung null. Zu analysieren und darzustellen sind die Zeitabhängigkeiten der Leerlauf-Hallspannung sowie der Ausgangsspannung $U_{20}$; $U_A$ = f($t$) für $t$ = 0 bis 30 ms.

**Lösung**

Anzuwenden ist die *Transientenanalyse* mit *Start Value*: 0, *End Value*. 30ms, *Increment*: 10us. Das Ergebnis nach Bild 5-16 zeigt den sinusförmigen Verlauf der Leerlauf-Hallspannung $U_{20}$ und die mit dem Komparator erzeugte rechteckförmige Ausgangsspannung $U_A$.

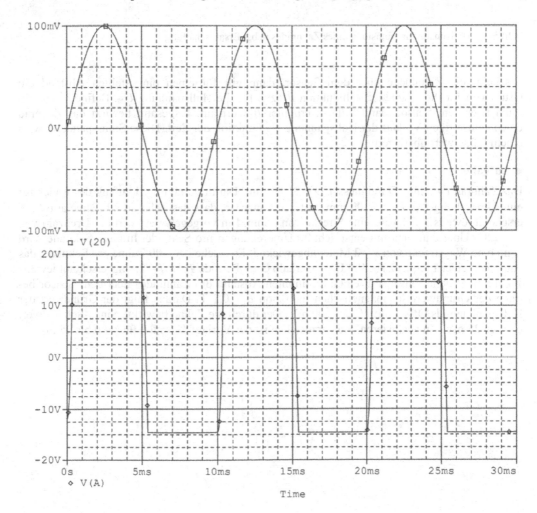

**Bild 5-16** Zeitverläufe beim Hallschalter

### 5.1.10 Aktivierung eines GaAs-Hallsensors durch ein Zahnrad

In der Anordnung nach Bild 5-17 befindet sich ein auf dem Magnet befestigter Hallgenerator unter einem sich drehenden ferromagnetischen Zahnrad [19].

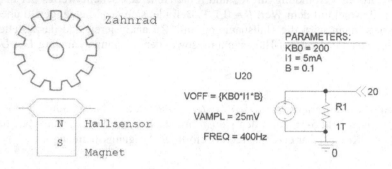

**Bild 5-17** Hallsensor zur Abtastung eines Zahnrades nebst Ersatzschaltung

Erscheint die Zahnlücke über dem Sensor, dann gilt für einen eingestellten Abstand ein Grundwert für die magnetische Induktion $B$ bzw. für die Hallspannung $U_{20}$. Befindet sich ein Zahn über dem Sensor, dann tritt ein erhöhter $B$-Wert auf. Insgesamt bewirkt das Zahnrad einen sinusartigen Verlauf der Hallspannung als Funktion der Zeit. Diese Sinusspannung wird einem Offsetwert überlagert.

### ■ Aufgabe

Das Zahnrad hat einen Durchmesser $D = 31{,}83$ mm. Damit beträgt der Umfang des Rades für eine Umdrehung $U = D \cdot \pi = 100$ mm. Mit der Annahme, dass das Zahnrad 20 Zähne aufweist, erscheint jeweils 1 Zahn für eine Strecke von 5 mm. Ein vorgegebener Wert der Drehzahl von $n = 1200$ Umdrehungen/min entspricht 20 Umdrehungen pro Sekunde. In einer Sekunde wird dann eine Wegstrecke von $s = 2$ Meter abgewickelt. Es erscheinen 400 Zähne pro Sekunde, das entspricht einer Frequenz $f = 400$ Hz. Innerhalb einer Periode $T = 1/f = 2{,}5$ ms erscheint jeweils 1 Zahn über dem Sensor. Für einen bestimmten Abstand des Zahnrades über dem Sensor betrage der Grundwert der magnetischen Induktion $B = 0{,}1$ T. Daraus folgt der Grundwert der Hallspannung als Offset mit $U_{offset} = 100$ mV. Der durch die Zähne bewirkte Sinus-Scheitelwert betrage 25 mV. Zu analysieren und darzustellen ist der Verlauf $U_{20} = f(t)$ für $t = 0$ bis 25 ms.

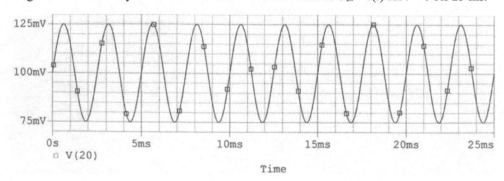

**Bild 5-18** Zeitverlauf der Hallspannung bei Aktivierung des Hallsensors durch ein Zahnrad

**Lösung**

Es ist die *Transientenanalyse* anzuwenden. Man erhält als Ergebnis das Diagramm nach Bild 5-18. Im vorgegebenen Zeitraum von 25 ms werden 10 Zähne des Zahnrades registriert.

## 5.2 Feldplattensensor

Der Widerstand von Feldplatten steigt ausgehend von einem Grundwiderstand nicht linear an, sobald die magnetische Induktion erhöht wird.

### 5.2.1 Aufbau und Kennlinie

Bewegte Ladungsträger werden in Halbleitern wie Indiumantimonid (InSb) unter dem Einfluss eines Magnetfeldes aus ihrer geradlinigen Bahn abgelenkt. Dadurch verlängern sich die Strombahnen und der von der magnetischen Induktion $B$ abhängige Widerstand $R_B$ steigt an. Werden in den InSb-Halbleiter quer zur Stromrichtung leitende Nadeln aus Nickelantimonid (NiSb) gemäß Bild 5-19 eingebracht, dann ergeben sich zickzackförmige Stromverläufe, weil die NiSb-Nadeln eine höhere Leitfähigkeit als das In Sb-Grundmaterial aufweisen. Ein derartiges Bauelement wird als Feldplattensensor bezeichnet [10]; [17]; [18]; [20].

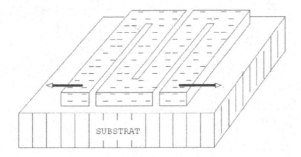

**Bild 5-19** InSb-Feldplattensensor in Mäaderstruktur auf einem Träger

Der Widerstand $R_B$ erhöht sich nicht linear, wenn die magnetische Induktion $B$ ansteigt. Näherungsweise gilt:

$$R_B = R_0 + m \cdot B^n \tag{5.7}$$

Dabei ist $R_0$ der Grundwiderstand bei $B = 0$ und der von der magnetischen Induktion $B$ abhängige Widerstandsanteil wird vom Anstiegsfaktor $m$ und dem Exponenten $n$ bestimmt.

Mit $B$ in Tesla und den nachfolgenden Werten für $m$ und $n$ gilt gilt für diesen Anteil die Einheit Ohm.

■ **Aufgabe**

Es ist die normierte Kennlinie $R_B/R_0 = f(B)$ einer InSb-NiSb-Feldplatte aus L-Material für die magnetische Induktion $B = -1{,}5$ bis $1{,}5$ T bei der Temperatur von 25 °C zu analysieren und darzustellen. Dafür sind die folgenden Kenngrößen gegeben: $R_0 = 50\ \Omega$, $m = 378$ und $n = 1{,}73$, s. Bild 5-20.

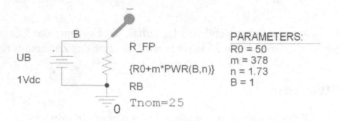

**Bild 5-20** Schaltung zur Kennliniendarstellung eines Feldplattensensors

## Lösung

Der Widerstand $R_{FB}$ ist aus der Break-Bibliothek zu entnehmen. Über *Edit*, *PSpice Model* sind RB anstelle von *Rbreak* sowie Tnom=25 einzutragen. Der Standardwert von 1 k wird durch in geschweifte Klammern gesetzte Gl. (5.7) ersetzt. Die Analyse erfolgt mit *DC Sweep*, *Global Parameter*, *Parameter Name*: B, *Linear*, *Start Value*: -1.5, *End Value*: 1.5, *Increment*: 10m, *Trace Add*: V(B)/I(R1)/50. Das Diagramm von Bild 5-21 zeigt den nicht linearen Verlauf des normierten magnetisch steuerbaren Widerstandes $R_B/R_0$. Bei $B = 0$ wird $R_B/R_0 = 1$.

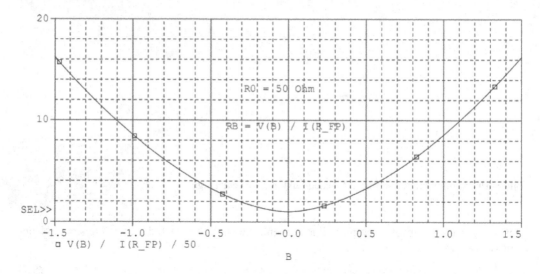

**Bild 5-21** Normierte Widerstandskennlinie eines Feldplattensensors aus L-Material

## 5.2.2 Kennlinienfeld

Die Strom-Spannungs-Kennlinien des Feldplattensensors mit der magnetischen Induktion B als Parameter verlaufen linear [10].

### ■ Aufgabe

Für die vorangegangene Schaltung nach Bild 5-20 ist das Kennlinienfeld $I_{R1} = f(U_B)$ mit $U_B = 0$ bis 5 V und dem Parameter $B = 0$; 0,3; 0,5; 0,7 und 1 T zu analysieren und darzustellen. In das Kennlinienfeld ist ferner die Verlustleistungshyperbel für $P_v = 100$ mW einzutragen.

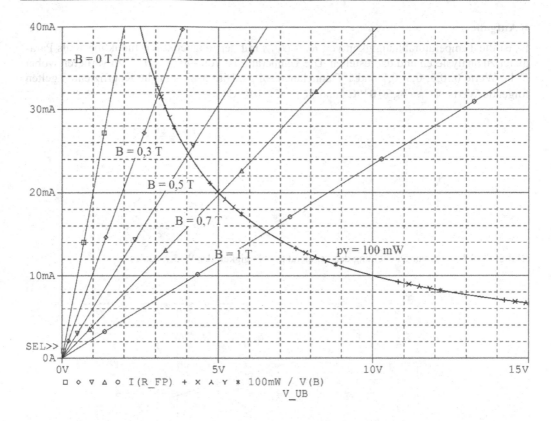

**Bild 5-22** Strom-Spannungs-Kennlinienfeld einer Feldplatte mit Verlustleistungshyperbel

**Lösung**

Die Analyse erfolgt mit *DC Sweep, Primary Sweep, Voltage Source*: UB, *Start Value*: 0, *End Value*: 15, *Increment*: 10m, *Parametric Sweep, Global Parameter, Parameter Name*: B, *Value List*: 0, 0.3, 0.5, 0.7, 1.

Die Verlustleistungshyperbel entsteht über die Darstellung des Stromes $I = P_v/U_B = 100$ mW/$U_B$ mit *Plot, Axis Settings, Y-Axis, User defined*: 0 to 40mA.

Mit dem Diagramm nach Bild 5-22 wird der lineare Kennlinienverlauf bestätigt. Die im Beispiel angegebene Verlustleistung von 100 mW darf nicht überschritten werden.

### 5.2.3 Temperaturabhängigkeit der Kennlinie

Die Temperaturabhängigkeit des Widerstandes kann näherungsweise mit den beiden Temperaturkoeffizienten $TC_1$ und $TC_2$ gemäß PSPICE erfasst werden. Es gilt

$$\frac{R_{BT}}{R_B} = 1 + TC_1 \cdot (T - T_{nom}) + TC_2 \cdot (T - T_{nom})^2 \tag{5.8}$$

■ **Aufgabe**

Es ist die Temperaturabhängigkeit von $R_B = U_B/I_{R1}$ mit der magnetischen Induktion $B$ als Parameter zu analysieren und darzustellen. Die Temperatur ist von -40 bis 80 °C zu variieren wobei $B$ die Werte 0; 0,3; 0,5; 0,7 und 1 T annehmen soll, s. Bild 5-23. Für die Koeffizienten gelten folgende Werte: $TC_1 = -4{,}5 \cdot 10^{-3}\,°C^{-1}$ und $TC_2 = -28 \cdot 10^{-6}\,°C^{-2}$.

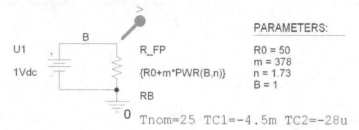

**Bild 5-23** Schaltung zur Darstellung der Temperaturabhängigkeit des Widerstandes

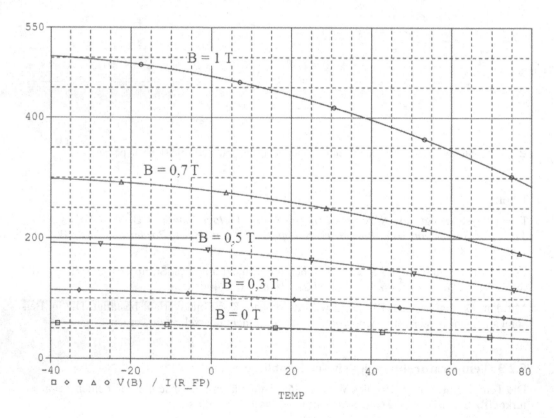

**Bild 5-24** Temperaturabhängigkeit des Widerstandes eines Feldplattensensors

**Lösung**

Der Widerstand $R_{FB}$ ist aus der *Break*-Bibliothek zu entnehmen und es ist einzutragen:

.model RB RES Tnom=25 TC1=-4.5m TC2=-28u.

Die Analyse erfolgt über *DC Sweep, Primary Sweep, Temperature, Linear, Start* Value: -40, *End Value*: 80, *Increment*: 10m, *Parametric Sweep, Global Parameter, Parameter Name*: B, *Value List*: 0, 0.3, 0.5, 0.7, 1.

Das Kenlinienfeld nach Bild 5-24 zeigt, dass der Widerstand $R_B$ des Feldplattensensors in nicht linearer Weise mit steigender Temperatur abnimmt. [10].

### 5.2.4 Auswerteschaltung mit einem Komparator

Die Schaltung nach Bild 5-25 besteht aus einem Spannungsteiler, der einen Feldplattensensor enthält und einem nicht invertierenden Komparator.

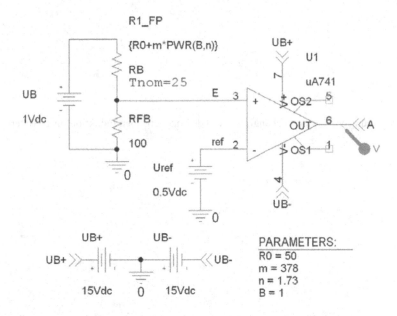

**Bild 5-25** Auswerteschaltung zu einer Erhöhung der magnetischen Induktion

Solange der Feldplattenwiderstand $R_{1\_FP}$ bei niedrigen Werten der magnetischen Induktion $B$ kleiner als der Widerstand $R_{FB}$ ausfällt, ist die Eingangsspannung $U_E$ größer als die Referenzspannung $U_{ref}$ und die Ausgangsspannung nimmt den Wert der positiven Sättigungsspannung an. Mit zunehmender Induktion wird zunächst $U_E = U_{ref}$ bei $R_{1\_FP} = R_{FB}$ und bei $R_{1\_FP} > R_{FB}$ kippt die Ausgangsspannung in den Zustand der negativen Sättigungsspannung des Operationsverstärkers um.

### ■ Aufgabe

Es sind die Abhängigkeiten $U_E$, $U_A = f(B)$ für $B = 0$ bis 0,6 T zu analysieren und darzustellen. Zu verwenden ist der Feldplattensensor nach Abschnitt 5.2.1.

Der betrachtete Feldplattensensor ist aus L-Material gefertigt, für das die spezifische Leitfähigkeit des InSb-NiSb-Eutektikums $\kappa = 550$ $(\Omega \cdot \text{cm})^{-1}$ beträgt [19]; [20].

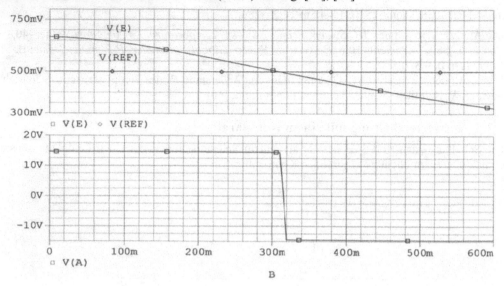

**Bild 5-26a** Spannungsverläufe in Abhängigkeit von der magnetischen Induktion für L-Material

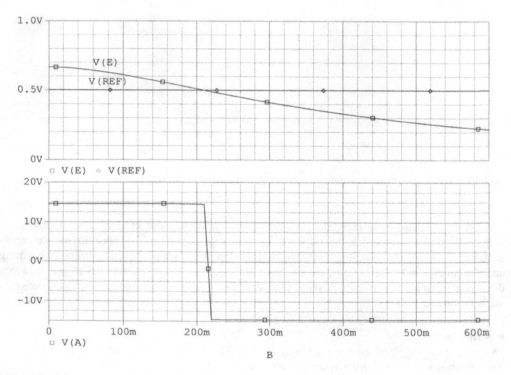

**Bild 5-26b** Spannungsverläufe in Abhängigkeit von der magnetischen Induktion für D-Material

**Lösung**

Die Analyse erfolgt mit *DC Sweep*, *Global Parameter*, *Parameter Name*: B, *Start Value*: 0, *End Value*: 0.6, *Increment*: 10m.

Das Analyseergebnis nach Bild 5-26 zeigt, dass der Übergang der Ausgangsspannung von der positiven in die negative Sättigungsspannung bei $B \approx 300$ mT erfolgt.

Verbleibt der Widerstand $R_{FB}$ auf konstanter Temperatur während der Feldplattenwiderstand $R_{1\_FP}$ infolge einer Erwärmung verringert wird (s. Bild 5-24), dann ist zu erwarten, dass der Polaritätswechsel der Ausgangsspannung erst bei einem höheren $B$-Wert eintritt.

Bei undotiertem D-Material mit $\kappa = 200$ $(\Omega \cdot cm)^{-1}$ ergibt sich eine steilere Abhängigkeit $R_B / R_0$ = f($B$) als im Bild 5-21 für L-Material ausgewiesen wird und damit erfolgt der Polaritätswechsel der Ausgangsspannung bereits bei B $\approx 200$ mT, s. Bild 5-26b.

### 5.2.5 Feldplattensensor als Impulsgeber

Ein rotierender Magnet bewirkt an der nahe angeordneten Feldplatte eine impulsartige Erhöhung der magnetischen Induktion $B$, s. Bild 5-27. Damit nimmt der Widerstand des Feldplattensensors zu, womit die Brücke verstimmt wird und der Schmitt-Trigger einen positiven Rechteckimpuls am Ausgang erzeugt [10].

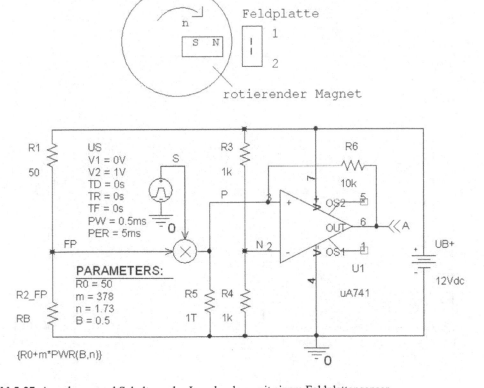

**Bild 5-27** Anordnung und Schaltung des Impulsgebers mit einem Feldplattensensor

Die Verknüpfung der Spannung $U_{FP}$ mit einer Impulsquelle $U_S$ erfolgt mit dem Multiplikator-baustein *MULT* aus der *ABM*-Bibliothek. Der hochohmige Widerstand $R_s$ ist aus Simulations-gründen vorzusehen. Rechts- und Linkslauf lassen sich mit dieser Schaltung nicht unterschei-den.

## ■ Aufgabe

Durch den Magnet werde der *B*-Wert von 0 auf 0,5 T erhöht. Zu analysieren und darzustellen ist die Zeitabhängigkeit der Spannungen $U_{FP}$, $U_S$, $U_P$, $U_N$ und $U_A$ im Bereich von 0 bis 12ms.

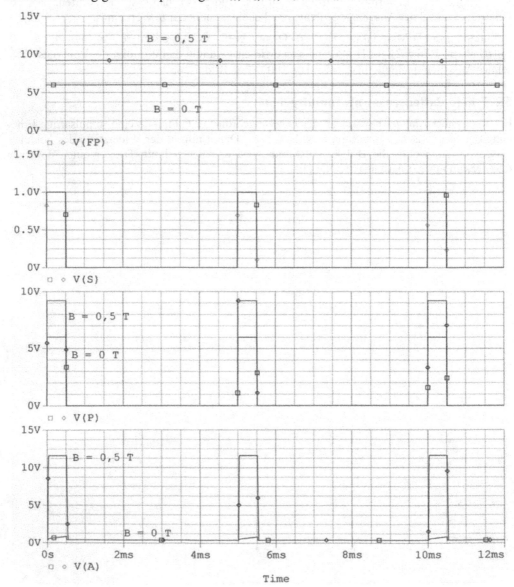

**Bild 5-28**  Zeitverläufe von Spannungen am Impulsgeber

**Lösung**

Anzuwenden ist die *Transientenanalyse* mit *Start Value*. 0, *End Value*: 12m, *Maximum Step Size*: 10u. Ferner ist die Parameteranalyse vorzugeben mit *Parametric Sweep, Global Parameter:, Parameter Name*: B, *Value List*: 0, 0.5.

Das Analyseergebnis nach Bild 5-28 lässt erkennen, dass ein kräftiger Ausgangsimpuls erscheint, sobald der Magnet innerhalb der Pulsweite $P_w = 0{,}5$ ms den Feldplattensensor passiert.

### 5.2.6 Differenzialfeldplattensensor als Impulsgeber

Bewegt man einen rotierenden Magneten an einem Differenzialfeldplattensensor in der Anordnung nach Bild 5-29 vorbei, dann lassen sich Rechts- und Linkslauf voneinander unterscheiden [10]

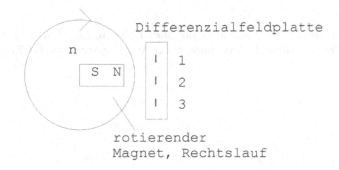

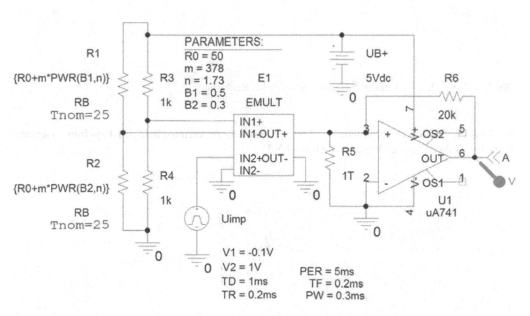

**Bild 5-29** Anordnung und Schaltung des Impulsgebers mit einem Differenzialfeldplattensensor für Rechtslauf

Bei Rechtslauf erreicht der Magnet zuerst den zwischen den Anschlüssen 1 und 2 liegenden oberen Feldplattensensor $R_1$, der damit einen höheren $B$-Wert annimmt als der zwischen den Anschlüssen 2 und 3 befindliche untere Sensor $R_2$. Somit wird $R_1 > R_2$ und dem Eingang 1 des Multiplikatorbausteins *EMULT* (aus der Analogbibliothek) wird eine positive Spannung zugeführt, die mit der am Eingang 2 angelegten Impulsspannung verknüpft wird. Bei Linkslauf kehren sich die Verhältnisse um.

### ■ Aufgabe

Wenn der rotierende Magnet den Feldplattensensor $R_1$ erreicht, soll dieser den Wert $B_1 = 0,5$ T annehmen, während dem Sensor $R_2$ der niedrigere Wert $B_2 = 0,3$ T zugeordnet wird. Die Schaltung ist für den Zeitraum von 0 bis 12 ms zu analysieren. Darzustellen ist der Zeitverlauf der Ausgangsspannung.

### Lösung

Anzuwenden ist die *Transientenanalyse* mit *Start Value*: 0, *End Value*: 12m, *Increment*: 10u. Das Bild 5-30 zeigt positive Rechteckimpulse der Ausgangsspannung bei Rechtslauf.

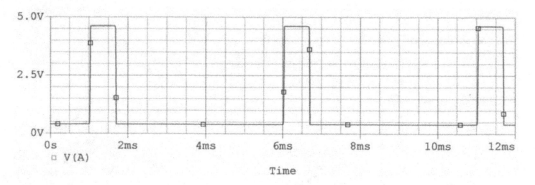

**Bild 5-30** Zeitlicher Verlauf der Ausgangsspannung bei Rechtslauf

Bei Linkslauf sind die Parameterwerte von $B_1$ und $B_2$ zu vertauschen. Im Ergebnis erscheint dann die Umkehrung der Impulse nach Bild 5-31.

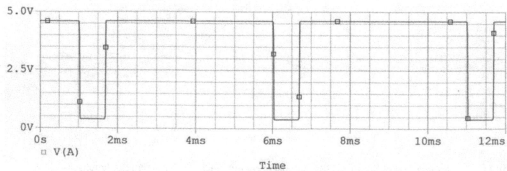

**Bild 5-31** Zeitlicher Verlauf der Ausgangsspannung bei Linkslauf

# 5.3 GMR-Sensoren

### 5.3.1 Aufbau und Wirkungsweise

Die GMR-Sensoren (Giant Magneto Resistors) zählen zu den magnetoresistiven Metall-Dünnschicht-Sensoren. Ihr prinzipieller Aufbau geht aus Bild 5-32 hervor. Die mittels einer Sputtertechnologie wechselseitig übereinander aufgebrachten extrem dünnen Schichten aus Kupfer und Kobalt werden von Deckschichten aus Eisen eingefasst. Die aus den hartmagnetischen Kobaltschichten und den unmagnetischen Kupfer-Trennschichten gebildete Anordnung stellt einen künstlichen Antiferromagneten dar.

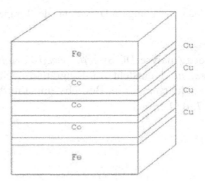

**Bild 5-32** Prinzipieller Aufbau des GMR-Sensors

Während sich die weichmagnetischen Eisenschichten nach dem äußeren Magnetfeld orientieren, bleiben die hartmagnetischen Kobaltschichten davon unbeeinflusst. Die Höhe des Widerstandes $R$ wird allein vom Winkel $\alpha$ zwischen den weich- und hartmagnetischen Schichten bestimmt. Nach [19] wird diese Abhängigkeit wie folgt beschrieben:

$$R = R_0 + 0{,}5 \cdot \Delta R \cdot \left(1 - \cos \alpha \right) \tag{5.9}$$

In der Tabelle 5.1 sind einige Kenndaten des GMR-Sensors S4 aufgeführt.

**Tabelle 5.1** Ausgewählte Kenndaten des GMR-Sensors S4 bei $T_A$ = 25 °C nach [19]

| | |
|---|---|
| Nennstrom $I_{1N}$ = 4 mA | Grundwiderstand $R_0$ > 700 Ω |
| Relative Widerstandsänderung $\Delta R/R_0 \approx 4$ % ($H_{rot}$ = 5 ... 15 kA/m) | Temperaturkoeffizient $TC_{R0}$ = 0,09...0,12 %/K |

#### ■ Aufgabe

Für einen GMR-Sensor S4 mit dem Grundwiderstand $R_0$ = 750 Ω und $TC_{R0}$ = 0,1 %/K ist die Temperaturabhängigkeit von $R_0$ im Bereich von –40 bis 150 °C darzustellen.

#### Lösung

Zum Ziel führt die Schaltung nach Bild 5-33. Die Einströmung wird mit der Gleichstromquelle $I_{dc}$ vorgenommen. Für $R_0$ ist ein Widerstand aus der Break-Bibliothek aufzurufen, der über *Edit*, *Pspice Model* wie folgt modelliert wird:

.model ROS4 RES R=1 TC1=1m Tnom=25.

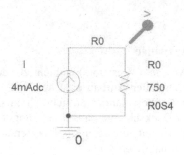

**Bild 5-33** Schaltung zur Darstellung der Temperaturabhängigkeit des Grundwiderstandes

Mit der Analyse *DC Sweep*, *Sweep Variable*: *Temperature*, *Start Value*: -40, *End Value*: 150, *Increment*: 1 entsteht das Diagramm nach Bild 5-34. Man erkennt den linearen Anstieg des Grundwiderstandes im Betriebstemperaturbereich. Bei $T_A$ = 25 °C wird der vorgegebene Wert $R_0$ = 750 Ω erreicht.

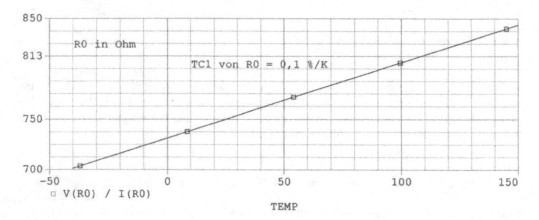

**Bild 5-34** Temperaturabhängigkeit des Grundwiderstandes

■ **Aufgabe**

Für einen GMR-Sensor S4 mit $R_0$ = 750 Ω und $\Delta R/R_0$ = 4 % ist die Winkelabhängigkeit des Widerstandes $R$ = f($\alpha$) mit $\alpha$ im Bogenmaß für $\alpha$ = 0 bis 2π sowie die Winkelabhängigkeit $\Delta R/R_0$ = f($\alpha$) mit $\alpha$ in Grad darzustellen.

**Lösung**

Für die Schaltung von Bild 5-35 ist eine *DC- Sweep-* Analyse wie folgt anzusetzen: *Sweep Variable*, *Global Parameter*: ALPHA, *Start Value*: 0, *End Value*: 6.2832, *Increment*: 1m. Der aus der Break-Bibliothek entnommene Widerstand wird wie folgt modelliert:

.model RGMRS4 RES R=1 Tnom=25.

**Bild 5-35** Schaltung zur Darstellung der Winkelabhängigkeit des GMR-Sensors

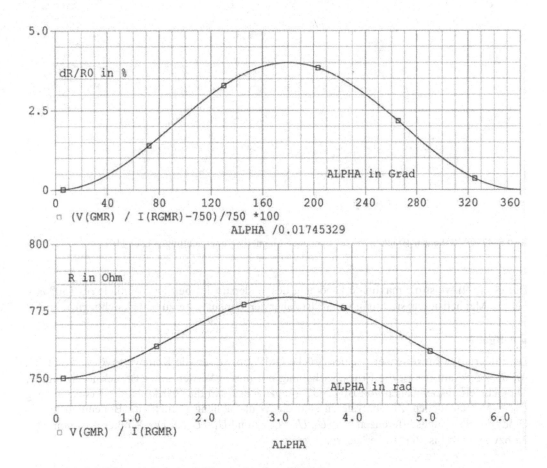

**Bild 5-36** Winkelabhängigkeit des Widerstandes eines GMR-Sensors

Bei der Kosinusfunktion nach Gl. (5.9) ist der Winkel $\alpha$ im Bogenmaß vorzugeben, d, h. $\alpha = 0$
bis $2\pi$. Im Ergebnis der Analyse erscheint Bild 5-36. Bei einem Winkel zwischen den hart- und

weichmagnetischen Schichten von $\alpha = 180°$ erreicht die relative Widerstandsänderung ihr Maximum mit dem Tabellenwert $\Delta R/R_0 = 4\ \%$.

## 5.3.2 Brückenschaltungen

Der GMR-Effekt lässt sich vorteilhaft mit Brückenschaltungen gemäß Bild 5-37 auswerten.

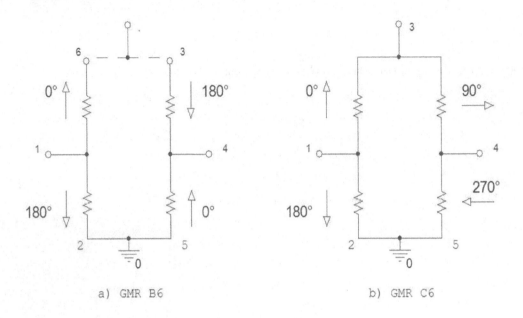

a) GMR B6                                      b) GMR C6

**Bild 5-37** GMR-Sensor-Brücken mit angegebenen Magnetisierungsrichtungen nach [19]

Die Gl. (5.9) weist die maximale Erhöhung des Widerstandes bei dem Winkel $\alpha = 180°$ aus. Für die Magnetisierungsrichtung von $0°$ ist daher der Winkel $\alpha - \pi$ zu berücksichtigen.

### ■ Aufgabe

Die integrierten Einzelsensoren einer Brücke GMR B6 weisen die Kennwerte $R_0 = 750\ \Omega$ und $\Delta R/R_0 = 5\ \%$ auf. Es ist die Brückenschaltung mit diesen Werten unter Berücksichtigung der Magnetisierungsrichtungen von Bild 5-37 a) anzugeben. An die Brücke ist die Nennspannung $U_{IN} = 5\ V$ anzulegen. Zu analysieren sind die Winkelabhängigkeiten (im Bogenmaß und in Grad) der Spannungsdifferenzen $U_1 - U_4$, $U_1 - U_{IN}/2$ und $U_4 - U_{IN}/2$. Der Winkel $\alpha$ ist von 0 bis $2\pi$ bzw. von $0°$ bis $360°$ zu verändern.

### Lösung

Mit der Schaltung nach Bild 5-38 werden die unterschiedlichen Magnetisierungsrichtungen der Einzelsensoren berücksichtigt. Die Analyse entspricht derjenigen in der vorangegangenen Aufgabe.

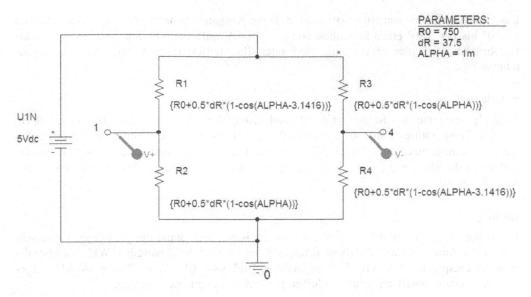

PARAMETERS:
R0 = 750
dR = 37.5
ALPHA = 1m

**Bild 5-38** Brückenschaltung GMR B6

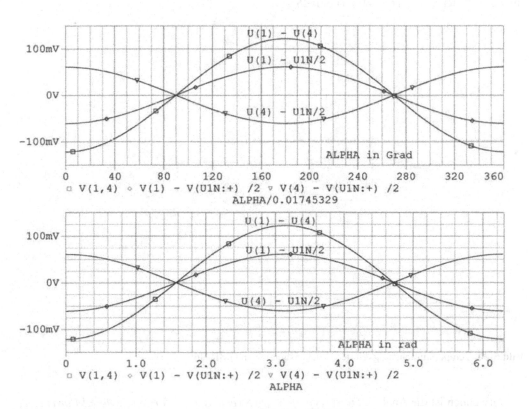

**Bild 5-39** Winkelabhängigkeit von Spannungen zur Brücke GMR B6

Das Analyseergebnis von Bild 5-39 zeigt, dass die Ausgangsspannung $U_1 - U_4$ ausgehend von $\alpha = 0°$ bis $\alpha = 180°$ einen Signalhub von ca. 250 mV aufweist. Die Spannungen der beiden Halbbrücken verlaufen gegensinnig zueinander. Ihre Differenz führt zum doppelten Spannungswert.

**■ Aufgabe**

Zu analysieren und darzustellen ist die Winkelabhängigkeit von $U_1 - U_4$ der Brücke GMR B6 bei den Temperaturen von -40 °C und 150 °C. Für die Einzelsensoren sind die folgenden Kennwerte anzusetzen: $R_0 = 750\ \Omega$, $\Delta R/R_0 = 5$ %, $TC_{R0} = 0,1$ %/K und $TC_{\Delta R} = -0.1$ %/K. An die Brücke ist die Spannung $U_{1N} = 5$ V anzulegen. Der Winkel $\alpha$ ist von 0° bis $2\pi$ bzw. Von 0° bis 360° zu verändern.

**Lösung**

In der Schaltung von Bild 5-40 wurde der magnetische Widerstand des jeweiligen Einzelsensors in die Anteile seines Grundwiderstandes $R_0$ und der winkelabhängigen Widerstandsänderung $\Delta R$ entsprechend der Gl. (5.9) aufgeteilt, s. Bild 5-40. Über *Edit, PSpice Model* wird jedem Widerstandsanteil der zutreffende Temperaturkoeffizient erteilt gemäß:

.model R0 RES R=1 TC1=1m Tnom=25

.model RdR RES R=1 TC1=-1m Tnom=25

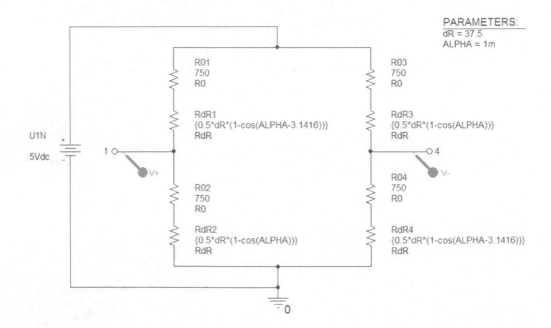

**Bild 5-40** Temperaturabhängigkeit des Brückensignals von GMR B6

Zu verwenden ist die Analyse *DC Sweep, Primary Sweep, Sweep Variable, Global Parameter, Parameter Name*: ALPHA, *Start Value*: 0, *End Value*: 6.2832, *Increment*: 10m sowie *Secon-*

*dary Sweep, Sweep Variable, Temperature, Value List*: -40  150. Das Analyseergebnis von Bild 5-41 zeigt, dass der Signalhub des Signals $U_1 - U_4$ bei der höheren Temperatur geringer ausfällt Diese Verringerung ist zum einen darauf zurückzuführen, dass mit höherer Temperatur der Grundwiderstand ansteigt (s. Bild 5-34) und zum anderen die Widerstandsänderung $\Delta R$ abnimmt.

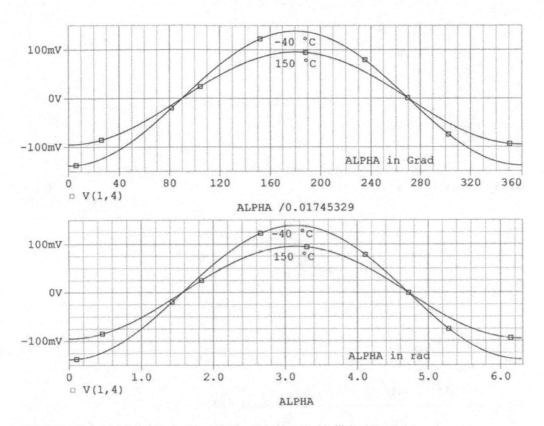

**Bild 5-41** Winkelabhängigkeit des Signals $U_1 - U_4$ bei unterschiedlichen Temperaturen

## ■ Aufgabe

Die integrierten Einzelsensoren einer Brücke GMR C6 weisen die Kennwerte $R_0 = 750\ \Omega$ und $\Delta R/R_0 = 5\ \%$ auf. Mit diesen Werten ist eine Brückenschaltung unter Berücksichtigung der Magnetisierungsrichtungen von Bild 5-37 b) anzugeben. An die Brücke ist die Nennspannung $U_{IN} = 5$ V anzulegen. Zu analysieren sind $U_1 - U_{IN}/2 = f(\alpha)$ und $U_4 - U_{IN}/2 = f(\alpha)$ für $\alpha = 0$ bis $2\pi$ bzw. $\alpha = 0°$ bis 360°.

## Lösung

Die Magnetisierungsrichtungen der GMR-Sensoren werden in der Schaltung nach Bild 5-42 erfasst.

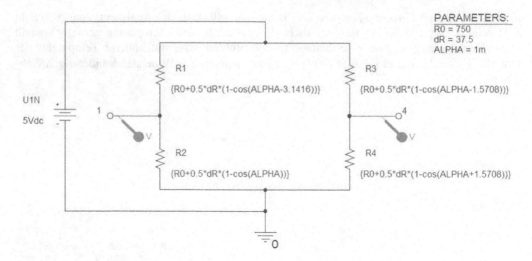

**Bild 5-42** Brückenschaltung GMR C6

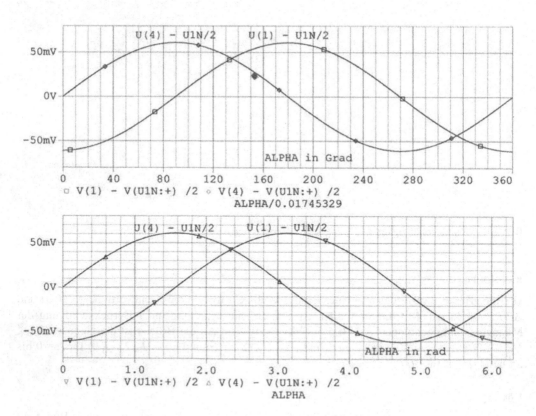

**Bild 5-43** Spannungssignale der gekreuzten Halbbrücken von GMR C6

Die Analyse ist wie bei den beiden vorangegangenen Aufgaben auszuführen. Als Ergebnis erhält man die Diagramme nach Bild 5-43. Die Signale der gekreuzten Halbbrücken sind um 90° gegeneinander versetzt. Aus diesen Signalverläufen kann man auf die Drehung eines über dem Sensor befindlichen Stabmagneten im Vollkreis von 0° bis 360° schließen.

## 5.4 AMR-Sensoren

### 5.4.1 AMR-Effekt

AMR-Sensoren bestehen aus einer dünnen ferromagnetischen Schicht, der beim Bedampfen auf ein isolierendes Substrat eine interne Magnetisierung $M$ in $x$-Richtung eingeprägt wurde. Eine stabilisierende Magnetfeldstärke $H_x$ verhindert, dass diese Magnetisierung eine entgegengesetzte Orientierung einnimmt. Der anisotrope magnetoresistive (AMR) Effekt besagt, dass sich der elektrische Widerstand $R$ eines schmalen Schichtstreifens (z. B. aus Permalloy: $Ni_{19};Fe_{81}$) verringert, wenn er einer äußeren Magnetfeldstärke in $y$-Richtung $H_y$ ausgesetzt wird. Die Magnetisierung $M$ wird dann um den Winkel $\alpha$ in Richtung der $y$-Achse ausgelenkt, s. Bild 5-44. Wenn $H_y$ den Wert der kritischen Magnetfeldstärke $H_k$ erreicht, dann verläuft $M$ in y-Richtung. Für den Widerstand erhält man

$$R = R_0 + \Delta R \cdot \cos^2 \cdot \alpha \qquad (5.10)$$

wobei $\sin\alpha = H_y/H_k$ ist.

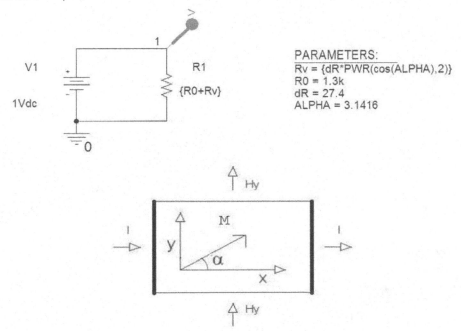

PARAMETERS:
Rv = {dR*PWR(cos(ALPHA),2)}
R0 = 1.3k
dR = 27.4
ALPHA = 3.1416

**Bild 5-44** Magnetoresistiver Schichtstreifen bei äußerer Magnetfeldstärke H_y nebst Ersatzschaltung

■ **Aufgabe**

Ein Permalloy-Schichtstreifen weist einen Grundwiderstand $R_0 = 1,3\ \text{k}\Omega$ auf. Die Widerstands-differenz zwischen paralleler und senkrechter Strom- und Magnetisierungsrichtung beträgt $\Delta R = R(\alpha = 0°) - R(\alpha = 90°) = 27,4\ \Omega$. Zu analysieren und darzustellen ist $R$ nach Gl. (5.10) für eine Variation $\alpha = -90°$ bis $90°$.

**Lösung**

Für die Schaltung nach Bild 5-44 ist eine Kennlinienanalyse *DC Sweep* mit *Global Parameter*, *Parameter Name*: ALPHA durchzuführen. Die Variation erfolgt zunächst für den Winkel im Bogenmaß mit *Start Value*: -1.57, *End Value*: 1.57, *Increment*: 1m. Man erhält das untere Diagramm von Bild 5-45. Die Umformung vom Bogenmaß in Grad erfolgt über $\pi/180$. Man erkennt, dass der Widerstand die folgenden Werte annimmt: $R = R_0 + \Delta R = R_{max}$ bei $\alpha = 0°$; $H_y = 0$ und $R = R_0 = R_{min}$ bei $\alpha = +/- 90°$; $H_y > H_k$.

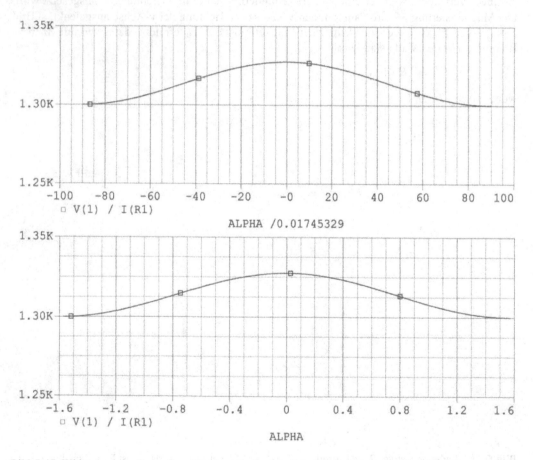

**Bild 5-45** Widerstand des Permalloy-Streifens als Funktion des Winkels $\alpha$ in Grad bzw. im Bogenmaß

### 5.4.2 Barberpole-Struktur

Eine Barberpole-Struktur entsteht, wenn auf den magnetoresistiven Schichtstreifen metallische Leitbahnen aufgebracht werden, die unter einem Winkel von 45° zur x-Achse geneigt sind. Die Stromlinien treten dann senkrecht aus den Leitbahnen heraus, s. Bild 5-46.

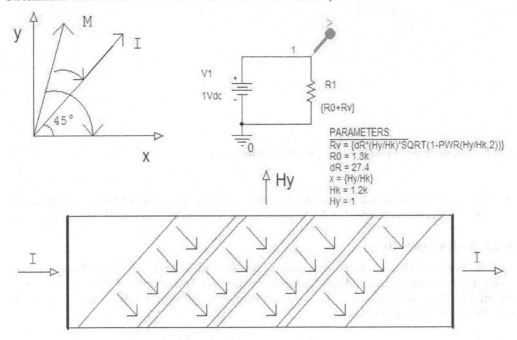

**Bild 5-46** Barberpole-Struktur mit Leitbahnen unter 45° zur x-Richtung nebst Ersatzschaltung

Ein äußeres Magnetfeld dreht nun die Magnetisierungsrichtung nicht mehr nur um den Winkel $\alpha$, sondern um den Winkel $\varphi = \alpha + 45°$. Somit wird $\sin\varphi = H_y/H_k$ und man erhält nach trigonometrischer Umformung [20]:

$$R = R_0 + \Delta R \cdot \frac{H_v}{H_k} \cdot \sqrt{1 - \left(\frac{H_v}{H_k}\right)^2} \qquad (5.11)$$

■ **Aufgabe**

Ein AMR-Sensor in Form eines Permalloy-Schichtstreifens mit Barberpole-Struktur weist folgende Kennwerte auf: $R_0 = 1{,}3$ k$\Omega$, $\Delta R = 27{,}4$ $\Omega$, $H_k = 1{,}2$ kA/m. Zu analysieren und darzustellen ist $R = f(H_y)$ für $H_y = -H_k$ bis $H_k$.

**Lösung**

Mit *DC Sweep, Global Parameter, Parameter Name*: Hy, *Start Value*: -1.2k, *End Value*: 1.2k, *Increment*: 1 gelangt man zu Bild 5-47. Bei $H_y = 0$ ist $R = R_0 = (R_{min} + R_{max})/2 = R_{max} - \Delta R/2$.

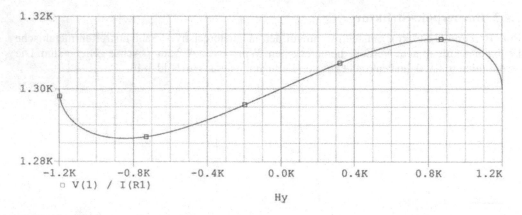

**Bild 5-47** Kennlinie eines AMR-Sensors mit Barberpole-Struktur

Als günstiger Arbeitsbereich zur Ausnutzung der Abhängigkeit $R = f(H_y)$ bietet sich der annähernd lineare Kennlinienverlauf in der Umgebung des Nulldurchgangs von $H_y$ an.

### 5.4.3 Brückenschaltung

In Bild 5-48 sind zwei Barberpole-Streifen in der 45°-Orientierung der Leitbahnen mit zwei solchen zusammengeschaltet, deren Leitbahnen unter dem Winkel von –45° zur $x$-Achse verlaufen. Die Diagonalspannung $U_d = U_1 - U_3$ ist dann ein Maß für die Stärke und Richtung der einwirkenden Magnetfeldstärke $H_y$.

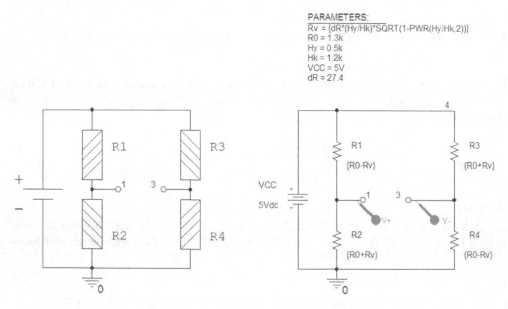

**Bild 5-48** Brückenschaltung mit vier Barberpole-Strukturen

Für die Widerstände $R_1$ und $R_4$ gilt die Gl. (5.11) und bei den Widerständen $R_2$ und $R_3$ ist in dieser Gleichung das Pluszeichen durch ein Minuszeichen zu ersetzen.

■ **Aufgabe**

Für die Vollbrücke KMZ 10A von Philips [23] gelten die Angaben $R_0 = 1,3$ kΩ, $\Delta R = 27,4$ Ω, $U_{CC} = 5$ V, $H_k = 1,2$ kA/m und $H_x = 0,5$ kA/m. Zu analysieren und darzustellen ist die Kenngröße $V_0 = U_d/U_{CC}$ in Abhängigkeit von $H_y$ für $H_y = -0,5$ kA/m bis 0,5 kA/m.

**Lösung**

Über *DC Sweep, Global Parameter, Parameter Name*: Hy, *Start Value*: -0.5k, *End Value*: 0.5k, *Increment*: 1 gelangt man zum Diagramm nach Bild 5-49

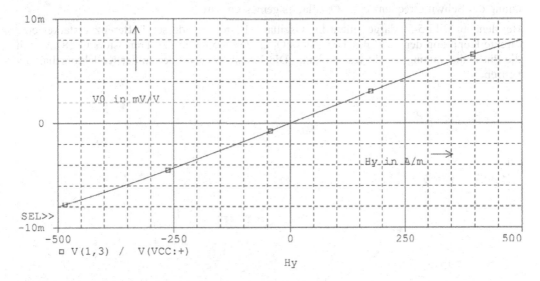

**Bild 5-49** Ausgangskennlinie der Sensorbrücke KMZ10A

Diese analysierte Kennlinie $V_0 = f(H_y)$ entspricht weitgehend der typischen Datenblatt-Kurve des AMR-Sensors KMZ 10A. Für die Empfindlichkeit $S$ gilt:

$$S = \frac{1}{U_{CC}} \cdot \frac{U_1 - U_3}{H_y} = \frac{V_{01} - V_{03}}{H_y} \tag{5.12}$$

Mit $V_{01} = 6,62$ mV/V bei $H_y = 0,4$ kA/m und $V_{03} = 0$ bei $H_y = 0$ erhält man den Empfindlichkeitswert $S = 16,55$ (mV/V)/(kA/m). Die Datenblattwerte sind $S = 13 ... 19$ (mV/V)(kA/m).

## 5.5 Induktive Sensoren

Induktive Sensoren dienen zur Messung von Dehnungen, Weglängen und Winkeln im Bereich der Prozessmesstechnik. Sie beruhen auf der Beeinflussung des magnetischen Feldes durch nicht elektrische Größen. So kann die durch Tauchanker-Ausführungen bewirkte Induktivitäts-änderung von Spulen in die Frequenzänderung eines Signalgenerators umgeformt werden. Bei speziellen Ausführungen induktiver Näherungsschalter lässt sich anstelle der Induktivitätsände-rung aber auch die Güteänderung eines Schwingkreises auswerten.

### 5.5.1 Spule mit Tauchanker

Wird ein ferromagnetischer Kern als Tauchanker in einer Spule verschoben, dann kann die resultierende Induktivitätsänderung als Wegänderung ausgewertet werden, indem die Abwei-chung der Schwingfrequenz eines Oszillators gemessen wird.

Bei dem im Bild 5-50 dargestellten LC-Oszillator besteht bei dessen Differenzverstärker eine direkte Kopplung der Basis des Transistors $Q_1$ an den Kollektor des Transistors $Q_2$ [8], womit die Phasenbedingung erfüllt werden kann. Die Transistoren werden in der Kollektorschaltung betrieben.

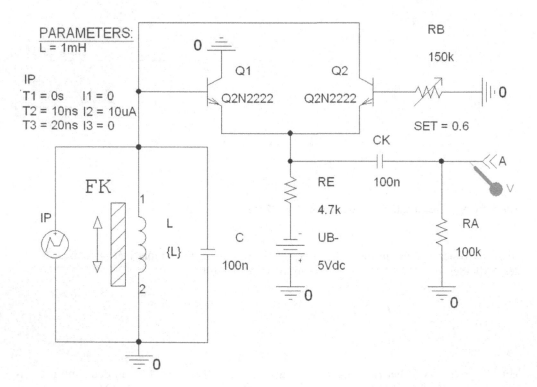

**Bild 5-50** Oszillator zur Spuleanordnung mit Tauchanker

■ **Aufgabe**

Die Induktivität des Schwingkreises werde durch das Verschieben des ferromagnetischen Kerns FK von $L = 1$ mH auf 2 mH erhöht. Es sind die Transistor-Arbeitspunkte sowie die Schwingungen am Ausgang der Schaltung nach Betrag und Phase zu analysieren.

**Lösung**

Die Arbeitspunktanalyse ergibt die Spannungen $U_{BE1} = U_{CE1} = U_{CE2} = 0,642$ V sowie $U_{BE2} = 0,579$ V und die Ströme $I_{C1} = 845$ µA und $I_{C2} = 76,2$ µA. Die Transientenanalyse führt über *Start:= 0*, *Run to Time:= 4m*, *Increment = 1u* mit *Parametric Sweep, Global Parameter, Parameter Name:* L, Value List: 1m, 2m zu den Diagrammen der Bilder 5-51 und 5-52.

Der mit einer Polygon-Stromquelle realisierte Anregungsimpuls ermöglicht bzw. beschleunigt das Einsetzen der Schwingungen. Nach Doppelklick auf das Bauteil werden die Werte I1 = 0, I2 = 10 uA, I3 = 0 sowie T1 = 0s, T2 = 10ns und T3 = 20ns eingetragen und über *Display, Name and Value, Apply* erscheinen sie dann als Schaltungsangabe. Die Schwingfrequenzen folgen aus Gl. (5.13).

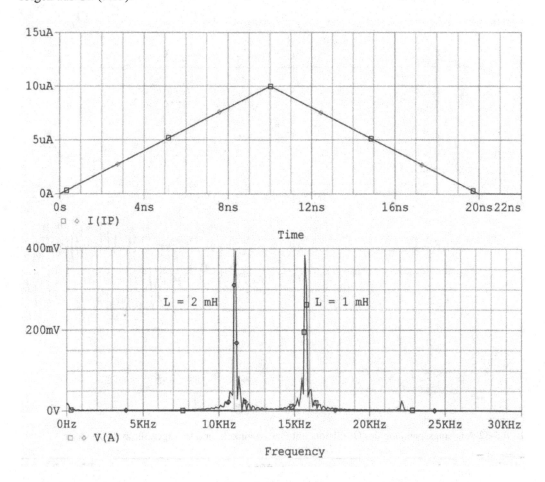

**Bild 5-51** Stromimpuls und Nachweis der Schwingfrequenzen

$$f_0 = \frac{1}{2 \cdot \pi \cdot \sqrt{L \cdot C}} \qquad\qquad (5.13)$$

mit $f_{01}$ = 15,9 kHz bzw. $f_{02}$ = 11,3 kHz für $L_1$ = 1 mH bzw. $L_2$ = 2 mH. Diese Schwingfrequenzen werden über die Analyseschritte *Unsynchrone Plot* und *Fourier* dargestellt.

Im oberen Diagramm von Bild 5-52 wird mit dem Phasenwinkel der Ausgangsspannung $\varphi_A = 0$ die Phasenbedingung für das Zustandekommen der Schwingungen erfüllt. Man erkennt im unteren Diagramm, dass diese Schwingungen trotz des gesetzten Anfangsimpulses erst nach dem Ablauf mehrerer Perioden einsetzen. Dieser Impuls kann alternativ durch eine Anfangsbedingung von z. B. IC1=1uV ersetzt werden. Die Schwingungen bilden sich dann bereits bei t > 1 ms voll aus.

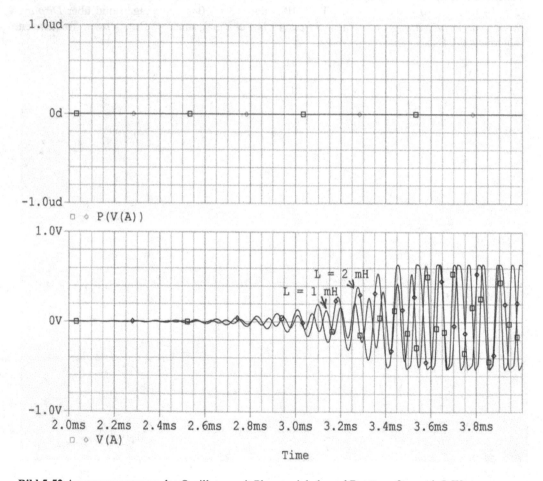

**Bild 5-52** Ausgangsspannung des Oszillators mit Phasenwinkeln und Beträgen für zwei $L$-Werte

### 5.5.2 Differenzspule mit Tauchanker

Dieser Magnetfeldsensor enthält zwei zylindrische Induktivitäten $L_1$ und $L_2$, in die ein weich-magnetischer Kern eintaucht, s. Bild 5-53. Befindet sich der Kern bei der Abmessung $s = s_0$ in der Mittenstellung, dann ist $L_1 = L_2 = L_0$. Wird der Kern um ein Wegelement ds nach unten verschoben, dann ändern sich die Induktivitäten der beiden Spulen gegensinnig. Nur bei genügend kleinen Änderungen ds nimmt dann die Induktivität der oberen Spule näherungsweise mit $L_1 = L_0 - dL$ im gleichen Maße ab, wie diejenige der unteren Spule auf $L_2 = L_0 + dL$ erhöht wird. Der Widerstand $R_g$ wurde aus Simulationsgründen eingefügt.

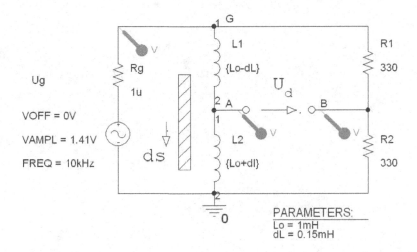

**Bild 5-53** Halbbrückenschaltung der Differenzspule mit Tauchanker

Die Diagonalspannung $U_d$ der Brücke erhält man nach [13] zu:

$$U_d = \frac{U_g}{2 \cdot \frac{dL}{L}}$$ (5.14)

■ **Aufgabe**

In der Schaltung nach Bild 5-53 ist die Induktivitätsänderung mit $dL$ = 50 µH bzw. 150 µH vorzunehmen. Der Sinusscheitelwert der Generatorspannung $U_g$ wird über VAMPL=1.41V so festgelegt, dass ein Effektivwert von einem Volt gegeben ist. Es ist die Diagonalspannung $U_d$ = $U_A - U_B$ als Sinusspannung sowie als Effektivwert über fünf Perioden darzustellen.

**Lösung**

Die Transientenanalyse ist wie folgt durchzuführen: Start Value: 0, Run to time: 500u Maximum Step size: 1u. Die Induktivitätsänderungen werden dabei über Parametric Sweep, Global Parameter, Parameter Name: dL, Value List. 50u, 150u realisiert. Den Effektivwert der Diagonalspannung erhält man mit RMS(V(A)-V(B)) oder in abgekürzter Schreibweise über RMS(V(A,B)). Die Gl. (5.14) wird mit den Diagrammen nach Bild 5-54 bestätigt.

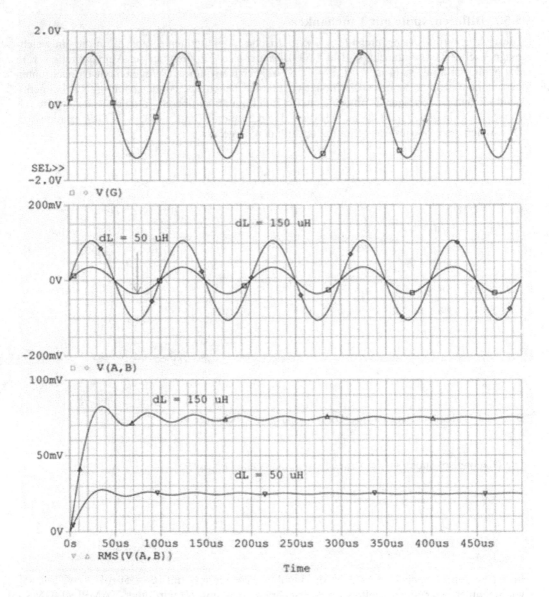

**Bild 5-54**  Generatorspannung sowie Diagonalspannungen für zwei Induktivitätsänderungen der
Differenzspule mit Tauchanker

Die Abhängigkeit der Induktivitäten $L_1$ und $L_2$ von der Wegänderung $ds$ kann wie folgt berechnet werden [17]:

$$L_1 = \frac{k}{s_0 - ds}\ ;\quad L_2 = \frac{k}{s_0 + ds} \tag{5.15}$$

Dabei ist $s_0$ der Abstand, für den die beiden Induktivitäten in der Mittelstellung des Kerns, also bei der Wegänderung $ds = 0$ gleich groß sind, s. Bild 5-55.

$$L_1 = L_2 = L_0 = \frac{k}{s_0} \tag{5.16}$$

Die Diagonalspannung ist proportional zur Wegänderung [17]:

$$U_d = \frac{U_g}{2 \cdot s_0} \cdot ds \tag{5.17}$$

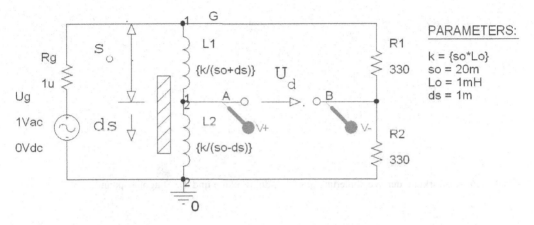

**Bild 5-55** Berücksichtigung von Wegänderungen bei der Differenzspule mit Tauchanker

■ **Aufgabe**

Für $L_0 = 1$ mH bei $s_0 = 20$ mm ist zu analysieren, wie sich Wegänderungen des Kernes $ds = 0$ bis 5 mm auf die Induktivitäten $L_1$ und $L_2$ sowie auf die Diagonalspannung auswirken.

**Lösung**

Es ist die AC-Analyse anzuwenden mit Start Frequency: 10kHz, End Frequency: 10kHz, Points/Dec: 1, Parametric Sweep: Global Parameter, Parameter Name: ds, Start: 0, End Value: 6m, Increment: 5u.

Das Analyseergebnis nach Bild 5-56 zeigt, dass sich die Induktivitäten nur bei kleinen Wegänderungen im gleichen Maße gegensinnig ändern. Übersteigt die Wegänderung im Beispiel den Wert von 2 Millimetern, dann wächst $L_2$ stärker an, als $L_1$ abnimmt.

Die Diagonalspannung steigt dagegen gemäß Gl. (5.17) durchweg linear an, wenn sich die Wegänderung vergrößert. Im Bild 5–57 wird sichtbar, dass die Differenz der Induktivitäten $L_2 - L_1$ bei den größeren Wegstrecken hyperbolisch ansteigt, während der Quotient aus der Differenz und der Summe dieser Induktivitäten linear zunimmt.

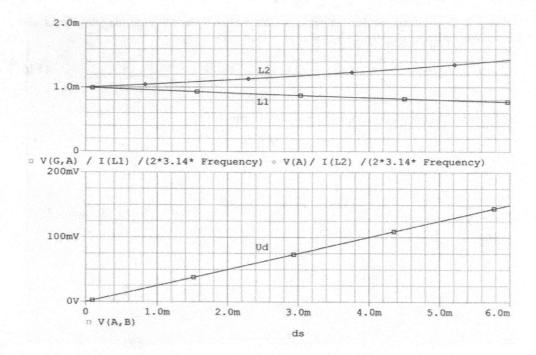

**Bild 5-56**  Auswirkung der Wegänderung auf die Induktivitäten und die Diagonalspannung

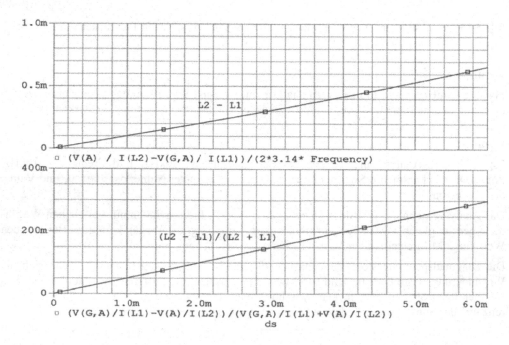

**Bild 5-57**  Induktivitätskombinationen in Abhängigkeit von der Wegänderung des Kerns

### 5.5.3 Differenzialtransformator mit Tauchanker

Der im Bild 5-58 dargestellte Differenzialtransformator besteht aus einer Primärspule $L_1$ mit zwei lose angekoppelten Sekundärspulen $L_2$ und $L_3$. An die Primärspule wird eine Generator-Wechselspannung $U_g$ angelegt. Die Kopplung erfolgt über einen verschiebbaren ferromagnetischen Kern, der den Tauchanker bildet. Die räumlich hintereinander liegenden Sekundärwicklungen sind elektrisch gegeneinander geschaltet. In der Mittelstellung des Tauchankers heben sich die von der Primärspule in die Sekundärspulen induzierten Spannungen auf, so dass die Ausgangsspannung null Volt beträgt.

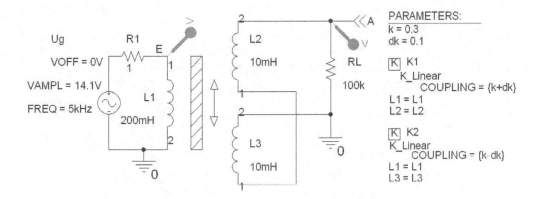

**Bild 5-58** Differenzialtransformator mit Tauchanker und angelegter Sinusspannung

Wird der Tauchanker aus seiner mittleren Ruhestellung heraus verschoben, dann wird in der einen Sekundärspule eine höhere und in der anderen eine niedrigere Spannung erzeugt, womit die Differenz-Ausgangsspannung betragsmäßig ansteigt. Diese Spannung $U_A$ kann als ein Maß für den Verschiebeweg ausgewertet werden. Um die Richtung der Auslenkung erkennen zu können, ist eine phasenselektive Gleichrichtung vorzunehmen [8]; [16]; [18]; [21]; [22].

#### ■ Aufgabe

Für die Schaltung nach Bild 5-58 ist zu analysieren, wie sich die Sinus-Ausgangsspannung ändert, wenn die vorgegebene Spulenkopplung $k = 0,3$ um die Parameterwerte $dk = 0,1$ bzw. 0,2 auf $k_{12} = k + dk$ erhöht bzw. zu $k_{13} = k - dk$ erniedrigt wird. Dabei ist $k$ die Kopplung für die Ruhelage, mit $k_{12}$ wird die Kopplung zwischen der Primärspule $L_1$ und der Sekundärspule $L_2$ beschrieben und $k_{13}$ steht für die Kopplung zwischen der Primärspule und der Sekundärspule $L_3$.

#### Lösung

Zu verwenden ist die Transientenanalyse mit *Run to time*: 0.5m, *Start*: 0, *Maximum Step Size*: 1u. Die Kopplungsänderungen werden über *Parametric Sweep, Global Parameter, Parameter Name*: dk und *Value List*: 0.1 0.2 eingetragen. Der Baustein für die Kopplung $K$ wird aus der Analogbibliothek aufgerufen. Anstelle des Standardwertes *COUPLING* =1 werden die Koppelfaktoren $k_{12}$ bzw. $k_{13}$ mit {k + dk} bzw. {k – dk} erfasst. Mit einem Doppelklick auf den Baustein $K_1$ bzw. $K_2$ und den Eintragungen gemäß des Bildes 5-58 werden die vorgegebenen Induktivitätswerte von 200 mH für $L_1$ und je 10 mH für $L_2$ und $L_3$ wirksam. Das Analyseergebnis nach Bild 5-59 zeigt für die vorgegebenen Kopplungsänderungen, dass die Ausgangsspannung gegenphasig zur Eingangsspannung verläuft. Die Kopplungsänderung $dk = 0,2$ führt mit den Werten $k_{12} = 0,5$ und $k_{13} = 0,1$ zu einem Effektivwert der Ausgangsspannung $U_{Aeff} \approx 0,87$ V. Bei geringerer Kopplungsänderung $dk = +/- 0,1$ wird $U_{Aeff} \approx 0,45$ V.

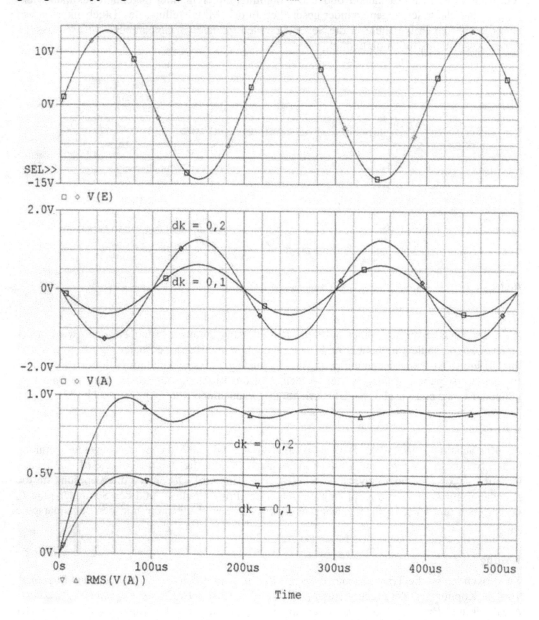

**Bild 5-59** Zeitverläufe der Eingangs- und Ausgangsspannung für zwei Kopplungen

Im Bild 5-60 wird an den Eingang des Differenzialtransformators anstelle der Sinusspannungs-
quelle eine Wechselspannungsquelle angelegt.

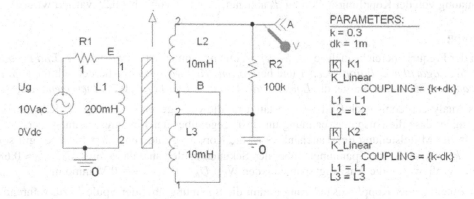

**Bild 5-60** Differenzialtransformator mit Tauchanker und angelegter Wechselspannung

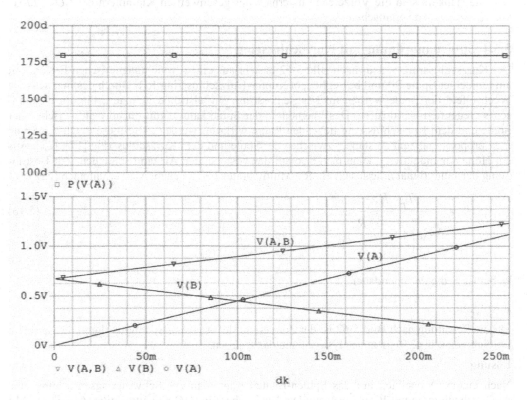

**Bild 5-61** Phasenwinkel und Betrag der Ausgangsspannung sowie Sekundärspannungen in Abhängigkeit
von Kopplungsänderungen

■ **Aufgabe**

Die Schaltung nach Bild 5-60 ist für $f$ = 5 kHz dahingehend zu untersuchen, wie die Ausgangs-spannung von der Kopplungsänderung $dk$ abhängt, wenn $dk$ von 0 bis 0,25 variiert wird.

**Lösung**

Bei der Frequenzbereichsanalyse *AC Sweep* ist einzugeben: *Start Frequency*: 5k, *End Frequency*: 5k, *Logarithmic*, *Points/Dec.*: 1 und bei *Parametric Sweep* sind zu berücksichtigen: *Global Parameter*, Parameter Name: dk, *Linear*, *Start Value*: 0, *End Value*: 0.25, *Increment*: 1m.

Das Analyseergebnis nach Bild 5-61 bestätigt für die vorgegebene Richtung der Kopplungsän-derungen, dass die Ausgangsspannung um 180° gegenüber der Eingangsspannung verschoben ist. In der Mittelstellung des Tauchankers ist die Kopplungsänderung $dk$ = 0 und es gilt somit $k_{12} = k_{13} = k = 0,3$. Die Spannungen über den Sekundärspulen sind dann mit $U_{AB} = U_B \approx 0,68$ V gleich groß, womit die Ausgangsspannung den Wert $U_A = U_{AB} - U_B = 0$ V annimmt.

Mit zunehmender Kopplungsänderung nimmt die Spannung über der Spule $L_2$ zu, während sie über der Spule $L_3$ abnimmt. Die Ausgangsspannung steigt linear mit der Erhöhung des Betrages der Kopplung an und erreicht bei $dk$ = 0,25 den Wert $U_A \approx 1,2$ V. bei einer Richtungsänderung des Tauchankers sind die Vorzeichen innerhalb der geschweiften Klammern bei *COUPLING* von $K_1$ bzw. $K_2$ zu vertauschen.

### 5.5.4 Spulenanordnung mit Kurzschlussring

Der Kurzschlussring-Sensor nach Bild 5-62 besteht aus einem weichmagnetischen E-Kern mit aufgebrachter Spule SP und beweglichem Kupfer-Kurzschlussring KR. Durch das magnetische Wechselfeld der Spule werden im Kurzschlussring Wirbelströme induziert, die ein magneti-sches Gegenfeld hervorrufen. Das Magnetfeld der Spule kann damit nur in dem zwischen der Spule und dem Kurzschlussring liegenden Raum wirksam werden.. Die Induktivität der Spule $L$ ist proportional zum Abstand $x$ zwischen der Spule und dem Kurzschlussring [17]; [22]. Aus der Höhe der Induktivität kann man also auf den bestehenden Abstand schließen. Zur Bestim-mung der Induktivität $L$ lässt sich ein RL-Multivibrator heranziehen. Man erhält nach [22]:

$$L = \frac{T_p \cdot R_3}{2 \cdot \ln\left(1 + 2 \cdot \dfrac{R_1}{R_2}\right)} \tag{5.18}$$

Dabei ist $T_p$ die Periodendauer.

■.**Aufgabe**

Für die Schaltung nach Bild 5-62 ist der Zeitverlauf der Ausgangsspannung durch die Spule im Bereich von 0 bis 250 μs zu analysieren und darzustellen.

**Lösung**

Nach einem Doppelkick auf das Spulen-Bauteil trägt man zur Schwingungsanfachung eine Anfangsbedingung mit IC = 1 mA ein. Die Buchstabenfolge IC bedeutet *Initial Condition*. Mit der Transientenanalyse für *Run to Time*: 250u, *Start* : 0, Maximum *Step Size*: 0.1u erhält man das Diagramm nach Bild 5-63.

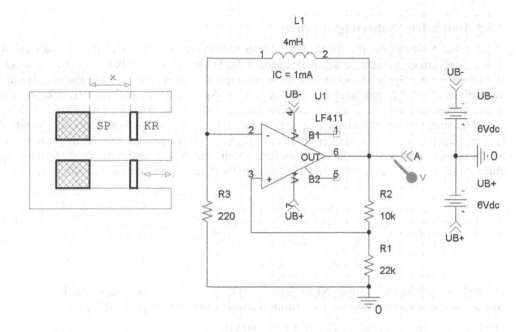

**Bild 5-62** Schematische Darstellung des Kurzschlussringsensors und Schaltung eines RL-Multivibrators zur Ermittlung der Induktivität

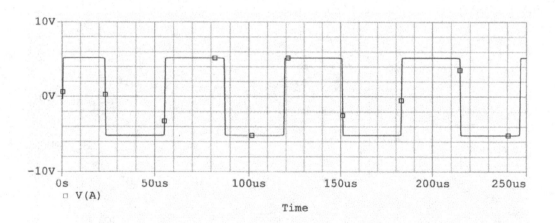

**Bild 5-63** Zeitabhängigkeit der Ausgangsspannung beim *RL*-Multivibrator

Aus dem mit der Cursor-Auswertung gewonnenen Wert der Periodendauer $T_p \approx 63{,}6~\mu s$ folgt mit der Gl. (5.18) die Höhe der Induktivität $L \approx 4{,}1$ mH womit der Eingabewert von $L$ in etwa bestätigt wird.

### 5.5.5 Induktiver Näherungsschalter

Das im Bild 5-64 dargestellte Blockschaltbild des induktiven Näherungsschalters enthält die in einem Topfkern eingebaute Spule als Bestandteil des Schwingkreises S bzw. des Oszillators O. Die Oberseite der Spule ist mit einer Kunststoffkappe abgeschlossen. Es liegt also die Anordnung eines offenen Magnetkreises vor. Das von der Spule aufgebaute Magnetfeld kann von einer magnetisch oder elektrisch leitenden Bedämpfungsfahne derart gestört werden, dass es zu einer Verringerung der Schwingkreisgüte $Q$ kommt. Bei genügend großem Abstand des metallischen Gegenstandes schwingt der Oszillator und bei einer zu großen Annäherung setzen die Schwingungen aus, weil der die Güte des Parallelschwingkreises bestimmende Widerstand $R_p$ einen zu kleinen Wert angenommen hat. Die Güte des Parallelschwingkreises erhält man mit:

$$Q = \frac{R_p}{\sqrt{\dfrac{L}{C}}} \tag{5.19}$$

Die beiden Zustände Schwingen/Nicht-Schwingen können mit einem Komparator K und gegebenenfalls mit einer nachfolgenden Endstufe E ausgewertet werden [16], [18], [21].

Die Resonanzfrequenz ist $f_r = 1/(2 \cdot \pi \cdot (L \cdot C)^{1/2} = 100$ kHz.

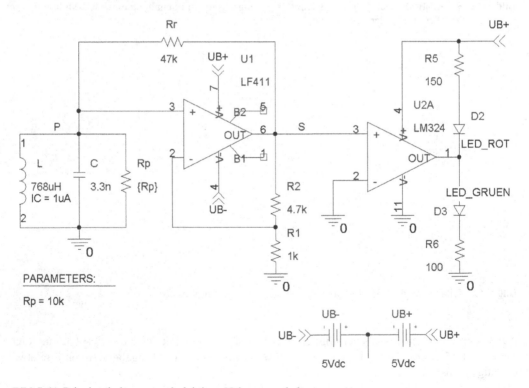

**Bild 5-64** Prinzipschaltung zum induktiven Näherungsschalter

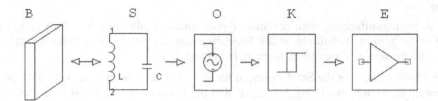

**Bild 5-65** Blockschaltbild des induktiven Näherungsschalters

■ **Aufgabe**

Die Schaltung des induktiven Näherungssensors nach Bild 5-64 ist für die Widerstandswerte $R_p$ = 5 kΩ und 10 kΩ zu analysieren.

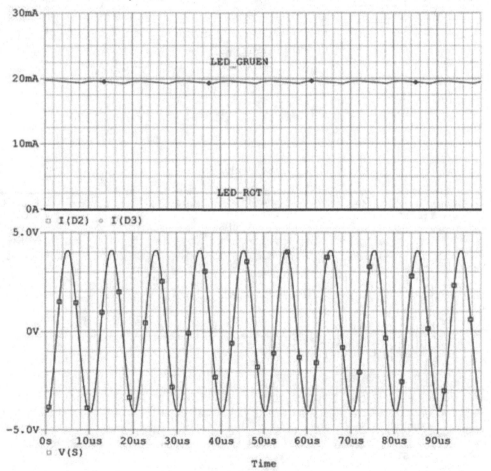

**Bild 5-66** Ausgangsspannung nebst LED-Anzeige beim induktiven Näherungsschalter für $R_p$ = 10 kΩ

**Lösung**

Zur Schwingungsanfachung wird der Spule $L$ eine Anfangsbedingung IC = 1µA erteilt, s. Bild 5-64. Für die gesamte Schaltung ist die Transientenanalyse mit den folgenden Eingabewerten durchzuführen: *Run to Time*: 100u, *Start*: 0, Increment: 0.1u.

Das Bild 5-66 zeigt, dass die Schwingungen für $R_p$ = 10 kΩ sofort mit der vollen Amplitudenhöhe einsetzen. Den Schwingungsfall signalisiert die Leuchtdiode LED_GRUEN, während die LED_ROT inaktiv bleibt.  Die Güte beträgt $Q$ = 20,7. Die Schwingbedingung $R_r/R_p \leq R_2/R_1$ wird erfüllt.

Unterschreitet die Bedämpfungsfahne den kritischen Abstand, dann wird die Schwingbedingung mit $R_p$ = 5 kΩ nicht mehr erfüllt. Dieser Fall ist im Bild 5-67 dargestellt. Die anfänglich mit einer geringen Amplitude auftretenden gedämpften Schwingungen sind durch die Anfangsbedingung gegeben. Für den dargestellten Zeitabschnitt von 1,6 ms bis 1,8 ms sind die Anzeigen nun vertauscht, indem LED_ROT aktiviert und LED_GRÜN ausgeschaltet ist.

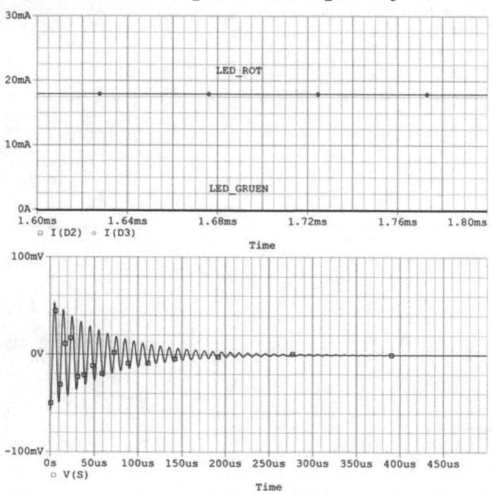

**Bild 5-67** Aussetzen der Schwingungen beim induktiven Näherungsschalter für $R_p$ = 5 kΩ

■ **Aufgabe**

Für die Schaltung nach Bild 5-64 ist die Resonanzfrequenz der Schwingungen am Knoten S mittels einer Fourieranalyse für $R_p = 10$ kΩ zu ermitteln.

**Lösung**

Es ist die Transientenanalyse anzusetzen mit *Run to time*: 100us, *Start*: 0, *Maximum Step Size*: 0.1us

Im nächsten Schritt wird die Zeitachse mit *Plot Add to Window, Plot, Unsynchrone Axis, Plot, Axis Settings, Fourier, Trace, Add Trace, Trace Expression*: V(S) in die Frequenzachse umgewandelt. Über *User defined* ist der Bereich auf 90 kHz bis 110 kHz einzugrenzen, s. Bild 5-68. Die analysierte Resonanzfrequenz beträgt 100 kHz. Von Spitze zu Spitze erreichen die Schwingungen einen Wert von 8 Volt und sind damit deutlich ausgeprägt, um die Anforderungen an einen Näherungsschalter zu erfüllen.

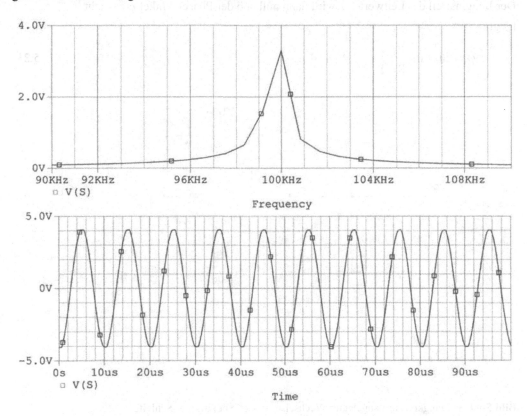

**Bild 5-68** Darstellung der Resonanzfrequenz

Die Schaltung nach Bild 5-64 kann bezüglich der Schwingbedingungen analysiert werden, indem man den Rückführungswiderstand $R_r$ abtrennt und den Parallelschwingkreis mittels einer Wechselstromquelle $I_P$ fremderregt.

Für die Spannung am Parallelschwingkreis gilt:

$$U = \frac{I}{\sqrt{\dfrac{1}{R_p^{\,2}} + \left(\omega \cdot C - \dfrac{1}{\omega \cdot L}\right)^2}} = \frac{I}{Y} \tag{5.20}$$

Bei der Resonanzfrequenz $f_r$ werden die beiden Blindleitwerte gleich groß und die Spannung $U$ erreicht mit $U_r$ ihr Maximum.

$$f_r = \frac{1}{2 \cdot \pi \cdot \sqrt{L \cdot C}} \tag{5.21}$$

$$U_r = I \cdot R_p \tag{5.22}$$

Der Imaginärteil des Leitwertes $Y$ wird dann null und der Phasenwinkel $\varphi$ erreicht 0°.

Es gilt:

$$\varphi = \arctan \frac{\mathrm{Im}\, Y}{\mathrm{Re}\, Y} \tag{5.23}$$

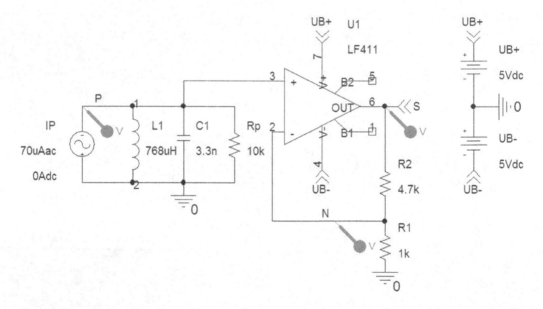

**Bild 5-69** Schwingkreis mit angelegter Wechselstromquelle bei offener Schleife

■ **Aufgabe**

Für die Schaltung des offenen Kreises nach Bild 5-69 sind im Frequenzbereich von 1 kHz bis 1 MHz für $R_p = 10$ kΩ zu analysieren:

1.) Die Beträge und Phasenwinkel der Spannungen $U_P$, $U_N$ und $U_S$

2.) Die Real- und Imaginärteile von $U_P$ und $U_S$

3.) Die Frequenz-Ortskurven mit Betrag und Phase von $U_P$ und $U_S$

4.) Die Frequenz-Ortskurven mit Real und Imaginärteil von $U_P$ und $U_S$

**Lösung**

Anzuwenden ist die *AC* – Frequenzbereichsanalyse mit *Start Frequency:* 1k, *End Frequency*: 1 Meg, *Logarithmic*, *Points/Dec*.: 100

**Zu 1:**

Das entstandene Diagramm wird über *Plot, Axis Settings, User defined* auf den Frequenzbereich von 95 kHz bis 105 kHz eingegrenzt, s. Bild 5-70. Bei der Resonanzfrequenz $f_r = 100$ kHz erreichen die Spannungen am P-Eingang wie am N-Eingang den Wert $U_P = 0{,}7$ V. Für den kleineren Parallelwiderstand $R_p = 5$ kΩ würden diese Spannungen bei der gleichen Eingangsstromquelle einen niedrigeren Wert annehmen. Die Amplitude am Ausgang S wird $U_S = (1+R_2/R_1)\cdot U_P = 4$ V bei dem Phasenwinkel $\varphi \approx 0°$.

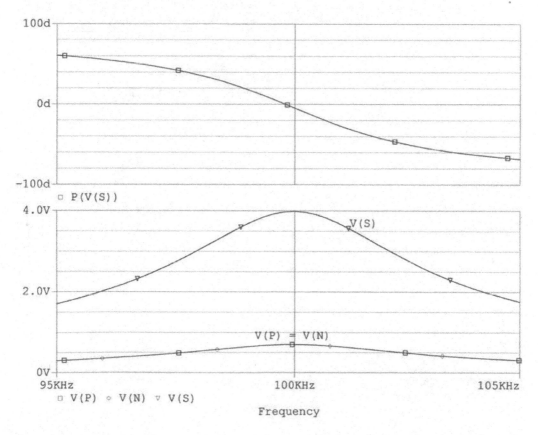

**Bild 5-70** Phasen- und Amplitudengang des Parallelschwingkreises sowie des offenen Kreises

**Zu 2:**

Die Realteile der Spannungen $U_P$ und $U_S$ erreichen ihre Maximalwerte bei derjenigen Frequenz, bei der ihr Imaginärteil null wird, s. Bild 5-71.

**Zu 3:**

Die Frequenz-Ortskurven der Spannungen nach Betrag und Phase werden für den ursprünglich vorgegebenen Bereich von 1 kHz bis 1 MHz geschrieben, indem die Frequenzachse über *Unsynchrone Plot* in den Betrag V(P) bzw. V(S) umgewandelt wird und anschließend der jeweilige Imaginärteil mit P(V(P)) bzw. P(V(S)) über *Trace Add* aufgerufen wird, s. Bild 5-72. Bei dem Phasenwinkel von 0° wird die Resonanzfrequenz erreicht.

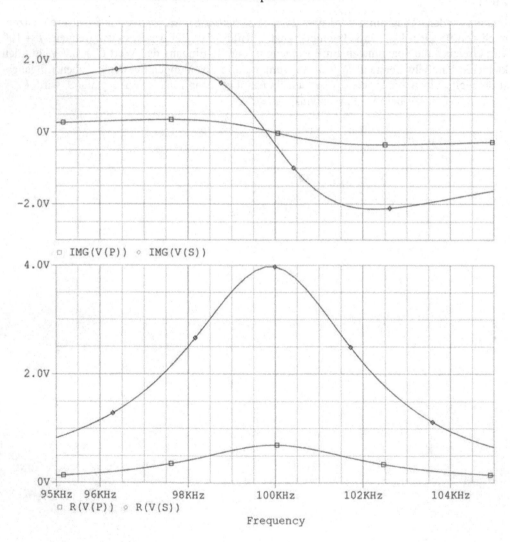

**Bild 5-71**  Frequenzabhängigkeit der Real- und Imaginärteile

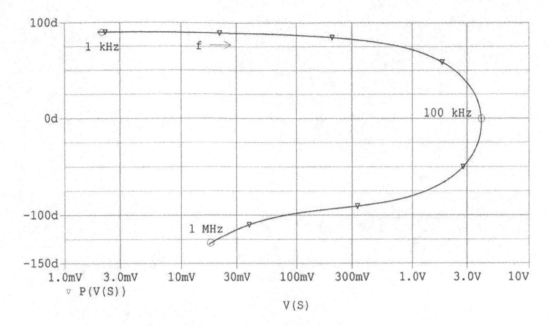

**Bild 5-72a** Frequenz-Ortskurve der Spannung am Knoten S nach Betrag und Phase

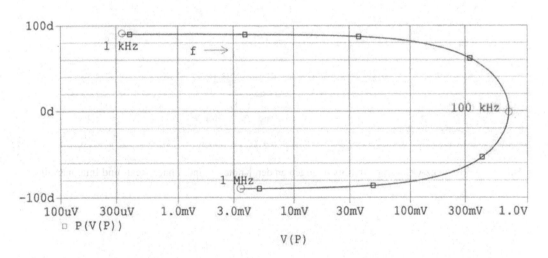

**Bild 5-72b** Frequenz-Ortskurve der Spannung am Knoten P nach Betrag und Phase

**Zu 4:**

Die Frequenz-Ortskurven von $U_P$ und $U_S$ nach Realteil und Imaginärteil entstehen, wenn man die ursprüngliche Frequenzachse über *Unsynchrone Axis* in den Realteil R(V(P)) bzw. R(V(S)) umwandelt und den dazugehörigen Imaginärteil über *Trace Add* aufruft, s. Bild 5-73. Die Resonanzfrequenz tritt bei verschwindendem Imaginärteil auf.

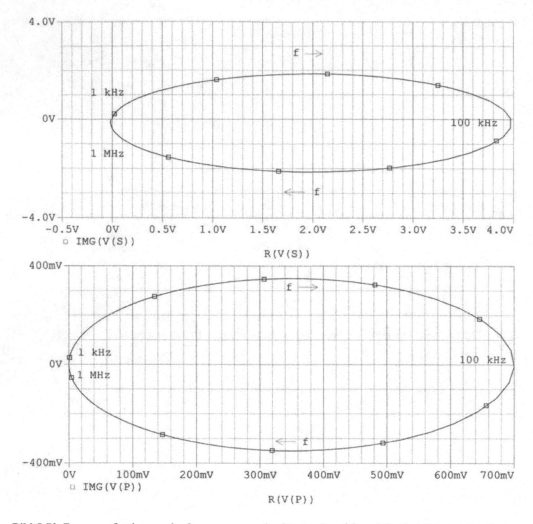

**Bild 5-73** Frequenz-Ortskurven der Spannungen an den Knoten P und S nach Real- und Imaginärteil

# 6 Chemische Sensoren

Chemische Sensoren erfassen Stoffgrößen von Gasen und Flüssigkeiten und wandeln sie in elektrische Signale um. So wird beispielsweise bei hohen Temperaturen der Widerstand eines Zinndioxid-Gassensors verringert, wenn die Konzentration von Kohlenmonoxid ansteigt. In einer Schaltung mit einem ionensensitiven Feldeffekttransistor kann eine elektrische Spannung erzeugt werden, die auf die $H^+$-Ionen in einer Flüssigkeit reagiert und proportional zum pH-Wert der Lösung ansteigt. Ferner dienen die Lambda-Sonde sowie die Breitband-Lambda-Sonde zur Abgasregelung von Otto- bzw. Dieselmotoren.

Die Quarzmikrowaage reagiert empfindlich auf Belastungen mit Fremdschichten und mit einer Oberflächenwellen-Verzögerungsleitung können Gaseinwirkungen aufgespürt werden.

## 6.1 Metalloxid-Gassensoren

### 6.1.1 Aufbau

Der im Bild 6-1 dargestellte Gassensor besteht aus einem Keramikröhrchen mit der aufgebrachten Metalloxidschicht. Im Inneren des Röhrchens befindet sich eine Heizwendel, die für eine Arbeitstemperatur von einigen hundert Grad Celsius sorgt [9], [13], [16], [17], [20].

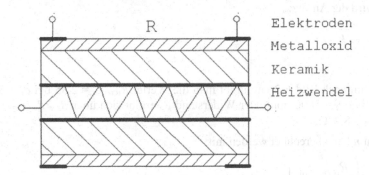

**Bild 6-1** Prinzipieller Aufbau eines Metalloxid-Gassensors

### 6.1.2 Kennlinien

Werden reduzierte Gase wie Kohlenmonoxid (CO), Wasserstoff ($H_2$) oder Methan ($CH_4$) an der Oberfläche eines Metalloxids wie z. B. Zinndioxid ($SnO_2$) absorbiert, dann sinkt der Widerstand des Gassensors bei zunehmender Konzentration ab, s. Bild 6-2.

■ **Aufgabe**

Für Kohlenmonoxid ist die Abhängigkeit des Widerstandes $R_{CO}$ von der Konzentration $c$ entsprechend des Verlaufes von Bild 6-2 zu simulieren: $R_{CO} = f(c)$ für $c = 500$ bis $5000$ ppm.

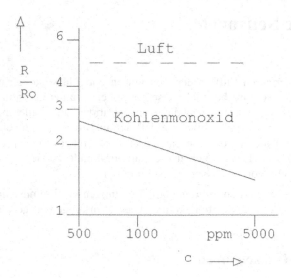

**Bild 6-2** Kennlinien eines Metalloxid-Gassensors vom Typ TGS 815 D (Figaro) nach [17]

**Lösung**

Verwendet wird der Ansatz:

$$\frac{R_{-CO}}{R_0} = K \cdot c^{-n} \tag{6.1}$$

Dem Diagramm nach Bild 6-2 entnimmt man die Werte: $R_{1CO}/R_0 = 2{,}85$ bei $c_1 = 500$ ppm und $R_{2CO}/R_0 = 1{,}5$ bei $c_2 = 5000$ ppm. Der Widerstand $R_0$ ergibt sich über $R_{Luft}/R_0 = 4{,}6$ mit $R_{Luft} = 4$ k$\Omega$ [17] zu $R_0 = 870$ $\Omega$.

Der Exponent $n$ kann berechnet werden mit:

$$n = \frac{\lg\left(\dfrac{R_{1CO}/R_0}{R_{2CO}/R_0}\right)}{\lg\left(\dfrac{c_2}{c_1}\right)} \tag{6.2}$$

Der Faktor $K$ folgt aus:

$$K = \frac{R_{1CO}}{R_0} \cdot c_1^{\,n} \tag{6.3}$$

Man erhält $n = 0{,}279$ und $K = 16{,}138$.

Die Analyse kann mit der Schaltung nach Bild 6-3 erfolgen. Dabei wird die Gl. (6.3) in geschweifte Klammern SPICE-gerecht gesetzt und beim Widerstand $R_{co}$ anstelle des Standardwertes von 1k eingetragen.

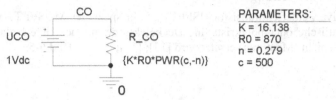

PARAMETERS:
K = 16.138
R0 = 870
n = 0.279
c = 500

**Bild 6-3** Schaltung zur Darstellung der Kennlinie des Gassensors für Kohlenmonoxid

Das untere Diagramm von Bild 6-4 folgt über $R_{co} = U_{CO}/I_{R\_co}$ für $c = 500$ bis 5000 ppm mit *DC Sweep, Global Parameter, Parameter Name*: c, *Logarithmic, Start Value*: 500, *End Value*: 5000, *Points/Dec.*: 100. Die beträchtliche Widerstandsabnahme bei zunehmender Konzentration von Kohlenmonoxid kann sensitiv ausgenutzt werden, um Warnsignale auszulösen. Das obere Diagramm zeigt die normierte Kennlinie $R_{co}/R_0 = f(c)$, die der betreffenden Kennlinie des Kohlenmonoxid-Sensors nach Bild 6-2 entspricht sowie auch die normierte Kennlinie für Luft.

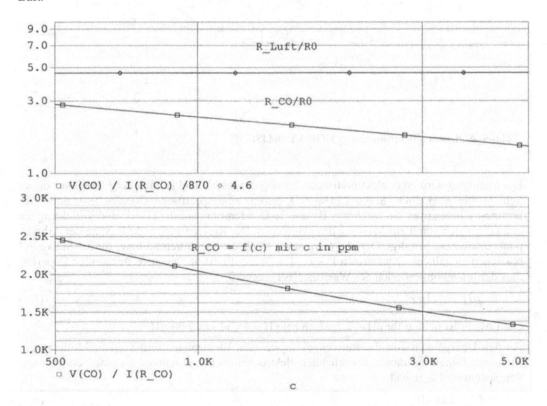

**Bild 6-4** Kennlinien des Gassensors TGS 815 D bei Einwirken von Kohlenmonoxid

## 6.2 Ionensensitiver Feldeffekttransistor

### 6.2.1 Aufbau und Wirkungsweise

Der ionensensitive Feldeffekttransistor (ISFET) ist ein spezieller MOSFET, bei dem die ursprüngliche metallische oder polykristalline Deckelektrode auf der Gate-Isolation durch eine ionenselektive Schicht (Membran) ersetzt wird [13]; [17]; [20], s. Bild 6-5.

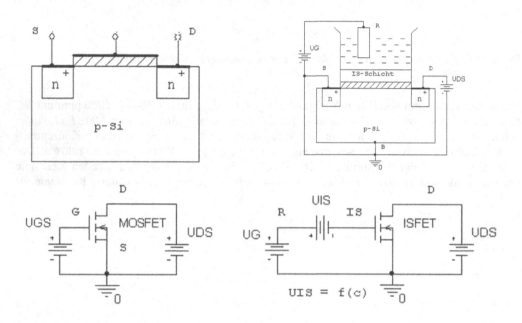

**Bild 6-5** Aufbau und Beschaltung von MOSFET und ISFET

Die Membran wird einer elektrolytischen Lösung ausgesetzt und je nach der Materialart dieser Schicht wie z. B. $SiO_2$, $Si_3N_4$, $Ta_2O_3$, $ZrO_2$ erfolgt eine spezifische Oberflächenreaktion für bestimmte Ionenarten. So reagiert z. B. eine $Ta_2O_3$-Membran auf die $H^+$-Ionen des Elektrolyten und eignet sich somit zur Messung des pH-Wertes. Die Referenzelektrode R ist an der Arbeitspunkteinstellung beteiligt. Der pH-Wert ist ein Maß für den Säuregrad bzw. für die Stärke des basischen Gehalts einer wässrigen Lösung [16]; [20]. Er ist der negative dekadische Logarithmus der Ionenkonzentration des Wasserstoffs $c_{H^+}$ gemäß:

$$pH = -\lg c_{H^+} \tag{6.4}$$

Die Lösung ist neutral für pH = 7, basisch bei pH > 7 und sauer für pH < 7.

An den Übergängen von der Referenzelektrode zum Elektrolyten und vom Elektrolyten zur Membran führen die daraus entstehenden elektrochemischen Potentiale zu einer ionensensitiven Spannung $U_{IS}$ gemäß:

$$U_{IS} = m \cdot W \tag{6.5}$$

Dabei ist $m = 58$ mV/pH die pH-Empfindlichkeit und mit $W$ wird der pH-Wert erfasst, z. B. $W = 10$ pH.

Die Strom-Spannungs-Gleichungen des ISFET können näherungsweise wie folgt angegeben werden [20]:

1.) Linearbereich mit $|U_{GSeff} - VTO| > |U_{DS}|$

$$I_D = KP \cdot \frac{W}{L} \cdot \left( \left( U_{GS\,eff} - VTO \right) \cdot U_{DS} - \frac{U_{DS}^2}{2} \right)$$  (6.6)

2.) Einschnürbereich mit $|U_{GSeff} - VTO| < |U_{DS}|$

$$I_D = \frac{KP}{2} \cdot \frac{W}{L} \cdot \left( U_{GS\,eff} - VTO \right)^2$$  (6.7)

Dabei kann die effektive Gate-Spannung wie folgt angenähert werden

$$U_{GS\,eff} = U_G + U_0 \pm U_{IS}$$  (6.8)

In Bild 6-5 ist $U_G$ die von außen zwischen der Referenzelektrode R und der Source-Elektrode S angelegte Spannung. Mit $U_0$ wird das Auftreten einer Offsetspannung berücksichtigt.

### 6.2.2 Ermittlung des pH-Wertes

Mit der Schaltung nach Bild 6-6 kann die Abhängigkeit der Ausgangsspannung $U_A$ vom pH-Wert $W$ erfasst werden. Die angeschlossene Konstantstromquelle $I_K$ erzwingt den Drainstrom $I_D = 50$ µA, sofern $U_N = 0$ V ist. (virtuelle Masse). Mit $U_{DS} = 0,1$ V wird der ISFET somit im Linearbereich betrieben. Für einen bestimmten pH-Wert, z. B. $W = 5$ pH wird der Gleichstrom-Arbeitspunkt $U_{DS} = 0,1$ V, $I_D = 50$ µA des ISFET nur dann erreicht, wenn die Spannung $U_A$ so eingestellt wird, dass die Spannung $U_N$ am invertierenden Eingang N des Operationsverstärkers den Wert $U_N = 0$ V annimmt.

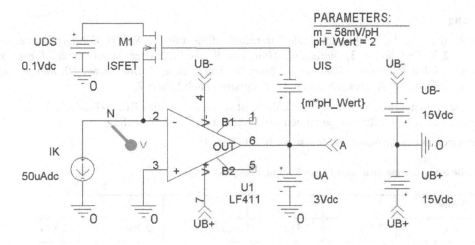

**Bild 6-6** Schaltung des ISFET im Konstantstrombetrieb

■ **Aufgabe**

Der ISFET soll die folgenden Modellparameter aufweisen:

Kanalweite $W = 400$ µm, Kanallänge $L = 20$ µm, Transkonduktanz $KP = 20$ µA/V², Schwellspannung $VTO = 1$ V. Die Offsetspannung $U_0$ werde vernachlässigt.

Es ist die Abhängigkeit $U_A = f(W)$ für $W = 2$ bis 10 pH zu analysieren und darzustellen. Dabei ist zunächst $U_N = f(U_A)$ mit $W$ als Parameter für $U_A = 2.3$ bis 3 V bei $W = 2, 4, 6, 8, 10$ pH zu analysieren.

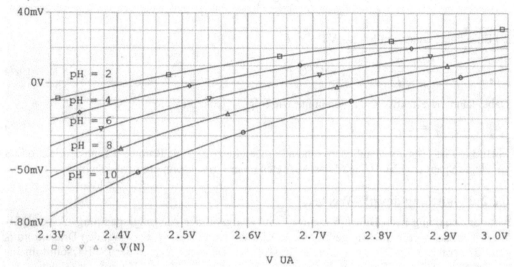

**Bild 6-7** Spannung am Knoten N in Abhängigkeit von der Ausgangsspannung mit dem pH-Wert als Parameter

**Lösung**

Die Analyse für $U_N = f(U_A)$ bei $W$ als Parameter erfolgt mit *DC Sweep, Voltage Source, Start Value*: 2.3, *End Value*: 3, *Increment*: 10m. Für $W$ als Parameter ist zu setzen. *Parametric Sweep, Global Parameter, Parameter Name*: W, *Start Value*: 2, *End Value*: 10, *Increment*: 2. Im Ergebnis dieser Analyse erscheint das Diagramm nach Bild 6-7.

Um die Abhängigkeit $U_A = f(W)$ zu erhalten, ist anschließend das Bild 6-7 dahingehend auszuwerten, wie hoch $U_A$ für den jeweiligen pH-Wert $W$ bei $U_N = 0$ V ausfällt.

Man erreicht die Zwischenergebnisse nach Tabelle 6.1

**Tabelle 6.1** Ausgangsspannung $U_A$ als Funktion des pH-Wertes

| W/pH | 2 | 4 | 6 | 8 | 10 |
|---|---|---|---|---|---|
| $U_A$/V | 2,416 | 2,532 | 2,648 | 2,764 | 2,880 |

Die graphische Darstellung der Tabelle zeigt das Bild 6-8.

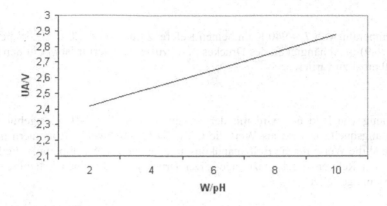

**Bild 6-8** Ausgangsspannung in Abhängigkeit vom pH-Wert

Aus dem Diagramm geht hervor, dass die Ausgangsspannung unter den vorgegebenen Schaltungsbedingungen linear mit der Höhe der pH-Werte ansteigt [17].

## 6.3 Festkörperionenleiter als Sauerstoffsensor

Das Bild 6-9 zeigt eine Anordnung mit einer Keramik aus Zirkondioxid, die bei ausreichend hohen Temperaturen $T > 600$ K eine Sauerstoff-Ionenleitung bewirken kann. Der $ZrO_2$-Festkörperelektrolyt ist beidseitig von porösen Platinelektroden umschlossen, die einerseits dem Sauerstoff-Partialdruck $p_1$ des Messgases bzw. dem des Referenzgases mit dem Druck $p_2$ ausgesetzt werden. In dieser potentiometrischen Grundschaltung bildet sich ein galvanisches Element heraus, das entsprechend der Gl. (6.9) Sensorspannungen von wenigen 100 mV liefert [13], [17].

$$U = \frac{k \cdot T}{4 \cdot e} \cdot \ln\left(\frac{p_2}{p_1}\right) \tag{6.9}$$

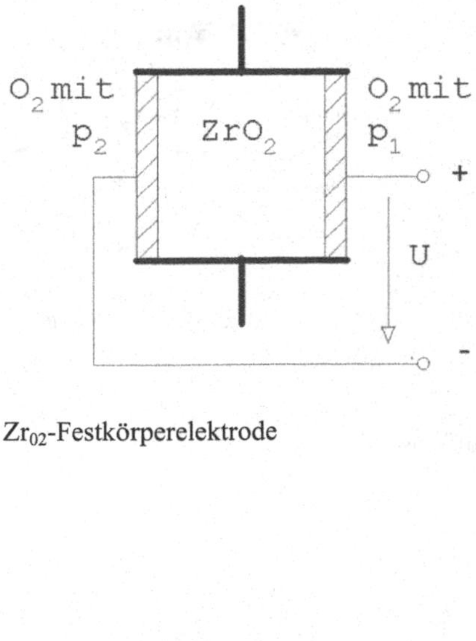

$O_2$ mit $p_2$    $ZrO_2$    $O_2$ mit $p_1$    +

U

−

**Bild 6-9** Sauerstoffsensor mit $Zr_{02}$-Festkörperelektrode

■ Aufgabe

Für eine Temperatur von $T = 940$ K und einen Referenzdruck $p_2 = 720$ mbar ist die Spannung $U$ nach Gl. (6.9) in Abhängigkeit des Druckes $p_1$ darzustellen Hierfür ist $p_1$ mit den Werten 10 μbar bis 100 mbar zu variieren.

**Lösung**

Die Anordnung von Bild 6-9 wird mit der Schaltung von Bild 6-10 nachgebildet. Bei der Gleichspannungsquelle $U$ wird als Wert die Gl. (6.9) in geschweifte Klammern gesetzt. Als Parameter sind die Werte für die Boltzmannkonstante, die absolute Temperatur, die Elementarladung und den Referenzdruck einzutragen. Der Druck $p_1$ erhält einen beliebigen Wert und wird als Variable gestaltet.

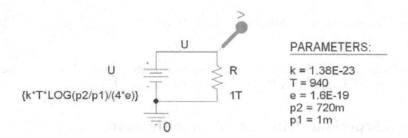

**Bild 6-10** Schaltung zur Analyse der Kennlinie des Sauerstoffsensors

Mit der Analyse *DC Sweep* ist bei *Primary Sweep* $p_1$ als globaler Parameter einzugeben und fortzufahren mit *Logarithmic*, *Start Value*: 10u, *End Value*: 100m, *Points/Dec.*: 100.

Das Analyseergebnis nach Bild 6-11 zeigt, dass die Spannung $U$ mit größer werdendem Sauerstoff-Partialdruck $p_1$ abnimmt. So erhält man z. B. bei $p_1 = 1$ mbar mit der Gl. (6.9) den Wert $U = 133$ mV.

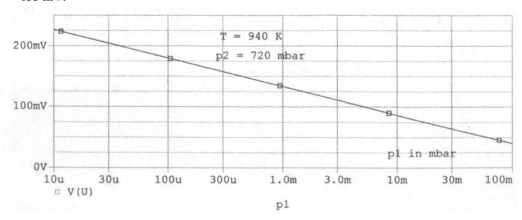

**Bild 6-11** Kennlinie des Sauerstoffsensors

## 6.4 Sauerstoffpumpe

Die Anordnung nach Bild 6-12 enthält eine Zirkondioxidschicht, die beidseitig von porösen Platinelektroden umschlossen ist. Die obere Messelektrode umgibt eine Abdeckung mit einer kleinen Öffnung, die den Zutritt von Sauerstoff ermöglicht. Legt man eine elektrische Spannung in der gezeigten Polarität an diese Anordnung an, dann kann sie als Sauerstoffpumpe arbeiten. An der Kathode werden die eindiffundierten Sauerstoffmoleküle im Zusammenwirken mit den Elektronen des $ZrO_2$-Elektrolyten in negativ geladene Sauerstoffionen gemäß der Gleichung (6.10) überführt.

$$O_2 + 4e \leftrightarrow 2O^{2-} \tag{6.10}$$

Sie durchqueren unter dem Einfluss des elektrischen Feldes den Elektrolyten bis zur Anode, an der sich der chemische Prozess umkehrt, womit Sauerstoffmoleküle in die Umgebung entweichen. In einem begrenzten Bereich, der als Beispiel im Diagramm nach Bild 6-12 dargestellt ist, ist der Transportstrom proportional zur Sauerstoffkonzentration des Messgases. Der Sensor benötigt Temperaturen oberhalb von 400 °C [13]; [16]; [21].

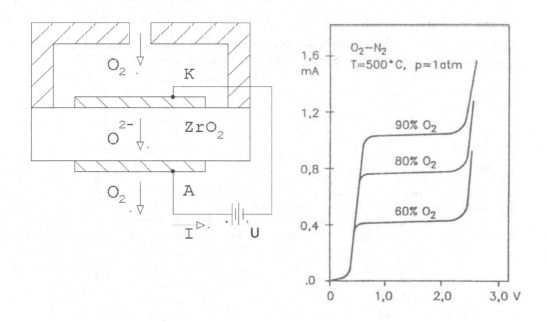

**Bild 6-12** Aufbau und Strom-Spannungs-Kennlinie der Sauerstoffpumpe (Fujikura-$O_2$-Sensor) [21]

### ■ Aufgabe

Es ist die im Bild 6-12 dargestellte Abhängigkeit der Sauerstoffpumpe für Sauerstoffkonzentrationen von 60, 70, 80 und 90 % zu simulieren. Dabei gilt es, dieses Kennlinienfeld $I = f(U)$ mit der Sauerstoffkonzentration als Parameter zumindest näherungweise mit einer Gleichung zu beschreiben und in eine PSPICE-Analyse zu überführen.

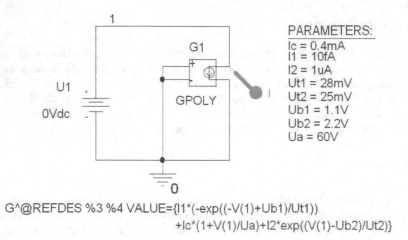

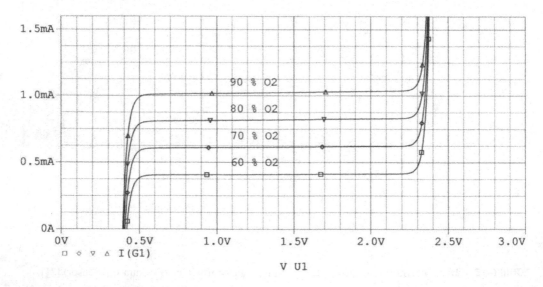

$$G\wedge@REFDES \%3 \%4 \ VALUE=\{I1*(-exp((-V(1)+Ub1)/Ut1))$$
$$+Ic*(1+V(1)/Ua)+I2*exp((V(1)-Ub2)/Ut2)\}$$

**Bild 6-13** Schaltung zur Nachbildung der Kennlinien der Sauerstoffpumpe

## Lösung

Eine näherungsweise Nachbildung dieser Strom-Spannungs-Kennlinien kann mit der Verwendung einer spannungsgesteuerten Stromquelle *GPOLY* erreicht werden, s. Bild 6-13.

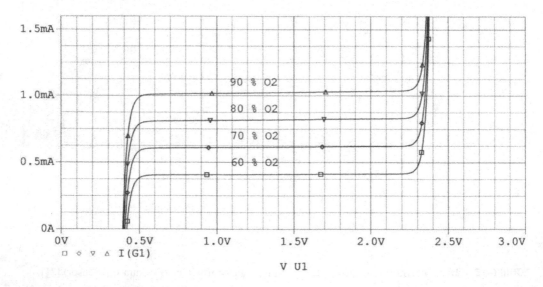

**Bild 6-14** Kennlinienfeld des Sauerstoffsensors

Der Spannungseingang dieser Quelle wird kurzgeschlossen und nach einem Doppelklick auf $G_1$ kann unter *Template* mit dem Wert *VALUE* die im Bild 6-13 gezeigte Gleichung eingetragen werden. Mit dem Strom $I_c$ als Parameter wird im Wesentlichen die Höhe der Sauerstoffkonzentration festgelegt. Dabei wird der leichte Kennlinienanstieg über die Spannung $U_a$ bewirkt. Der bei den höheren Spannungen $U_1 > 2$ V einsetzende durchbruchartige Anstieg wird über eine Exponenzialfunktion mit den Kenngrößen $I_2$, $U_{b2}$ und $U_{t2}$ realisiert. Mit einer weiteren Exponenzialfunktion wird mit den Kenngrößen $I_1$, $U_{b1}$ und $U_{t1}$ auch der starke Abfall des Stromes, der bei Spannungen unterhalb von 0,5 V auftritt, angenähert.

Die Analyse kann im Einzelnen wie folgt vorgenommen werden:

Auszuwählen ist die Analyseart *DC Sweep*, *Voltage Source*: U1, *Start*: 0, *End*: 0.4, *Increment*: 10m, *Parametric Sweep*, *Global Parameter*: Ic, *Linear*, *Start*: 0.4m, *End*: 1m, *Increment*: 0.2m.

Der im Analyseergebnis von Bild 6-14 dargestellte Strom $I_{G1}$ ist bei 0,4 V $< U <$ 2,3 V der Sauerstoffkonzentration proportional.

# 6.5 Lambda-Sonden

## 6.5.1 Lambda-Sonde als Spannungsquelle

### 6.5.1.1 Aufbau

Diese bei Ottomotoren eingesetzte Sonde dient dazu, die Luftzahl $\lambda$ gegen 1 zu regeln. Dabei ist $\lambda$ der Quotient aus zugeführter Luftmenge zum theoretischen Luftbedarf. Wird dem Motor gerade so viel Luftsauerstoff zugeführt, dass der Kraftstoff vollständig verbrennt, dann ist die Luftzahl $\lambda = 1$.

Das Bild 6-15 zeigt den prinzipiellen Aufbau der Lambda-Sonde. Die dargestellte Zirkondioxid-Membran ist beidseitig mit Platinschichten versehen, die als Katalysator wirken und ferner als Elektroden die Abnahme der elektrischen Spannung $U$ gewährleisten. Die äußere Platinelektrode wird dem an der Membran vorbeigeleiteten Abgas ausgesetzt und die innere kommt mit dem Bezugsgas (i. a. Luft) in Berührung [16], [17], [21].

Bei Temperaturen oberhalb 400 °C wird der $ZrO_2$-Festkörperelektrolyt für zweiwertige Sauerstoffionen leitfähig und je nach der Höhe des Sauerstoff-Partialdrucks auf der Innen- und Außenseite der Membran entsteht die Potenzialdifferenz $U$ gemäß der Gl. (6.9).

Sobald die Luftzahl auf Werte $\lambda$ gegen 1 zunimmt, steigt der von der Katalysatorwirkung der Platinschicht beeinflusste Sauerstoffpartialdruck $p_1$ sehr steil an, womit es zu einem starken Abfall der von der Lambda-Sonde erzeugten Spannung $U_2$ kommt, s. Bild 6-15.

Das Spannungssprungsignal wird von einem elektronischen Steuergerät zur optimalen Einstellung des Luft-Kraftstoff-Gemischs ausgewertet, um die Schadstoffemission zu verringern.

### 6.5.1.2 Simulation der Kennlinie

In Bild 6-15 gilt die Abhängigkeit $U_1 = f(\lambda)$ für eine katalytisch nicht aktive Elektrode und $U_2 = f(\lambda)$ für die vom Platin-Katalysator beeinflusste abgasseitige Elektrode [17].

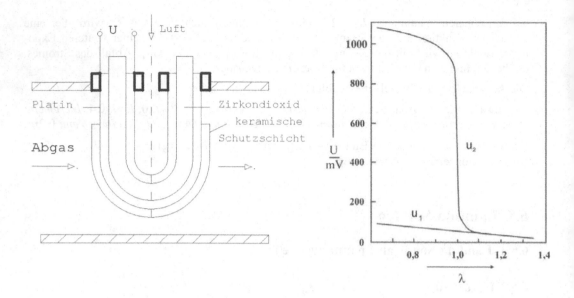

**Bild 6-15**  Prinzipdarstellung der Lambda-Sonde und Abhängigkeit der Sondenspannungen bei 500 °C
von der Luftzahl nach [17]

■ **Aufgaben**

**1.)** Es ist eine Schaltung anzugeben, mit der die Gerade $U_1$ = f($\lambda$) des Bildes 6-15 simuliert
werden kann. Die Gerade soll die Wertepaare $U_{1a}$ = 59 mV bei $\lambda$ = 0,6 und $U_{1b}$ = 41 mV bei $\lambda$ =
1,1 erfüllen.

**2.)** Die Kennlinie $U_2$ = f($\lambda$) der Lambda-Sonde nach Bild 6-15 ist bei Verwendung von mehreren Wertepaaren mit einer Tabellenfunktion anzunähern.

**Lösung zu 1.)**

Zum Ziel führt der Ansatz:

$$U_1 = m \cdot \lambda + b \tag{6.11}$$

Aus der Geradengleichung erhält man die negative Steigung $m$ = -118 mV und den Summan-
den $b$ = 170,8 mV.

Die Gl. (6.11) wird bei der Gleichstromquelle $U_1$ in geschweifte Klammern gesetzt und anstelle
des Standardwertes 1 V verwendet. Über die Bibliothek *Special* werden unter *PARAMETERS*
die Werte für $m$ und $b$ eingetragen. Die Variable *LAMBDA* erhält einen beliebigen Zahlenwert,
der von der Parameteranweisung aufgehoben wird. Anzuwenden ist die Analyse *DC Sweep* mit
*Global Parameter*, *Parameter Name*: LAMBDA, *Start Value*: 0.6, *End Value*: 1.4, *Increment*:
10u, s. Bild 6-16a.

Das Analyseergebnis erscheint im Bild 6-17.

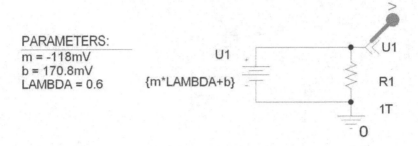

PARAMETERS:
m = -118mV
b = 170.8mV
LAMBDA = 0.6

{m*LAMBDA+b}

**Bild 6-16a** Schaltung zur Simulation der Sondenspannung

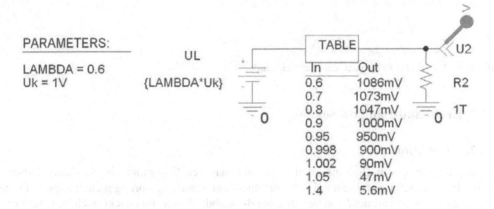

PARAMETERS:

LAMBDA = 0.6
Uk = 1V

{LAMBDA*Uk}

| TABLE In | Out |
|---|---|
| 0.6 | 1086mV |
| 0.7 | 1073mV |
| 0.8 | 1047mV |
| 0.9 | 1000mV |
| 0.95 | 950mV |
| 0.998 | 900mV |
| 1.002 | 90mV |
| 1.05 | 47mV |
| 1.4 | 5.6mV |

**Bild 6-16b** Tabellenfunktion zur Simulation der Sondenspannung

**Lösung zu 2.)**

Aus der *ABM*-Bibliothek wird die Tabellenfunktion *TABLE* aufgerufen. An den Eingang ist eine Spannungsquelle $U_L$ anzulegen, die mit der Luftzahl verknüpft wird. Es erscheinen standardmäßig fünf Wertepaare für den Eingang und den Ausgang der Tabelle. Weitere Wertepaare können unter *Template* durch Kopieren hinzugefügt werden.

Im Beispiel werden dem Diagramm von Bild 6-15 für neun charakteristische Werte der Luftzahl *LAMBDA* die dazugehörigen Spannungswerte von $U_2$ entnommen und in die Tabelle eingetragen, s. Bild 6-16b. Die Analyseschritte entsprechen den zuvor genannten. Die simulierte Kennlinie wird im Bild 6-17 wiedergegeben. Während der Verlauf $U_1 = f(\lambda)$ der Darstellung in Bild 6-15 entspricht, wird für $U_2 = f(\lambda)$ nur eine schrittweise lineare Näherung erreicht. Immerhin wird der Spannungssprung von $U_2$ verdeutlicht, der einsetzt, sobald die Luftzahl von Bereichen fehlenden Sauerstoffs ($\lambda < 1$) auf den Wert $\lambda \approx 1$ geregelt wird. Aus der Gl. (6.9) folgen mit $p_2 = 0{,}21$ für Luft die in [17] angegebenen Werte des Sauerstoff-Partialdrucks $p_1$ im thermodynamischen Gleichgewicht mit $p_1 = 1.9 \cdot 10^{-27}$ für $\lambda = 0{,}9$ sowie mit $p_1 = 1{,}8 \cdot 10^{-2}$ für $\lambda = 1{,}1$.

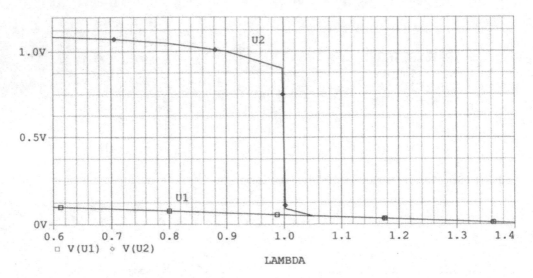

**Bild 6-17** Simulierte Kennlinien der Lambda-Sonde.

## 6.5.2 Breitband-Lambda-Sonde

### 6.5.2.1 Funktion

Für die Regelung von Dieselmotoren sowie der mageren Ottmotoren ist die Lambda-Sonde nach Abschnitt 6.5.1 mit ihrem bei $\lambda \approx 1$ erfolgendem Spannungssprung nicht geeignet. Dieses Einsatzgebiet wird vielmehr von der Breitband-Lambda-Sonde abgedeckt, welche eine durchgehende Auswertung von $\lambda < 1$ (fett) über $\lambda = 1$ (stöchiometrischer Punkt) zu $\lambda > 1$ (mager) gewährleistet [24]. Diese Sonde enthält eine Nernst-Zelle und eine Pumpzelle s. Bild 6-18b sowie einen integrierten Heizer. Je nach der Sauerstoffkonzentration in der Messzelle erfolgt eine Diffusion über den Diffusionskanal DK. Über das Motorsteuergerät wird der Pumpstrom $I_p$ solange geregelt, bis die Spannung an den Elektroden wieder den Wert $U = 0,45$ V erreicht. Dabei ist der Pumpstrom ein Maß für die Luftzahl $\lambda$.

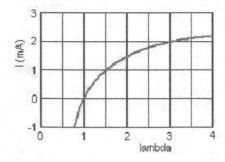

**Bild 6-18a** Kennlinnie der Breitband-Lambda-Sonde nach [25]

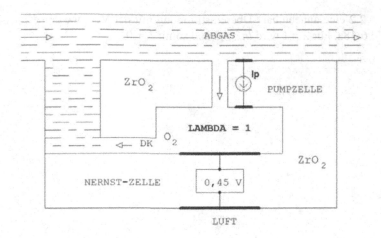

**Bild 6-18b** Prinzipdarstellung zum Aufbau der Breitband-Lambda-Sonde

## 6.5.2.2 Simulation der Kennlinie

■ **Aufgabe**

Es ist eine Schaltung anzugeben, mit der die Kennlinie von Bild 6-18a simuliert werden kann.

**Lösung**

Die Abhängigkeit $I_p = f(\lambda)$ wird mit der folgenden Gleichung beschrieben:

$$I_p = \left(1 + \frac{z}{\lambda}\right) \cdot 1mA \cdot \ln \lambda \qquad (6.12)$$

In der Schaltung von Bild 6-19 ist der Wert der Stromquelle $I_p$ durch die in geschweifte Klammern gesetzte Gleichung (6.12) zu erfassen.

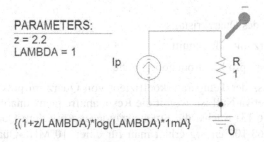

**Bild 6-19** Schaltung zur Simulation des Pumpstromes bei der Breitband-Lambda-Sonde

Die Analyse erfolgt mit *DC Sweep, Global Parameter, Parameter Name*: LAMBDA, *Start Value*: 0.7, *End Value*: 4, *Increment 10m*. Das Diagramm nach Bild 6-20 zeigt mit dem Anpas-

sungswert $z = 2{,}2$ eine annehmbare Übereinstimmung mit der Vorgabe der gemessenen Kennlinie von Bild 6-18a. Für $\lambda = 1$ wird $ln\lambda = 0$ und somit $I_p = 0$.

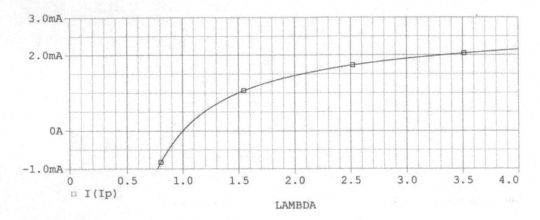

**Bild 6-20**  Pumpstrom als Funktion der Luftzahl

## 6.6 Quarzmikrowaage

Die Quarzmikrowaage (Quartz Crystal Microbalance: QCM) wurde als masseempfindlicher
Sensor zunächst in Bedampfungsanlagen eingesetzt .Die Wirkungsweise dieses Sensors beruht
darauf, dass sich die Resonanzfrequenz eines Schwingquarzes verringert, wenn auf seiner Kristalloberfläche eine dünne, starre Fremdschicht unter Vakuum oder in Luft angelagert wird.
Ausgehend von den Untersuchungen nach Sauerbrey [38] ergibt sich ein linearer Zusammenhang zwischen einer homogenen Massebeladung $\Delta m$ und der resultierenden Frequenzänderung
$\Delta f$. In zusammengefasster Form wird:

$$\Delta f = -c_Q \cdot f^2_Q \cdot \frac{\Delta m}{A} \tag{6.13}$$

Dabei bedeuten:

$f_Q$   Resonanzfrequenz des Quarzkristalls

$c_Q$   Konstante für Quarz mit AT-Schnitt

$\Delta m/A$  angelagerte Masse pro Elektrodenoberfläche

Bemerkenswert ist, dass der Temperaturkoeffizient von Quarz im praktisch bedeutsamen Bereich von 0 bis 50° C etwa Null ist, womit die Resonanzfrequenz unabhängig von der Temperatur wird. Nach Gl. (6.13) wächst die Frequenzänderung mit dem Quadrat der Resonanzfrequenz. Mit $c_Q = 2{,}263 \cdot 10^{-6}$ cm²s/g erhält man für einen 10 MHz-Quarz mit AT-Schnitt bei
$\Delta m/A = 4{,}4$ ng/cm² die Frequenzänderung $\Delta f = -1$ Hz. Die gleiche $\Delta f$-Verschiebung ergibt sich
bei einem 5 MHz-Quarz erst bei der Anlagerung von 17,7 ng/cm².

Das Bild 6-21 zeigt den Aufbau des Quarzkristalls mit den auf der Ober- und Unterseite aufge-
dampften Metallelektroden (Gold, Platin), an die eine Wechselspannung angelegt wird.

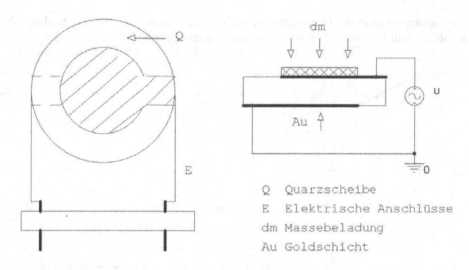

**Bild 6-21** Aufbau des Schwingquarzes und Darstellung einer Massebeladung

■ **Aufgabe**

Für einen 10 MHz-Schwingquarz ist die Frequenzänderung $\Delta f$ als Funktion einer zusätzlichen Beladung $y = \Delta m / A$ von 0 bis 10 µg/cm² darzustellen.

**Lösung**

Diese Aufgabe ist mit der Schaltung nach Bild 6-22 über die folgenden Analyseschritte lösbar: *Primary Sweep, DC Sweep, Global Parameter, Parameter Name*: y, *Start Value*. 0, *End Value*: 10u, *Increment*: 0.01n. Bei *PARAMETERS* sind die zuvor angegebenen Kenngrößen einzutragen.

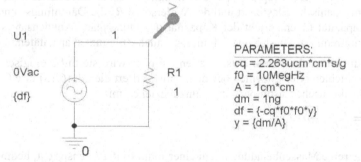

**Bild 6-22** Schaltung zur Darstellung der Frequenzänderung bei einer Massebeladung

Das Anayseergebnis von Bild 6-23 zeigt, wie sich die Resonanzfrequenz nach Gl. (6.13) linear verringert, wenn die Beladung der Kristalloberfläche erhöht wird. Dieses Resultat ergibt sich jedoch nur dann, wenn die angelagerte Masse sehr viel kleiner als die Gesamtmasse ist. Die

Massensensitivität ist in der Quarzmitte am größten und nimmt zum Scheibenrand hin ab. Ein derartiger Verlauf kann näherungsweise mit einer Gaußverteilung beschrieben werden.

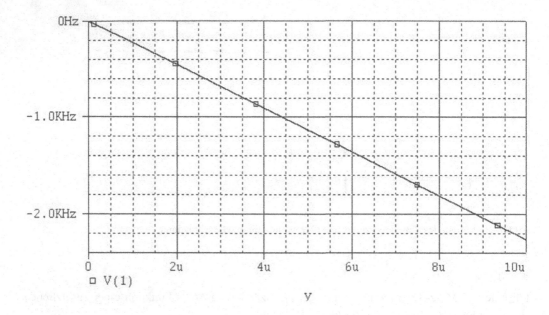

**Bild 6-23** Frequenzverringerung des 10 MHz-Quarzes bei Anlagerung einer starren Fremdschicht

Im Bild 6-24 ist die elektrische Ersatzschaltung eines Schwingquarzes mit angelegter Eingangswechselspannung dargestellt. Für den ursprünglichen, unbeladenen 10 MHz-Quarz werden die Ersatzelemente mit den folgenden Werte vorgegeben : $L_Q = 25{,}33$ mH, $C_Q = 10$ fF, $R_Q = 65\ \Omega$ und $C_0 = 5$ pF. Dabei repräsentiert die Induktivität $L_Q$ die mechanische Masse, die Kapazität $C_Q$ die mechanische Elastizität und der Widerstand $R_Q$ die Dämpfungs- und Reibungsverluste. Die Kapazität $C_0$ entspricht der Kapazität des Quarzplattenkondensators außerhalb der Serienresonanzfrequenz. Diese Kapazität umfasst auch Zuleitungskapazitäten.

Wirken auf die Quarzoberfläche Flüssigkeiten ein oder wird sie mit biologischen Komponenten wie Zellschichten oder Enzymen beladen, dann verliert die Gl. (6.13) ihre Gültigkeit. Es ist vielmehr eine akustische Lastimpedanz $Z_L$ einzubeziehen mit:

$$Z_L = R_L \cdot j\omega \cdot L_1 \tag{6.14}$$

Während eine reine Massenbeladung allein einer Induktivität $L_L$ enspricht, bedingt eine viskose Flüssigkeit, dass sowohl ein Widerstand $R_L$ als auch eine Induktivität $L_L$ zu berücksichtigen sind. Der Beladungswiderstand $R_L$ vergrößert wegen $R = R_Q + R_L$ vor allem die Dämpfung und die Beladungsinduktivität $L_L$ verringert über $L = L_Q + L_L$ die Resonanzfrequenzen. Für unterschiedliche Beladungen des Quarzes mit dünnen, starren Massen oder mit wässerigen Flüssigkeiten bzw. mit viskoelastischen Schichten werden in [39] Gleichungen angegeben und beim Einsatz der Quarzmikrowaage als biologischer Sensor erprobt.

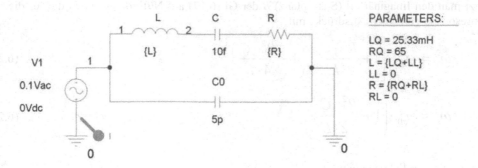

**Bild 6-24** Elektrische Ersatzschaltung des 10 MHz-Schwingquarzes

Bei vernachlässigbarer Dämpfung, d. h. für $R \to 0$ erhält man die Kreisfrequenzen für die Serien- bzw. Parallelresonanz zu:

$$\omega_{S0} = \frac{1}{\sqrt{L \cdot C}} \tag{6.15}$$

$$\omega_{P0} = \omega_{S0} \cdot \sqrt{1 + \frac{C}{C_0}} \tag{6.16}$$

Daraus folgen mit den o. g. Werten der Ersatzelemente die Resonanzfrequenzen $f_{s0}$ = 10,00005841 MHz sowie $f_{p0}$ = 10,01005347 MHz.

Die Admittanz $Y = G + jB$ der Schaltung nach Bild 6-24 ist:

$$Y = \frac{R}{R^2 + X^2} + j\left(\omega \cdot C_0 - \frac{X}{R^2 + X^2}\right) \tag{6.17}$$

wobei

$$X = \omega \cdot L - \frac{1}{\omega \cdot C} . \tag{6.18}$$

Aus der Gl. (6.17) geht hervor, dass der Realteil (Konduktanz) bei der Frequenz $\omega_{s0}$ den Höchstwert $G_{max} = 1/R = 1/(R_Q + R_L)$ erreicht. Vergleicht man diese Kenngröße des beladenen Quarzes mit der maximalen Konduktanz $1/R_Q$ des unbeladenen Quarzes, dann kann man auf die Beschaffenheit der aufgebrachten Schicht schließen.

Die Güte erhält man mit

$$Q = \frac{1}{R} \cdot \sqrt{\frac{L}{C}} \tag{6.19}$$

Für den unbeladenen Quarz mit $R = R_Q = 65\ \Omega$ ist $Q = 24485$.

Setzt man den Imaginärteil (Suszeptanz) $B$ der Gl (6.17) auf Null, dann folgen die für die Serienresonanz geltenden Ausdrücke mit:

$$\omega_S^2 = \omega_{S0}^2 \cdot \left[ 1 + \frac{R^2 \cdot C_0}{L} \cdot \left( 1 - \frac{R^2 \cdot C}{4 \cdot L} \right) \right] \tag{6.20}$$

$$\omega_s \approx \omega_{s0} \cdot \left( 1 + \frac{R^2 \cdot C_0}{2 \cdot L} \right) \tag{6.21}$$

und für die Parallelresonanz:

$$\omega_p^2 = \omega_{s0}^2 \cdot \left[ 1 - \frac{R^2 \cdot C_0}{L} \cdot \left( 1 - \frac{R^2 \cdot C}{4 \cdot L} \right) + \frac{C}{C_0} - \frac{R^2 \cdot C}{L} \right] \tag{6.22}$$

$$\omega_p \approx \omega_{s0} \cdot \left( 1 - \frac{R^2 \cdot C_0}{2 \cdot L} + \frac{C}{2 \cdot C_0} \right) \tag{6.23}$$

Die Frequenzen $f_s$ bzw. $f_p$ aus den Gln. (6.21) bzw. (6.23), die für die verschwindende Suszeptanz, d. h. für den Phasen-Nulldurchgang definiert sind, fallen insbesondere bei höheren Dämpfungswiderständen nicht mehr mit denjenigen Resonanzfrequenzen $f_{Ymax}$ bzw. $f_{Ymin}$ zusammen, bei denen der Betrag der Admittanz seinen Höchst- bzw. Tiefstwert erreicht. Differenziert man $|Y|^2$ aus Gl. (6.17) folgend gemäß [40] nach $X$ und setzt das Ergebnis auf Null, dann erhält man:

$$\omega_{y\,max}^2 = \omega_{s0}^2 \cdot \frac{1}{1 + \dfrac{R^2 \cdot C_0}{L}} \tag{6.24}$$

$$\omega_{y\,max} \approx \omega_{s0} \cdot \left( 1 - \frac{R^2 \cdot C_0}{2 \cdot L} \right) \tag{6.25}$$

sowie

$$\omega_{y\,min}^2 = \omega_{s0}^2 \cdot \frac{1 + \dfrac{C}{C_0}}{1 - \dfrac{R^2 \cdot C_0}{L}} \tag{6.26}$$

und

$$\omega_{y\,min} \approx \omega_{s0} \cdot \left( 1 - \frac{R^2 \cdot C_0}{2 \cdot L} + \frac{C}{2 \cdot C_0} \right) \tag{6.27}$$

## ■ Aufgabe

Für die Ersatzschaltung nach Bild 6-24 sind die Frequenzverläufe der Konduktanz $G$ und der Suszeptanz $B$ im Bereich von 9,996 MHz bis 10,004 MHz zu analysieren. Dabei ist der Dämpfungswiderstand $R$ mit 65 $\Omega$ und 500 $\Omega$ zu variieren. Die übrigen Werte der Ersatzelemente entsprechen denjenigen des unbeladenen Quarzes.

## Lösung

Die Analyse *AC Sweep, Linear, Start Frequency*: 9.996Meg, *End Frequency*: 10.004Meg, *Total Points*: 500, *Parametric, Value List*: 65, 500 führt zum Bild 6-25 und lässt die Auswirkung einer erhöhten Dämpfung erkennen. Gemäß Gl. (6.17) werden bei der Frequenz $f_{s0}$ die Höchstwerte der Konduktanz mit $G_{Qmax} = 1/65\ \Omega = 15{,}3846$ mS bzw. mit $G_{max} = 1/500\ \Omega = 2$ mS erreicht.

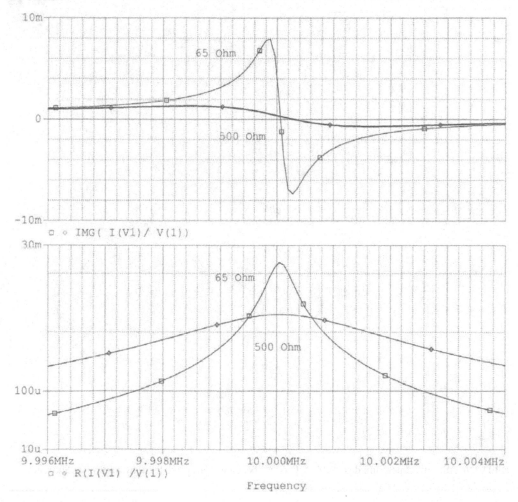

**Bild 6-25** Frequenzabhängigkeit von Suszeptanz und Konduktanz bei unterschiedlichen Widerständen

■ **Aufgabe**

Für die Ersatzschaltung nach Bild 6-24 sind die Frequenzverläufe der Admittanzen nach Betrag und Phase mit den folgenden Variationen zu analysieren:

a)  $L = 25,33$ mH und 25,40 mH

b)  $R = 65\ \Omega$ und 500 $\Omega$.

**Lösung**

Die Analyse entspricht derjenigen des vorangegangenen Beispiels. Gegenüber dem unbeladenen Quarz verringert die wirksame Beladungsinduktivität $L_L = L - L_Q = 70\ \mu$H die Resonanzfrequenzen, s. Bild 6-26. Im Bild 6-27 wird sichtbar, wie der Beladungswiderstand $R_L = R - R_Q$ = 500 $\Omega$ − 65 $\Omega$ = 435 $\Omega$ die Frequenzverläufe von Betrag und Phase der Admittanz verflacht. Nach Gl. (6.19) verringern sich dadurch die Gütewerte von Q = 24485 auf 3183.

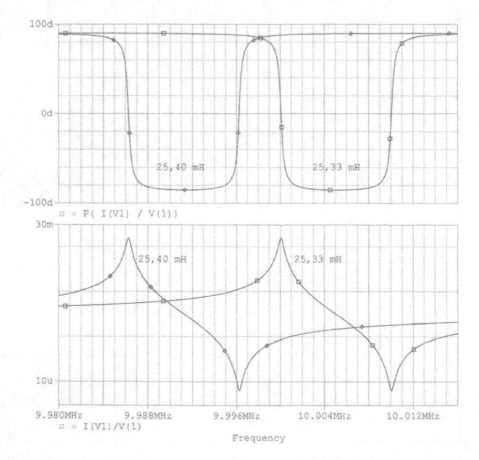

**Bild 6-26** Admittanzspektrum des 10 MHz-Quarzes bei einer Variation der Schwingkreisinduktivität

Während der Realteil der Admittanz $Y$ im Resonanzfall allein vom Beladungswiderstand $R = R_Q + R_L$ abhängt, s. Gl. (6.17) und Bild 6-25, wird der Betrag der Admittanz, s. Bild 6-27 nicht nur von diesem Widerstand, sondern auch von den übrigen Ersatzelementen mit bestimmt. Die Wirkung einer reinen Massebeladung ist daher besser gemäß Bild 6-25 auszuwerten.

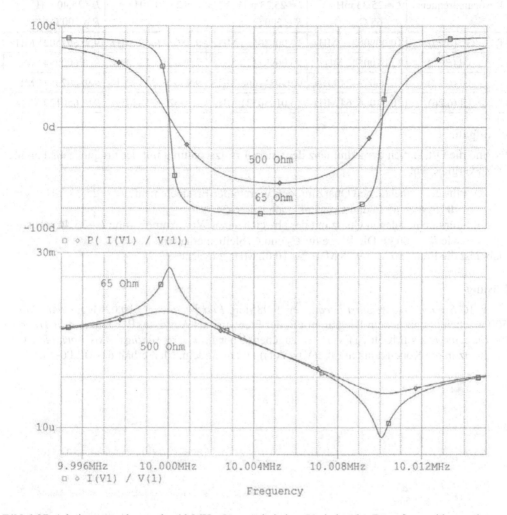

**Bild 6-27** Admittanzzspektrum des 10 MHz-Quarzes bei einer Variation des Dämpfungswiderstandes

Die Tabelle 6.2 zeigt, wie sich Erhöhungen der Induktivität $L$ und / oder des Dämpfungswiderstandes $R$ auf die vier Resonanzfrequenzen auswirken. Bei dieser Untersuchung bleiben die Schwingkreiskapazität $C = 10$ fF und die Parallelkapaziät $C_0 = 5$ pF konstant. Für den unbeladenen Quarz folgen zunächst die Relationen $f_{Ymax} < f_s$ und $f_{Ymin} > f_p$.

Wird die Induktivität bei konstantem Dämpfungswiderstand erhöht, dann werden sämtliche Resonanzfrequenzen erwartungsgemäß verringert und wenn $R$ bei konstantem $L$ vergrößert wird, sinken ebenfalls alle vier Resonanzfrequenzen ab. Dieser Fall tritt verstärkt ein, wenn sowohl $L$ als auch $R$ höhere Werte erhalten.

**Tabelle 6.2** Resonanzfrequenzen bei Variationen der Induktivität und des Dämpfungswiderstandes

| Resonanzfrequenz | $L = 25,33$ mH $R = 65\ \Omega$ | $L = 25,33$ mH $R = 500\ \Omega$ | $L = 25,40$ mH $R = 65\ \Omega$ | $L = 25,40$ mH $R = 500\ \Omega$ |
|---|---|---|---|---|
| $f_s$    Gl. (6.20) | 10,00006258 MHz | 10,00030515 MHz | 9,986273449 MHz | 9,986515021 MHz |
| $f_p$    Gl.(6.22) | 10,0100543 MHz | 10,00981172 MHz | 9,996251413 MHz | 9,99600984 MHz |
| $f_{Ymax}$  Gl.(6.24) | 10,00005424 MHz | 9,999811666 MHz | 9,986265143 MHz | 9,986023571 MHz |
| $f_{Ymin}$  Gl.(6.26) | 10,01006264 MHz | 10,01030521 MHz | 9,996259718 MHz | 9,99650129 MHz |

■ **Aufgabe**

Es sind die Ortskurven der Admittanz der Quarz-Ersatzschaltung mit der Frequenz als Parameter zu vergleichen:

a)  für den unbeladenen Quarz mit den Werten der Ersatzelemente $L_Q = 25{,}33$ mH, $C_Q = 10$ fF, $R_Q = 65\ \Omega$ und $C_0 = 5$ pF nach Bild 6-24.

b)  für den beladenen Quarz mit der abweichenden Wertekombination $L = 25{,}40$ mH sowie $R = 500\ \Omega$. Die Werte für $C_Q$ und $C_0$ bleiben erhalten.

Dabei ist die Frequenz von 9,98 MHz bis 10,02 MHz zu variieren.

**Lösung**

Über *AC Sweep, Linear, Start Frequency*: 9.98Meg, *End Frequency*: 10.02Meg, *Total Points*: 500 erscheint zunächst ein Diagramm mit der Frequenz als Abszisse. Bei *Trace, Add Trace* ist die *Suszeptanz* als IMG(I(V1)/V(1)) einzugeben. Über *Plot, Axis settings, Axis Variable* ist die Frequenz in die Konduktanz mit R(I(V1)/V(1)) umzuwandeln. Man erhält das Bild 6-28.

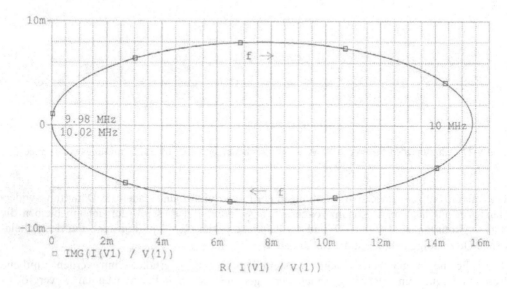

**Bild 6-28** Ortskurve der Admittanz des unbeladenen Schwingquarzes

Da der Dämpfungswert mit $R_Q = 65\ \Omega$ verhältnismäßig klein ist, erscheint das Konduktanzmaximum annähernd bei der Frequenz, bei welcher der Imaginärteil verschwindet. Dennoch ist zu erkennen, dass der kapazitive Teil der Ortskurve nicht genau spiegelbildlich zum induktiven Teil verläuft. Dieses Verhalten ist noch wesentlich deutlicher beim beladenen Quarz ausgeprägt. Die Frequenz für maximale Konduktanz unterscheidet sich merklich von der Frequenz für verschwindende Suszeptanz s. Bild 6-29. In ähnlicher Weise wie die gezeigten Imaginärteil-Realteil-Ortskurven der Admittanz mit der Frequenz als Parameter lassen sich auch die Phasenwinkel-Betrag-Ortskurven darstellen.

Bei *Trace*, *Add Trace* ist P(I(V1)/V(1)) einzutragen und über *Plot*, *Axis settings*, *Axis Variable* ist die Frequenz durch den Betrag I(V1)/V(1) zu ersetzen.

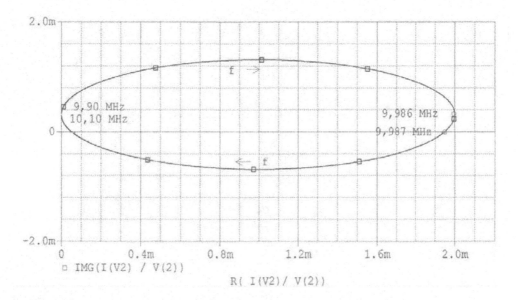

**Bild 6-29** Ortskurve der Admittanz des beladenen Schwingquarzes

In der Schaltung nach Bild 6-30 ist der 10 MHz-Schwingquarz ein Bestandteil des PIERCE-Oszillators nach Bild 6-30. In dieser Schaltung stellt der CMOS- Inverter aus dem Array HEF 4007 das aktive Element dar. Die Anreicherungs- MOSFET dieses Bausteins können über die *Break*-Bauelemente wie folgt modelliert werden:

.model Mn NMOS KP=30u W=100u L=5u LAMBDA=10m VTO=1

.model Mp PMOS KP=15u W=200u L=5u LAMBDA=10m VTO=-1

Der hochohmige Widerstand $R_{gd}$ verbindet den Invertereingang mit dessen Ausgang, so dass der Arbeitspunkt in der Mitte der Übertragungskennlinie liegt und sich somit die Sinusschwingungen auf der halben Höhe der Betriebsspannung entfalten.

Für die Resonanzfrequenz gilt:

$$f_0 = f_{s0} \cdot \sqrt{1 + \frac{C}{C_0 + C_L}} \qquad (6.28)$$

mit

$$C_L = \frac{C_g \cdot C_d}{C_g + C_d} \qquad (6.29)$$

Man erhält für den unbeladenen Quarz die Resonanzfrequenz $f_0$ = 10,0692 MHz.

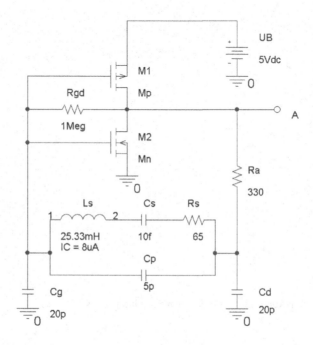

**Bild 6-30** PIERCE-Oszillator mit Schwingquarz und CMOS-Inverter

**■Aufgabe**

Es ist die Schaltung des Quarzoszillators nach Bild 6-30 für den Zeitraum 899 µs bis 900 µs zu analysieren.

**Lösung**

Das Anschwingen wird erst mit dem Setzen der Anfangsbedingung $IC$ = 8uA bei der Schwing-kreisinduktivität $L_s$ erreicht.

Die Analyse *Time Domain* (*Transient*) führt nach der beträchtlich großen Einschwingzeit über *Run to time*: 899us, *Start*: 900us, *Maximum Step Size*: 1ns zum Ergebnis nach Bild 6-31. Über die Fourieranalyse wird die Frequenz der Sinusschwingungen (lediglich als Näherung zu Gl.

(6.28)) mit $f_0 \approx 10$ MHz ausgewiesen. Die Spannungsamplitude der Sinusschwingungen von Spitze zu Spitze beträgt $U_{ss} = 5$ V.

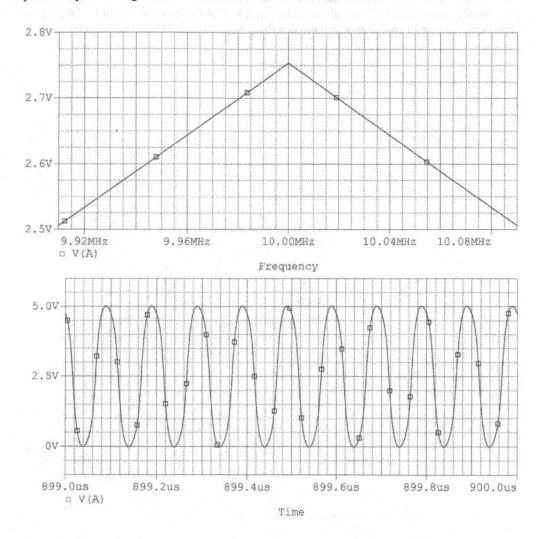

**Bild 6-31** Sinusschwingungen des PIERCE-Oszillators nebst Nachweis der Schwingfrequenz

Nachfolgend soll mit einem Demonstrationsbeispiel gezeigt werden, wie sich die zuvor diskutierten Beladungen der Quarzoberfläche auf die Schwingungen des PIERCE-Oszillators auswirken. Dabei wird der in der Tabelle 6.2 angegebene Fall untersucht, für den sowohl die Induktivität als auch der Dämpfungswiderstand höhere Werte annehmen. Für eine derartige Auswertung kann wiederum die Oszillatorschaltung nach Bild 6-30 herangezogen werden.

■**Aufgabe**

Die Induktivität und der Widerstand der Quarz-Ersatzschaltung nach Bild 6-30 sind infolge einer kombinierten Beschichtung abzuwandeln in $L = 25{,}40$ mH und $R = 500\ \Omega$. Diese geänderte Schaltung ist zu analysieren und mit den Ergebnissen von Bild 6-31 zu vergleichen.

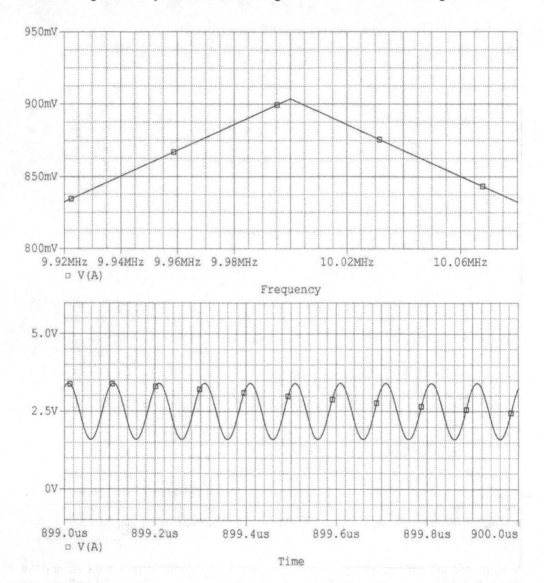

**Bild 6-32** Sinusschwingungen des PIERCE-Oszillators bei beladener Quarzoberfläche

**Lösung**

Die Analyseschritte entsprechen denen der vorangegangenen Aufgabe. Im Ergebnis von Bild 6-32 erkennt man, dass die Schwingungsamplitude für das gewählte Beispiel im Vergleich zum

Bild 6-31 auf $U_{ss}$ = 1,80 V abgesunken ist. Die Verringerung der Resonanzfrequenz kann mit dem Kursor jedoch nicht genau genug nachgewiesen werden.

Das Bild 6-33 zeigt eine Schaltung, mit der ein Schwingquarz von einer Impulsquelle kurzzeitig angeregt wird.

■ **Aufgabe**

Es sind die abklingenden Schwingungen der Schaltungen nach Bild 6-33 für den unbeladenen Quarz mit $R = R_Q = 65\ \Omega$ und für den beladenen Quarz mit $R = R_Q + R_L = 500\ \Omega$ im Zeitbereich von 0 bis 200 µs zu analysieren.

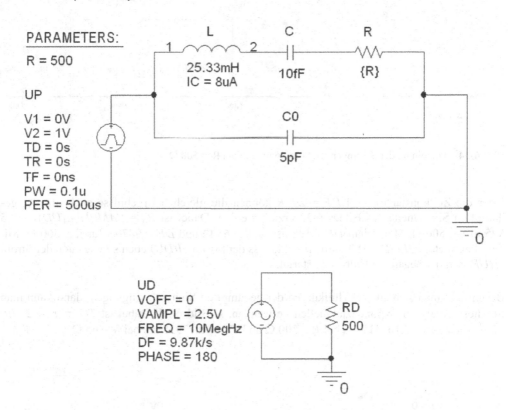

**Bild 6-33** Schaltungen zur Darstellung gedämpfter Schwingungen

**Lösung**

Mit der Analyse *Time Domain (Transient), Run to time*: 200us, *Start saving data after*: 0, *Maximum Step Size*: 1ns erhält man die abklingenden Stromschwingungen nach Bild 6-34, die sich über den vorgegebenen Zeitraum aber nicht mit noch unterscheidbaren Schwingungen darstellen lassen.

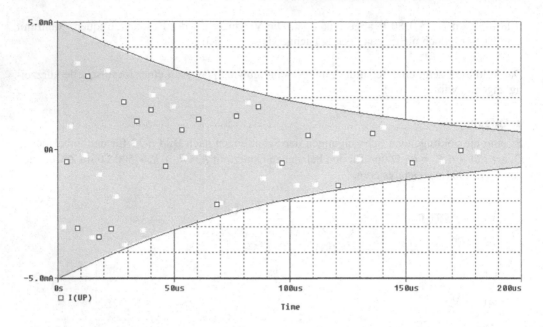

**Bild 6-34** Darstellung der abklingenden Schwingungen bei R = 500 Ω

Über die Zeitkonstante $\tau = 1/DF = 2 \cdot L/R$ können die gleichen Ergebnisse auch mit der gedämpften Sinusquelle des Bildes 6-33 erzielt werden. Dabei ist $R_D = VAMPL/(-I(UD)) = 2,5$ V/5 mA = 500 Ω. Man erhält $DF = 1280/s$ für $R = 65$ Ω und $DF = 9870/s$ für $R = 500$ Ω. Mit dem Parameter $PHASE = 180$ wird erreicht, dass der Strom $-I(DU)$ eben so wie auch der Strom $-I(UP)$ mit der negativen Halbwelle startet.

Beschränkt man sich auf die Hüllkurven der gedämpften Sinusschwingungen, dann kann man für diese Analysen Exponenzialquellen verwenden, s. Bild 6-35. Dabei ist $TC_2 = \tau = 2 \cdot L/R$. Man erhält $TC_2 = 0,101317$ ms bei $R = 500$ Ω und $TC_2 = 0,77938$ ms bei $R = 65$ Ω.

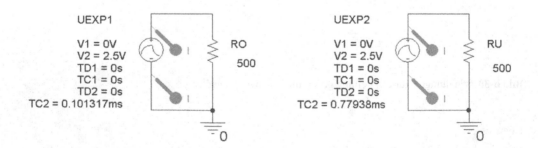

**Bild 6-35** Schaltungen zur Darstellung der Hüllkurven abklingender Sinusschwingungen

Bei dem durchgängigen Zeitverlauf des Bildes 6-36 wird der Einfluss unterschiedlicher Dämpfungswiderstände verdeutlicht. Die Teilergebnisse zu den Amplituden des Bildes 6-34 bei $R = 500\ \Omega$ werden bestätigt.

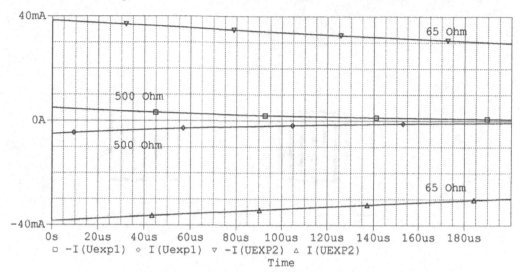

**Bild 6-36** Hüllkurven abklingender Schwingungen bei unterschiedlichen Dämpfungen

# 6.7 Oberflächenwellen-Verzögerungsleitung

## 6.7.1 Aufbau und Ersatzschaltung

Die Verzögerungsleitung nach Bild 6-37 besteht aus einem piezoelektrischen Substrat, auf das zu beiden Seiten Interdigitalwandler in Form kammartig ineinandergreifender metallischer Finger fotolithografisch aufgebracht sind. Zwischen den beiden Wandlern mit ihrer jeweiligen Länge $l_w$ befindet sich der Streckenabschnitt mit der Länge $l_s$, der als sensitive Laufstrecke ausgelegt werden kann. Legt man an den Eingangswandler eine sinusförmige elektrische Spannung an, dann werden über den inversen piezoelektrischen Effekt akustische Oberflächenwellen (Suface Acoustic Waves, SAW) angeregt. Erreichen diese Wellen den Ausgangswandler, dann werden sie durch den piezoelektrischen Effekt in ein elektrisches Signal zurückgewandelt. Da jeder Wandler nach beiden Seiten hin abstrahlt, kann bestenfalls die Hälfte der elektrischen Energie in akustische Energie umgewandelt werden. Reflexionen von Wellenanteilen an den seitlichen Kanten des Substrats können durch absorbierende Materialien eingedämmt werden. Dennoch entstehen weitere Verluste durch die Dämpfung entlang der Verzögerungsstrecke, durch Echosignale, Ausbildung von Volumenwellen sowie durch Fehlanpassungen am Eingang und Ausgang.

Da sich akustische Oberflächenwellen viel langsamer als elektromagnetische Wellen ausbreiten, lassen sich große Verzögerungszeiten $t_v$ erreichen. Es ist:

$$t_v = \frac{l}{v} \qquad\qquad (6.30)$$

Bei einer Länge $l = 3$ mm als Mittenabstand zwischen Eingangs- und Ausgangswandler wird mit der akustischen Ausbreitungsgeschwindigkeit $v \approx 3000$ m/s für Quarz mit ST-Schnitt die Verzögerungszeit von etwa einer Mikrosekunde erzielt.

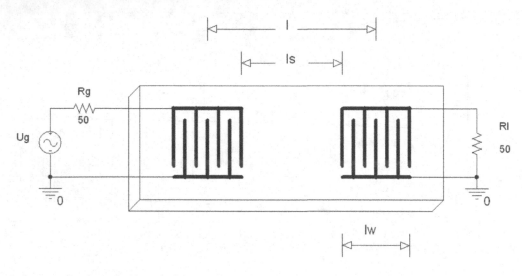

**Bild 6-37** Oberflächenwellen-Verzögerungsleitung

Interdigitalstrukturen mit gleich großen Fingerlängen wie im Bild 6-38 werden als ungewichtete bzw. uniforme Wandler bezeichnet Die Weite $W$ der Fingerüberlappung ist somit konstant. Die Anzahl der Fingerpaare $N_p$ variiert je nach der Anwendung und kann einige Hundert betragen. Die Größe von $N_p$ ergibt sich aus der geforderten Nullpunktsbandbreite $B_n$ (s. Bild 6-45) zu:

$$N_p = \frac{2}{B_n} \cdot f_0 \qquad (6.31)$$

Die Breite $b_f$ der Elektrodenfinger wird von der geforderten Wellenlänge $\lambda$ bestimmt. Es gilt:

$$b_f = \frac{\lambda}{4} \qquad (6.32)$$

Oftmals wird der Fingerabstand $a_f$ so groß wie die Fingerbreite $b_f$ gestaltet.

Die Synchronfrequenz folgt mit:

$$f_0 = \frac{v}{\lambda} \qquad (6.33)$$

Die Weite $W$ der Fingerüberlappung lässt sich nach [41] optimieren mit:

$$W = \frac{1}{R_{ein}} \cdot \frac{1}{2 \cdot f_0 \cdot C_f \cdot N_P} \cdot \frac{4 \cdot k^2 \cdot N_P}{\left(4 \cdot k^2 \cdot N_P\right)^2 + \pi^2} \qquad (6.34)$$

Dabei ist $C_f = 50{,}7$ pF/m die längenbezogene Fingerkapazität [42] und $k^2 = 0{,}16$ % der elektroakustische Kopplungsfaktor für Quarz mit ST-Schnitt.

Die Gesamtkapazität des Interdigitalwandlers ist:

$$C = C_f \cdot W \cdot N_P \tag{6.35}$$

Die Länge eines Wandlers folgt aus

$$l_W = 2 \cdot N_P \cdot \left(a_f + b_f\right) \tag{6.36}$$

damit wird der mittlere Abstand zwischen den Wandlern:

$$l = l_W + l_S \tag{6.37}$$

Die sensitive Länge $l_s$ kann mit Vielfachen $n$ der Wellenlänge $\lambda$ festgelegt werden:

$$l_S = n \cdot \lambda \tag{6.38}$$

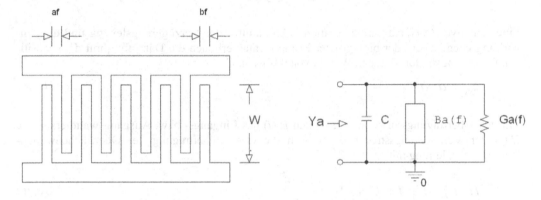

**Bild 6-38** Uniformer Interdigitalwandler nebst Ersatzschaltung

Die Strahlungskonduktanz Ga(f) wird durch eine sin(x)/x-Funktion bestimmt mit:

$$G_a(f) = G_0 \cdot \left|\frac{\sin(x)}{x}\right|^2 \tag{6.39}$$

dabei ist x die normierten Verstimmung gemäß:

$$x = N_p \cdot \pi \cdot \frac{(f - f_0)}{f_0} \tag{6.40}$$

Das Maximum der Strahlungskonduktanz beträgt:

$$G_a(f_0) = G_0 = 8 \cdot k^2 \cdot C \cdot f_0 \cdot N_p \tag{6.41}$$

Die Strahlungssuszeptanz $B_a(f)$ ist:

$$B_a(f) = G_0 \cdot \frac{\sin(2 \cdot x) - 2 \cdot x}{2 \cdot x^2} \tag{6.42}$$

Der komplexe Leitwert $Y$ des Interdigitalwandlers nach Bild 6-38 setzt sich aus der Admittanz $Y_a = G_a(f) + jB_a(f)$ und dem kapazitiven Blindleitwert $j\omega \cdot C$ zusammen:

$$Y = G_a(f) + j(B_a(f) + 2 \cdot \pi \cdot f \cdot C) = G_a(f) + jB(f) \tag{6.43}$$

Bei $f = f_0$ ist $B_a(f) = 0$ und somit $Y = G_a(f) + j\omega \cdot C$

Die Einfügedämpfung $a_v$ ist nach [41] :

$$a_v = -10 \cdot \log \frac{2 \cdot G_a(f) \cdot R_g}{\left(1 + G_a(f) \cdot R_g\right)^2 + \left[R_g \cdot (2 \cdot \pi \cdot f \cdot C + Ba(f))\right]^2} \tag{6.44}$$

Eine sensitive Beschichtung des mittleren Abschnittes der Verzögerungsleitung und die Einwirkung chemischer oder biologischer Komponenten erhöhen die Dämpfung mit dem sensitiven Dämpfungsfaktor $d$ (in den Werten von 0 bis 1) auf

$$a_{vs} = d \cdot a_v \tag{6.45}$$

Mit den Übertragungsfunktionen $H_1(f)$ und $H_2(f)$ des Eingangs- bzw. Ausgangswandlers sowie $H_v(f)$ der Verzögerungsstrecke ergibt sich die Gesamtübertragung der Oberflächenwellen-Verzögerungsleitung mit

$$H(f) = H_1(f) \cdot H_2(f) \cdot e^{-j2 \cdot \pi \cdot f \cdot \frac{l}{v}} \tag{6.46}$$

Für den normierten Betrag erhält man in guter Näherung:

$$|H_n(f)| = \left| \frac{H_1(f) \cdot H_2(f)}{H_1(f0) \cdot H_2(f0)} \right| = \left| \frac{\sin(x)}{x} \right|^2 \tag{6.47}$$

Der Phasenwinkel $\varphi$ (in Grad) folgt aus:

$$\varphi = -360^\circ \cdot f \cdot \frac{l}{v} \tag{6.48}$$

Präpariert man den Verzögerungsabschnitt mit der Länge $l_s$ für den Nachweis chemischer Einwirkungen, dann wird die akustische Ausbreitungsgeschwindigkeit der Oberflächenwelle auf $v_s < v$ verringert und die Dämpfung $a_{vs}$ vergrößert. Den sensitiv beeinflussten Phasenwinkel (in Grad) erhält man mit:

$$\varphi_S = -360^\circ \cdot f \cdot \left( \frac{l_w}{v} + \frac{l_s}{v_s} \right) \tag{6.49}$$

## 6.7.2 Simulation frequenzabhängiger Kenngrößen

### ■ Aufgabe

Für eine Oberflächenwellen-Verzögerungsleitung (Quarz, ST-Schnitt) werde die Null-punktsbandbreite $B_n = 1,5$ MHz vorgegeben. Aus der Wellenlänge $\lambda = 48$ μm folgen

mit $v = 3158$ m/s die Synchronfrequenz $f_0 = 65,792$ MHz, die Anzahl der Fingerpaare $N_p = 88$, die Fingerbreite $b_f = 12$ μm, die Weite der Fingerüberlappung $W = 1883$ μm, die Kapazität $C = 8,34$ pF und mit $a_f = b_f$ sowie mit dem gewählten Wert $n = 50$ als Vielfachem der Wellenlänge betragen die Längen $l_w = 4,224$ mm, $l_s = 2,4$ mm und somit $l = 6,224$ mm, s. die Gln. (6.30) bis (6.38).

Mit PSPICE sind für den Frequenzbereich von 62.8 MHz bis 68.8 MHz zu analysieren:

die Strahlungskonduktanz $G_a(f)$, die Suszeptanzen $B_a(f)$ und $B(f)$, die Ortskurve $B_a = f(G_a)$ mit der Frequenz als Parameter, die Einfügedämpfung $a_v$, die sensitiv beeinflusste Einfügedämpfung $a_{vs}$, mit einem angenommenen Dämpfungsfaktor $d = 0.0625$, die normierte Übertragungsfunktion für den Eingangswandler $|H_1(f)/H_1(f_0)|$, die normierte Übertragungsfunktion für den Aufbau mit zwei identischen Wandlern $|H(f)/H(f_0)|$ und die Phasenwinkel $\varphi$ und $\varphi_s$ (bei der Vorgabe von $v_s = 3000$ m/s).

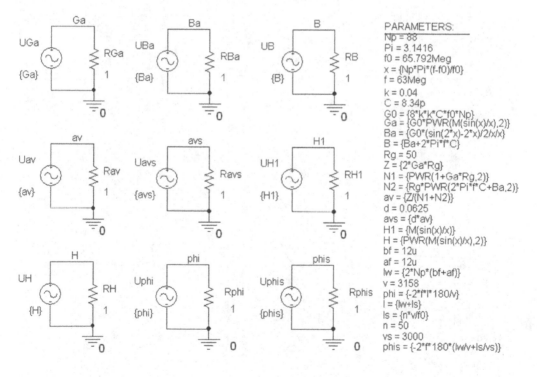

**Bild 6-39** Schaltungen zur Darstellung frequenzabhängiger Kenngrößen der Oberflächenwellen-Verzögerungsleitung

**Lösung**

Die Schaltungen nach Bild 6-39 zeigen kombinierte Spannungsquellen, bei denen der ursprüngliche Standardwert 1Vdc durch die in geschweifte Klammer gesetzte jeweilige frequenzabhängige Kenngröße ausgetauscht ist. Dabei werden die Gln. (6.39) bis (6.49) über die Einträge bei den Parametern realisiert. Die Analysen sind wie folgt auszuführen: *DC Sweep, Global Parameter, Parameter Name*: f, *Linear, Start Value*. 62.8Meg, *End Value*: 68.8Meg, *Increment*: 5k.

Im Analyseergebnis für die Admittanz $Y_a$ des Interdigitalwandlers nach Bild 6-40 erkennt man, dass die Strahlungssuszeptanz $B_a(f)$ bei der Synchronfrequenz $f_0$ null wird und dass die Strahlungskonduktanz bei $f = f_0$ den Maximalwert $G_0 = 0{,}622$ mS annimmt. Mit der Festlegung Increment > 3k wird ausgeblendet, dass bei $f = f_0$ der Wert $G_a(f) = 0$ erscheint, s. Gl. (6.40).

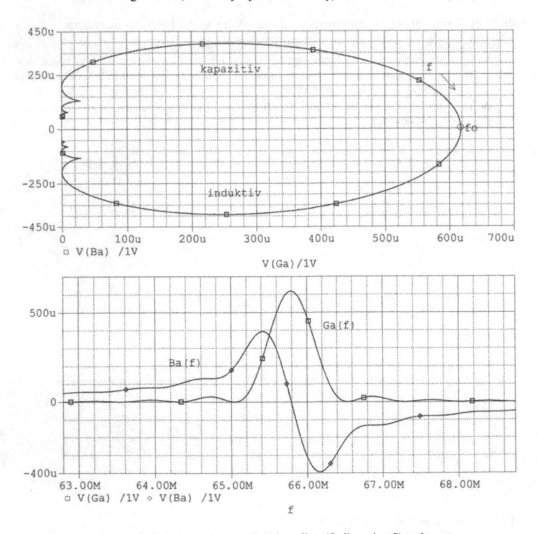

**Bild 6-40** Ortskurve der Admittanz des Interdigitalwandlers (Ordinate in µS) und
Frequenzabhängigkeiten von Konduktanz und Suszeptanz (Ordinate in µS)

Die Ortskurve der Admittanz $Y_a(f)$ des Interdigitalwandlers verdeutlicht nochmals den kapazitiven Charakter bei $f < f_0$ und die induktive Wirkung bei $f > f_0$, s. Bild 6-40. Bezieht man die Kapazität $C$ des Wandlers in den gesamten Imaginärteil $B$ des Leitwertes $Y$ ein, dann erhält man mit Bild 6-41 deutlich höhere Werte gegenüber der akustischen Suszeptanz $B_a$. Die Wirkung der Kapazität $C$ kann jedoch in der näheren Umgebung der Synchronfrequenz $f_0$ mit einer äußeren Induktivität $L = 1/(C \cdot (\omega_0 \cdot f_0)^2)$ kompensiert werden.

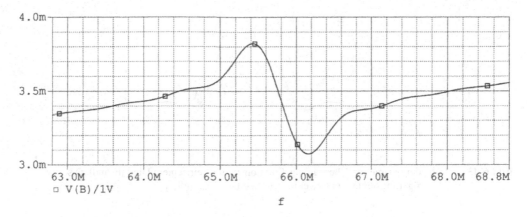

**Bild 6-41** Frequenzabhängigkeit des vollständigen Imaginärteiles des Interdigitalwandlers
(Ordinate in mS)

Die Einfügedämpfung erreicht bei $f = f_0$ den Minimalwert $a_v = -12,44$ dB, s. Bild 6-42. Die Seitenbänder sind deutlich höher bedämpft. Mit dem als Beispiel vorgegebenen Dämpfungsfaktor $d = 0,0625$ erhält man die um 12 dB erhöhte sensitiv bedingte Einfügedämpfung $a_{vs}$.

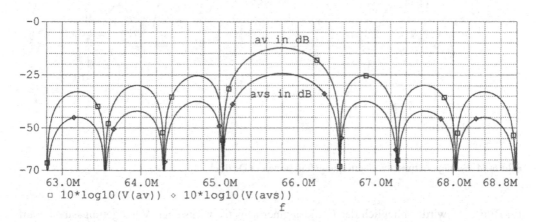

**Bild 6-42** Frequenzabhängigkeit der Einfügedämpfungen ohne und mit sensitiver Einwirkung

Die Beträge der normierten Übertragungsfunktion $H_{1n}(f)$ eines einzelnen Digitalwandlers bzw. $H_n(f)$ der Verzögerungsleitung mit identischen Sende- und Empfangswandlern zeigt das Bild 6-

43. Stellt man diese Übertragungsfunktionen in Dezibel dar, s. Bild 6-44, dann erkennt man die vorgegebene Nullpunktbandbreite $B_n$ = 1,5 MHz zu beiden Seiten der Synchronfrequenz $f_0$ = 65,792 MHz.

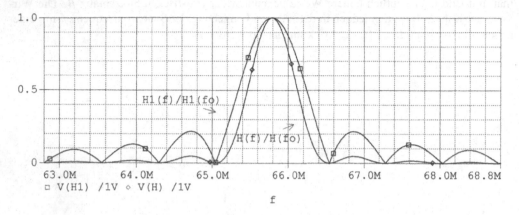

**Bild 6-43** Beträge der normierten Übertragungsfunktionen eines einzelnem Digitalwandlers sowie der Verzögerungsleitung mit zwei identischen Digitalwandlern

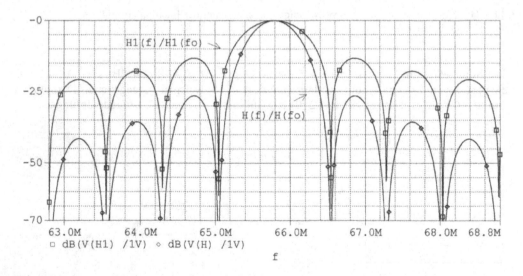

**Bild 6-44** Beträge normierter Übertragungsfunktionen in Dezibel

Im Bild 6-45 wird schließlich der Einfluss einer sensitiv wirksamen Verzögerungsstrecke auf den Phasenverlauf sichtbar. Man erkennt, dass der Phasenwinkel $\varphi_s$ wegen der geringeren akustischen Geschwindigkeit niedrigere Werte als der Phasenwinkel $\varphi$ annimmt. Beide Phasenwinkel nehmen linear mit der Frequenz ab. Bei der Frequenzmessung mit konstanter Phase über Oszillatorschaltungen wird die Beziehung $\Delta f/f = \Delta v_s \cdot l_s/(v \cdot l)$ ausgewertet.

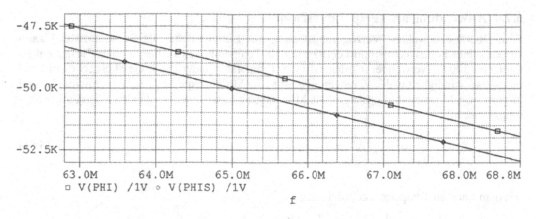

**Bild 6-45** Frequenzabhängigkeit der Phasenwinkel ohne und mit sensitiver Einwirkung

### 6.7.3 Ersatzschaltung mit konzentrierten Elementen

Die Ersatzschaltung des Interdigitalwandlers nach Bild 6-38 mit den frequenzabhängigen Elementen $B_a(f)$ und $G_a(f)$ kann man näherungsweise mit konzentrierten Elementen $R$, $L$, $C$, wie zuvor im Bild 6-24 dargestellt, überführen, s. Bild 6-46. Zunächst erhält man die Kapazität $C$ der Reihenersatzschaltung über die die Differenziation des Betrages der Suszeptanz mit:

$$C = \frac{1}{2} \cdot \frac{d(|B_a|)}{d\omega} \qquad (6.50)$$

in einem schmalen Frequenzbereich unterhalb und oberhalb der Kreisfrequenz $\omega_0$, s. auch [44]. Dazu schreibt man nach *Trace, Add Trace* die Pspice- Anweisung d(M(V(Ba))). Im Bereich $\Delta f$ = 165,790 MHz bis 65,794 MHz ist $\Delta|B_a|$ = 1383,617 µS und damit $C$ = 27,526 fF. Mit $f_0$ = 65,792 MHz folgt die Reiheninduktivität zu $L$ = 1/( $\omega_0^2 \cdot C$) = 212,59 µH. Ferner beträgt der Reihenwiderstand $R$ = 1/$G_0$ = 1608 Ω und die Parallelkapazität $C_0$ = 8,34 pF.

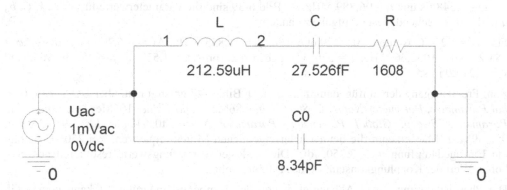

**Bild 6-46** Ersatzschaltung des Interdigitalwandlers mit konzentrierten Elementen

### 6.7.4 Anwendung als Temperatursensor

Eine Oberflächenwellen- Verzögerungsleitung mit Lithiumniobat als Substratmaterial kann wegen seines hohen Temperaturkoeffizenten als Temperatursensor bis zu einer Einsatztemperatur von 300 °C verwendet werden. Mit der Temperatur ändern sich die akustische Ausbreitungsgeschwindigkeit $v$, die Verzögerungszeit $t_v$, die Mittenfrequenz $f_0$, der Phasenwinkel $\varphi$ und in geringem Maße auch die Länge $l$ als Mittenabstand zwischen den beiden Wandlern. Näherungsweise gilt:

$$\frac{\Delta t_v}{t_v} = -\frac{\Delta f_0}{f_0} = TC_1 \cdot \Delta T = TC_1 \cdot (T - T_0) \tag{6.51}$$

mit dem linearen Temperaturkoeffizienten:

$$TC_1 = \frac{1}{l} \cdot \frac{\Delta l}{\Delta T} - \frac{1}{v} \cdot \frac{\Delta v}{\Delta T} \approx -\frac{1}{v} \cdot \frac{\Delta v}{\Delta T} \tag{6.52}$$

die Phasenänderung (in Grad) erhält man zu:

$$\Delta \varphi = -360° \cdot f_0 \cdot \Delta t_v \tag{6.53}$$

**Aufgabe**

Eine OFW-Verzögerungsleitung auf YZ-LiNbO$_3$- Substrat sei bei 25 °C wie folgt charakterisiert: $\lambda = 36$ µm, $N_p = 20$, $W = 2$ mm, $C_f = 460$ pF/m, $l = 150 \cdot \lambda = 5,4$ mm, $k^2 = 4,5$ %, $v = 3488$ m/s, $TC_1 = 8,5 \cdot 10^{-5}/°C$.

Zu analysieren sind die Einfügedämpfung $a_v = g(f)$ bei 25 °C und 250 °C und die Phasenänderung $\Delta \varphi = f(\Delta T)$ im Temperaturbereich von 25 °C bis 250 °C sowie der Phasenwinkel $\varphi = f(T)$ für 0 °C bis 250 °C.

**Lösung**

Mit den Gleichungen aus den Abschnitten 6.7.1 und 6.7.4 erhält man $b_f = w_f = 9$ µm, $C = 18,4$ pF, $t_v = 1,548$ µs und $f_0 = 96,889$ MHz. Im Bild 6-39 sind die Parameterwerte für $N_p, f_0, k, C, b_f$, $a_f$ und $v$ entsprechend dieser Aufgabe zu ändern.

Für $\Delta T = 225$ °C werden $\Delta t_v = 29,606$ ns, $\Delta f_0 = -1,853$ MHz, $\Delta v = -66,708$ m/s sowie $\Delta \varphi = 18,023$ rad $= 1032,66$ °. Bei $T = 250$ °C ergeben sich somit $t_v = 1,578$ µs, $f_0 = 95,036$ MHz und $v = 3421,29$ m/s.

Zum Frequenzgang der Einfügedämpfung $a_v$ nach Bild 6-47 gelangt man über *DC Sweep, Global Parameter, Parameter Name*: f , *Start Value*: 86Meg, *End Value*: 106Meg, *Increment*: 5k, *Parametric Sweep, Global Parameter, Parameter Name*: f0, *Value List*: 95,036Meg, 96,889Meg. Man erkennt die beiden unterschiedlichen Mittenfrequenzen. Bei 250 °C beträgt die Einfügedämpfung $a_v = 3,2505$ dB. Die niedrigen Dämpfungswerte resultieren aus dem hohen Wert der Kopplungkonstante $k^2$ des Lithiumniobat.

Die Phasenänderung $\Delta \varphi$ in Abhängigkeit von der Temperaturänderung $\Delta T$ kann gemäß Gl. (6.53) mit der Schaltung von Bild 6-48 analysiert werden. Über *DC Sweep, Global Parameter, Parameter Name*: DeltaT, *Start Value*: 0, *End Value*: 250, *Increment*: 1 und mit der Parameterangabe $m = -4,5851663$ für die negative Steigung erhält man das Diagramm in Bild 6-48. Bei $\Delta T = 0$ ist $\Delta\varphi = 0$ und bei $\Delta T = 225$ °C, d. h. $T = 250$ °C beträgt $\Delta\varphi = -1032,6$ °.

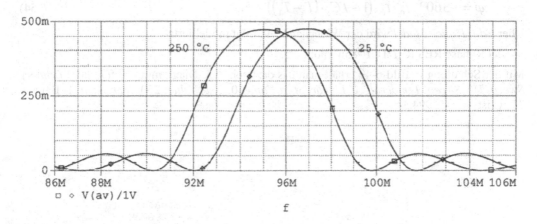

**Bild 6-47** Frequenzgang der Einfügedämpfung mit der Temperatur als Parameter

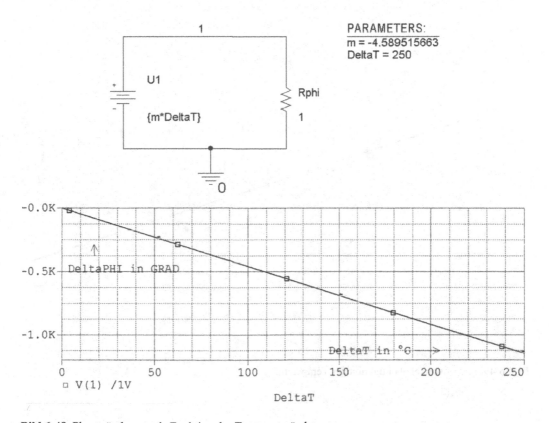

**Bild 6-48** Phasenänderung als Funktion der Temperaturänderung

Zur Darstellung des Phasenwinkels als Funktion der Temperatur kann auch ein Widerstand *Rbreak* mit dem linearen Temperaturkoeffizienten $TC_1$ eingesetzt werden. Es ist:

$$\varphi = -360° \cdot f_0 \cdot t_v \cdot \left(1 + TC_1 \cdot \left(T - T_0\right)\right) \tag{6.54}$$

Über *Edit, Pspice Model* wird der Widerstand wie folgt modelliert:

.model Rphase RES R=1 TC1=85u Tnom=25.

Mit der Schaltung in Bild 6-49 erhält man das dazugehörige Diagramm $\varphi$ = f($T$) über *Primary Sweep, DC Sweep, Temperature, Linear, Start Value*: 0, *End Value*: 250, *Increment*: 1. Bei $T$ = 25 °C ist $\varphi$ = -53994,3 °.

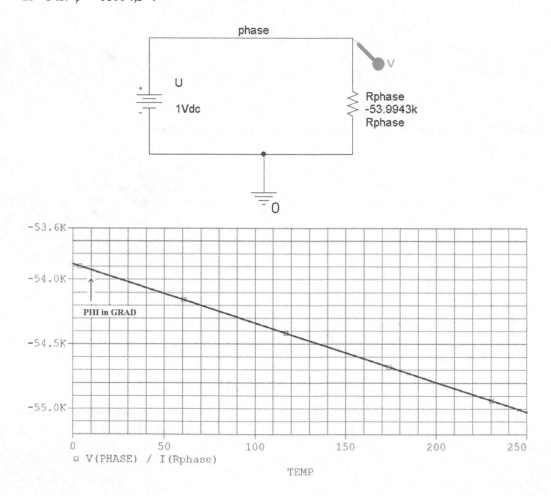

**Bild 6-49** Phasenwinkel als Funktion der Temperatur

# 6.8 Oberfächenwellen-Resonatoren

Oberflächenwellen-Resonatoren werden u. a. in der Funkdatenübertragung (WLAN, Mobilfunk), in Funkfernbedienungen z. B. von Autoschlüsseln, in drahtlosen Sicherungssystemen und in Sensor- Abfrageeinheiten eingesetzt.

## 6.8.1 Ein-Tor-Oberflächenwellen-Resonator

Das Bild 6-50 zeigt den prinzipiellen Aufbau eines Ein-Tor-Oberflächenwellen-Resonators und eine dazugehörige Messschaltung. Auf dem piezoelektrischen Substrat befindet sich ein Interdigitalwandler mit seitlich angeordneten Reflektoren. Die vom Wandler ausgesandten Oberflächenwellen (OFW) werden von den Reflektoren zurückgeworfen und wiederum empfangen. Bei der Resonatorfrequenz $f_0$ wird zwischen den Reflektoren eine stehende Welle erzeugt.

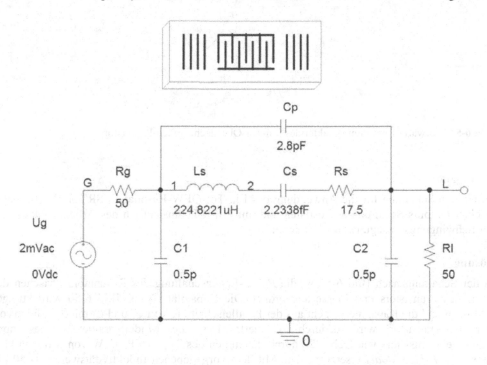

**Bild 6-50** Ein-Tor-Oberflächenwellen-Resonator nebst Analyseschaltung

## ■ Aufgabe

Ein Ein-Tor-OFW-Resonator vom Typ SR 224 des Herstellers Vanlong Co. [43] weist die im Bild 6-50 angegebenen Werte seiner $R$-$L$-$C$-Ersatzschaltung auf. Im Frequenzbereich von 224,4 bis 224,9 MHz ist der Verlauf des Vorwärts-Übertragungsfaktors $s_{21} = U_L/(0{,}5 \cdot U_G)$ nach Betrag und Phase zu analysieren.

## Lösung

Mit der Analyse *AC-Sweep* erhält man über *Start Frequency*: 224.4Meg, *End Frequency*:: 224.9Meg, *Linear*, *Total Points*: 600 das Bild 6-51. Der maximale Wert des Betrages erscheint mit $|s_{21}| = -1,3645$ dB bei $f_0 = 224,580$ MHz. Bei dieser Frequenz wird der Phasenwinkel $\varphi_{21} =$ 3,99°. Es ist $\varphi_{21} = 0°$ bei $f = 224,583$ MHz. Das Datenblatt des Typs SR224 weist die Einfügedämpfung (*Insertion Loss*) $IL = 1,4$ dB bei $f = 224,70$ MHz aus.

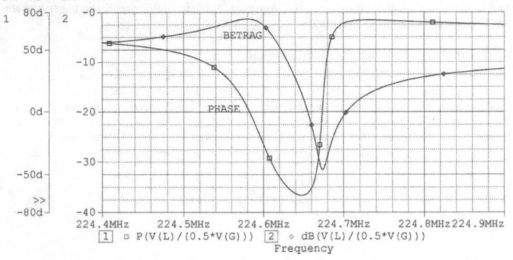

**Bild 6-51** Vorwärts-Übertragungsfaktor des Ein-Tor-Oberflächewellen-Resonators

■ **Aufgabe**

Es ist eine Schaltung für die Anwendung des Ein-Tor-OFW-Resonators SR224 als Oszillator in einer Colpitts-Schaltung aufzustellen und mit PSPICE hinsichtlich des Arbeitspunktes und der Schwingungserzeugung zu analysieren.

**Lösung**

In der Schaltung nach Bild 6-52 ist die *R-L-C*-Ersatzschaltung des Resonators zwischen der Basis des Transistors und Masse angeordnet. Die Kapazität $C_2$ aus Bild 6-50 wird kurzgeschlossen und die Kapazität $C_0$ geht aus der Parallelschaltung von $C_p$ und $C_1$ mit 3,3 pF hervor. Der HF-Transistor wird dadurch realisiert, dass die Modellparameter eines npn-Bibliothekstransistors wie Q2N2222 durch diejenigen des Typs BFR 92 W von Infineon [19] über *Edit, Pspice Model* ersetzt werden. Mit dem vorgegebenen Induktivitätswert $L_1 = 50$ nH der Antenne sind die Kapazitäten $C_1$ und $C_2$ so auszulegen, dass die Frequenz $f_p = 1//2\cdot\pi\cdot(L_1\cdot C)^{1/2}$ mit $1/C = 1/C_1 + 1/C_2$ nahe bei der Resonanzfrequenz $f_0$ des Resonators liegt. Im Beispiel ist $f_p = 212,2$ MHz. Die Schaltungselemente $C_1$, $C_2$ und $L_1$ sind als kritische Komponenten zur Erfüllung der Schwingbedingung für die Amplitude und Phase des Oszillator zu betrachten. Eine typische Festlegung ist $C_1 < C_2$. Die Analyse *Bias Point* lieferte für den verwendeten Transistor im Arbeitspunkt $U_{CE} = 2,45$ V; $I_C = 12,6$ mA die dynamischen Parameter $C_{bc} = 83,4$ fF, $C_{be} = 13,4$ pF und $f_T = 4,93$ GHz.

Als Analyseart ist *Time Domain (Transient)* anzuwenden mit *Run to time*: 0.6u, *Start Saving Data after*: 0, *Maximum step size*. 0.004n. Der Nachweis der Resonanzfrequenz $f_0 = 225$ MHz erfolgt über *Plot, Add Plot to Window, Plot, Unsynchrone Axis, Plot, Axis Settings, Fourier, Trace, Add Trace, Trace expression*: V(A) und mit dem Einengen des Frequenzbereiches über *Plot, Axis Settings, User defined*: 222Meg to 228Meg.

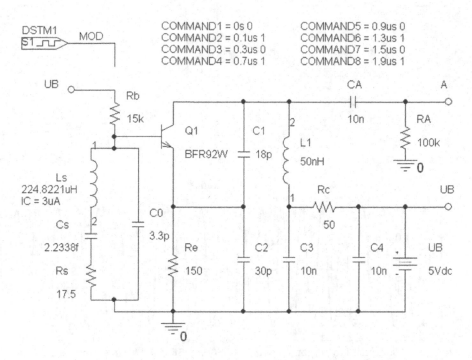

COMMAND1 = 0s 0   COMMAND5 = 0.9us 0
COMMAND2 = 0.1us 1   COMMAND6 = 1.3us 1
COMMAND3 = 0.3us 0   COMMAND7 = 1.5us 0
COMMAND4 = 0.7us 1   COMMAND8 = 1.9us 1

**Bild 6-52** Ein-Tor-Oberflächenwellen-Resonator zur Anwendung als Oszillator und Transmitter

Die Schwingungen setzten relativ bald ein, wenn man der Serieninduktivität $L_s$ eine Anfangs-bedingung $IC$ (Initial Condition) erteilt. Im verwendeten Beispiel ist nach einem Doppelklick auf diese Induktivität bei $IC$ der Wert 3uA einzutragen. Diese Eingabe kann nach erfolgtem Markieren über *Display, Name and Value, ok* und *Apply* angezeigt werden. Das Bild 6-53 zeigt einen Ausschnitt der am Ende des Simulationsabschnittes erzielten Sinusschwingungen sowie die erreichte Resonanzfrequenz.

### ■ Aufgabe

Der Resonator SR224 ist in einer Transmitterschaltung anzuwenden, s. Bild 6-52. Dabei ist der obere Anschluss des Widerstandes $R_b$ von der bisher beim Oszillatorbetrieb benötigten Be-triebsspannung abzutrennen, indem die Buchstabenkombination UB gelöscht wird. Dieser Widerstandsanschluss wird nun als Modulationseingang verwendet. Hierzu wird er an den aus der *Source*-Bibliothek aufgerufenen digitalen Generator *STIM1* angeschlossen. Es ist ein Ein-schalt- Ausschaltbetrieb des Oszillators mit 5 V als High-Pegel und mit 0 V als Low-Pegel zu realisieren. Für eine prinzipielle Demonstration einer derartigen OOK- Betriebsweise (On-Off-Keying) ist die Zeitdauer mit 1,8 µs festzulegen. Dabei sind die Zeitabschnitte für die High- und Low-Phase so zu gestalten, dass drei Schwingungspakete analysiert werden können.

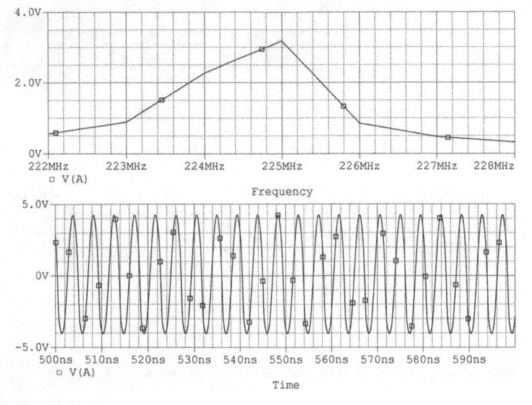

**Bild 6-53** Schwingungsverlauf nebst Nachweis der Resonanzfrequenz

## Lösung

Die Anfangsbedingung $IC = 3$ µA der Serieninduktivität $L_s$ ist zu löschen. Die zeitliche Reihenfolge der HIGH- und LOW- Pegel ist so wie im Bild 6-52 festzulegen. Nach dem Doppelklick auf das Bauteil DSTIM1 werden bei den einzelnen Befehlen die Zeiten sowie die dazugehörigen Logikpegel 1 bzw. 0 eingetragen und wie zuvor beschrieben angezeigt. Der 1-High-Pegel entspricht einen Spannungswert von 5 Volt. Mit der Analyse *Time Domain* (*Transient*) gelangt man über *Run to time*: 1.8us, *Start saving data after*: 0, *Maximum step size*: 0.004ns zum Bild 6-54. Man erkennt die positiven Rechtecksignale des digitalen Generators.

Nach dem Einsetzen des HIGH- Pegels von $U_{MOD}$ nimmt der Aufbau der Schwingungen einige Zeit in Anspruch und mit dem Umschalten des Signalgenerators auf LOW reißen die Schwingungen nicht sofort ab, sondern klingen erst allmählich ab. Es ist ersichtlich, dass sich die Schwingungen nach Erreichen von HIGH wieder neu entfalten.

In der Praxis liegen die Modulatonsfrequenzen im Kilohertz-Bereich, weil die Startphase der Schwingungsentwicklung z. B. eines Oszillators für eine Frequenz von 434 MHz einen Zeitraum von 40 bis 50 Mikrosekunden beansprucht.

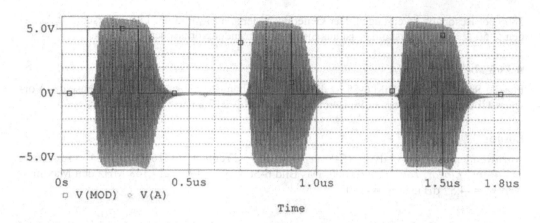

**Bild 6-54** Prinzipdarstellung zum Transmitterbetrieb des Ein-Tor-Oberflächenwellen-Resonators

## 6.8.2 Zwei-Tor-Oberflächenwellen-Resonator

Im Bild 6-55 ist der strukturelle Aufbau des Zwei-Tor-OFW-Resonators mit den beiden Inter-digitalwandlern und den Reflektoren dargestellt.

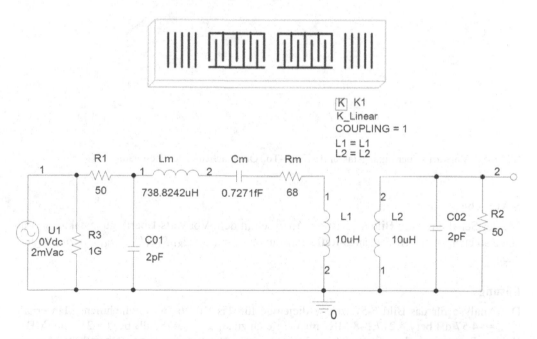

**Bild 6-55** Zwei-Tor-Oberflächenwellen-Resonator nebst Schaltung zur Analyse mit s-Parametern

Die dazugehörige Schaltung enthält Werte der Ersatzelemente des Bauelementes SQ217 vom Hersteller Vanlong Technology Co. [43]. Der Übertrager dient dazu, die Phasendrehung von

180° bei Resonanz zu erzeugen. Der Generatorwiderstand $R_1$ und der Lastwiderstand $R_2$ betragen je 50 Ω. Der Widerstand $R_3$ ist aus Simulationsgründen vorzusehen.

**■ Aufgabe**

Für die Schaltung nach Bild 6-55 ist die Frequenzabhängigkeit von Betrag und Phase des Vorwärts-Übertragungsfaktors $s_{21}$ im Bereich von 216,9 bis 217,4 MHz zu analysieren.

**Lösung**

Anzuwenden ist die Analyse *AC-Sweep* mit *Start Frequency*: 216.9Meg, *End Frequency*: 217.4Meg, *Linear*, *Total Points*: 600. Das Bild 6-56 zeigt bei $f_0 = 217,148$ MHz den Maximalwert $s_{21} = -4,57$ dB und $\varphi_{21} = -180°$.

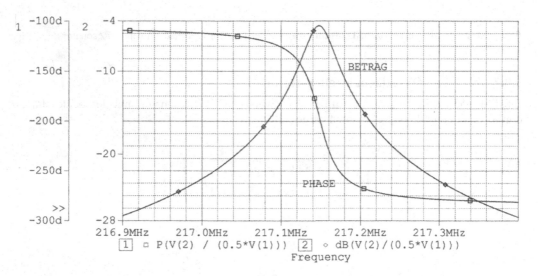

**Bild 6-56** Vorwärts-Übertragungsfaktor des Zwei-Tor-Oberflächenwellen-Resonators

**■ Aufgabe**

Bei der Schaltung nach Bild 6-55 ist die Analyse mit dem Vorwärts-Übertragungsfaktor $s_{21}$ mit einer solchen über den Eingangs-Reflexionsfaktor $s_{11} = (U_1 - I_{R1} \cdot R_1)/(U_1 + I_{R1} \cdot R_1)$ zu vergleichen.

**Lösung**

Die Analyse für das Bild 6-57 ist wie diejenige für das Bild 6-56 vorzunehmen. Man erhält $s_{21max} = -4,57$ dB bei $f = 217,148$ MHz im Vergleich zu $s_{11min} = -5,4782$ dB bei $f = 217,146$ MHz. Beide Parameter der Streumatrix werden zur Beurteilung von Oberflächenwellen-Bauelementen herangezogen.

Das Datenblatt des SQ217 weist die typische Einfügedämpfung mit $IL = 4,5$ dB bei $f = 217,25$ MHz aus.

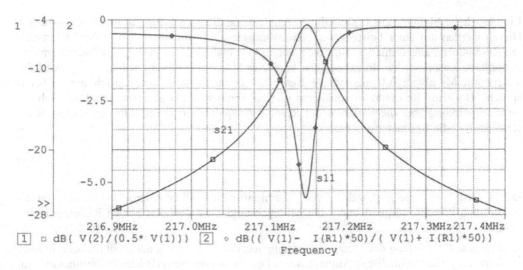

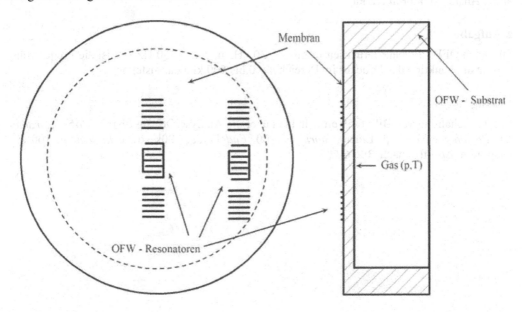

**Bild 6-57** Vorwärts-Übertragungsfaktor und Eingangs-Reflexionsfaktor im Vergleich

### 6.8.3 Anwendung als Drucksensor

Unter Druckeinfluss ändern sich u. a. bei einem Ein-Tor-Oberflächenwellen-Resonator die Resonanzfrequenz und der Phasenwinkel. Diese Größen lassen sich aber nur dann für einen Drucksensor brauchbar auswerten, wenn die starke Temperaturabhängigkeit des Substrats weitgehend ausgeschaltet werden kann.

**Bild 6-58** Prinzipielle Drucksensoranordnung

Eine mögliche Methode zur Lösung dieses Problems ist die Anwendung des Differenzprinzips. Hierzu werden auf einer beispielsweise kreisförmigen Quarzmembran zwei Oberflächenwellen-Resonatoren angeordnet, s. Bild 6-58 nach [45]. Während der eine in der Membranmitte befindliche Resonator bei druckbedingter konkaver Membranwölbung gedehnt wird, wird der andere am Membranrand angeordnete Resonator gestaucht bzw. mechanisch gering beansprucht. Da beide Resonatoren annähernd gleiche Temperaturgänge aufweisen, lässt sich die Druckeinwirkung über die Differenz der Resonanzfrequenzen erfassen. Für den Eintor-OFW-Resonator ist die Resonanzfrequenz:

$$f_n = \frac{n \cdot v}{2 \cdot l_r} \tag{6.55}$$

Dabei ist $n$ die Anzahl der harmonischen Oberwellen, $v$ die OFW-Ausbreitungsgeschwindigkeit und $l_r$ der Mittenabstand zwischen den beiden Reflektoranordnungen.

Eine genaue Berechnung der Frequenzänderung gestaltet sich wegen der nicht linearen Effekte als schwierig. Unterschiedliche Aufbauten von Drucksensoren betreffs Membranabmessungen, Referenzdruck, Auslegung des Oszillators usw. ergaben näherungsweise eine lineare Abhängigkeit der Differenzfrequenz $\Delta f$ vom Druck $p$ [45]. Für Drucksensoren, die vollständig aus α-Quarz (All-Quartz Package) aufgebaut sind, erhält man:

$$\Delta f \approx a + m \cdot p \tag{6.56}$$

Dabei sind:

$a$ ein Anfangswert der Differenzfrequenz bei $p = 0$ und

$m$ der Anstiegsfaktor in Hz/Pa

### ■ Aufgabe

Für einen OFW-α-Quarz-Drucksensor mit $a = 30$ kHz und $m = 350$ Hz/kPa ist die Frequenzänderung als Funktion des Druckes im Bereich $p = 0$ bis 500 kPa darzustellen.

### Lösung

Mit der Schaltung von Bild 6-59 erreicht man über die Analyse *DC-Sweep* mit *Global Parameter*, *Parameter Name*: p, Linear, *Start Value*: 0, *End Value*: 500k sowie *Increment*: 100 das Diagramm $\Delta f = f(p)$ nach Bild 6-60.

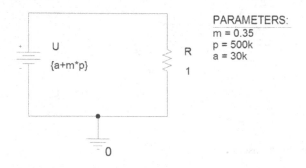

**Bild 6-59** Schaltung zur Darstellung der Druckabhängigkeit

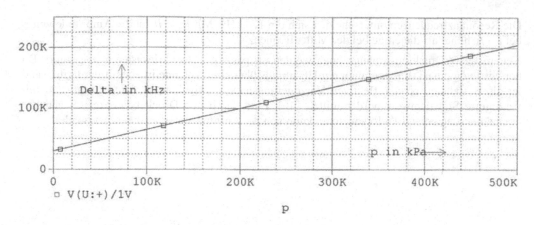

**Bild 6-60** Frequenzänderung als Funktion des Drucks

## ■ Aufgabe

Die Bild 6-60 ausgewiesene Frequenzänderung $\Delta f = 175$ kHz bei $p = 500$ kPa ist mit der Frequenzabhängigkeit des Eingangs-Reflexionsfaktor $s_{11}$ darzustellen. Als Ausgangsbasis einer prinzipiellen Betrachtung für den Druck $p = 0$ diene der Resonator SR 224 mit den Daten von Bild 6-50.

## Lösung

Setzt man in einem fiktiven Beispiel $R_{sp} = 25\ \Omega$ anstelle von $R_s = 17,5\ \Omega$ und $L_{sp} \cdot C_{sp} = 5,014259 \cdot 10^{-19}$ s² anstelle von $L_s \cdot C_s = 5,0222076 \cdot 10^{-19}$ s² in die Schaltung von Bild 6-50 ein, dann erhält man über die Analyse *AC-Sweep* mit *Start Frequency*: 224.3Meg, *End Frequency*: 225.1Meg und *Total Points*: 600 das Diagramm nach Bild 6-61.

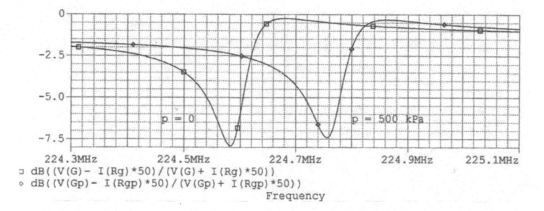

**Bild 6-61** Auswirkung des Drucks auf den Eingangs-Reflexionsfaktors

Die Resonanzfrequenzen unterscheiden sich um 175 kHz. Mit $R_{sp} > R_s$ ist die Amplitude von $s_{11}$ bei $f = f_{0p}$ höher als diejenige bei der Mittenfrequenz $f_0$.

Neuere OFW-Drucksensorbaugruppen werden als passive Telemetriesysteme ausgeführt. Dabei wird von einer Abfrageeinheit ein HF-Impuls über eine Antenne in einen Interdigitalwandler als Bestandteil einer reflektiven Verzögerungsleitung eingekoppelt. Die empfangene zeitverzögerte Signalantwort wird ermittelt [46]. Eine durch den Druck bewirkte Resonanzfrequenzänderung von OFW-Resonatoren kann von der Abfrageeinheit ausgewertet werden.

# 7 Feuchtesensoren

Bei den in diesem Kapitel betrachteten kapazitiven Feuchtesensoren erhöht sich die relative Dielektrizitätskonstante mit zunehmender Feuchte. Der resultierende Kapazitätszuwachs kann mit einer Schwingschaltung nachgewiesen werden. Bei den resistiven Feuchtesensoren kommt es bei Feuchtigkeitseinwirkung auf eine Metallkammstruktur oder auf hygroskopisches Salz zu einer drastischen Abnahme des Übergangswiderstandes. Die Darstellung der Kennlinien dieser chemischen Sensoren erfolgt mit der DC-Analyse. Die Auswertung des astabilen Multivibrators erfordert die Anwendung der Transientenanalyse.

## 7.1 Feuchte-Kenngrößen

Die Feuchtigkeit ist ein Maß für die Wasserdampfkonzentration in der Luft. Man unterscheidet zwischen absoluter Feuchte, Sättigungsfeuchte und relativer Feuchte.

Die absolute Feuchte $F_a$ wird durch den Quotienten aus der Masse des Wasserdampfes $m_w$ und aus dem dazugehörigen Luftvolumen $V_L$ bestimmt.

$$F_a = \frac{m_w}{V_L} \left[ \frac{g}{m^3} \right] \tag{7.1}$$

In der Luft ist jedoch nur eine bestimmte Menge an Wasserdampf lösbar. Diese maximal mögliche Feuchte wird als Sättigungsfeuchte $F_s$ bezeichnet. Sie ist temperaturabhängig.

Die relative Feuchte $F_r$ wird aus dem Quotienten von absoluter Feuchte und Sättigungsfeuchte definiert. Sie liegt zwischen 0 und 100 %.

$$F_r = \frac{F_a}{F_s} \tag{7.2}$$

Die Temperatur, bei der die Sättigungsfeuchte auftritt, wird als Taupunkttemperatur bezeichnet. Ausgehend von den Angaben in [17] und [22] kann die Abhängigkeit der Sättigungsfeuchte $F_s$ von der Taupunkttemperatur $T_{\_Tau}$ wie folgt angenähert werden:

$$F_s = a + b \cdot \left( T_{\_Tau} \right)^2 \tag{7.3}$$

Für den Zusammenhang von Luft- und Taupunkttemperatur mit der relativen Feuchte als Parameter gilt:

$$T_{\_Luft} = y + m \cdot T_{\_Tau} \tag{7.4}$$

■ **Aufgabe**

1.) Es ist eine Schaltung anzugeben, mit der die Gl. (7.3) mit den Angaben $a = 4{,}85$ g/m³ und $b = 3{,}125 \cdot 10^{-2}$ g/m³/(°C)² ausgewertet werden kann. Darzustellen ist $F_s = f(T_{\_Tau})$ im Bereich $T_{\_Tau} = 0$ bis 55 °C.

2.) Die Gl. (7.4) ist mit den Angaben der Tabelle 7.1 auszuwerten.

**Tabelle 7.1**  Koeffizienten zur relativen Feuchte

| $F_r$ / % | 10 | 30 | 50 | 100 |
|---|---|---|---|---|
| Ordinatenabschnitt $y$ / % | 36 | 19 | 11 | 0 |
| Anstiegsfaktor m | 1,45 | 1,22 | 1,10 | 1 |

Die Schaltungen zur Darstellung der Abhängigkeit $T_{\text{Luft}} = f(T_{\text{Tau}})\,|\,F_r$ sind anzugeben. Das entsprechende Diagramm ist für $T_{\text{Tau}} = 0$ bis 100 °C auszuwerten.

**Lösung zu 1.)**

Die linke, obere Schaltung von Bild 7-1 eignet sich zur Auswertung der Gl. (7.3). Es ist eine *DC- Sweep-* Analyse zu verwenden mit *Global Parameter*, *Parameter Name*: T_Tau, *Linear*, *Start Value*: 0, *End Value*: 55, *Increment*: 10m.

**Lösung zu 2.)**

Die übrigen vier Schaltungen von Bild 7-1 ermöglichen die Darstellung von Kurvenscharen konstanter relativer Feuchte. Anstelle des Ordinatenabschnittes $y$ bzw. des Anstiegsfaktors $m$ aus der Gl. (7.4) sind für den jeweiligen Wert der relativen Feuchte gesonderte Wertepaare (wie z. B. $c$ bzw. $d$ bei $F_r = 10$ %, sowie $e$ bzw. $f$ bei $F_r = 30$ % usw.) bei den einzelnen Schaltungen zu verwenden. Die Analyse erfolgt wie im obigen Beispiel, jedoch mit *End Value*: 100.

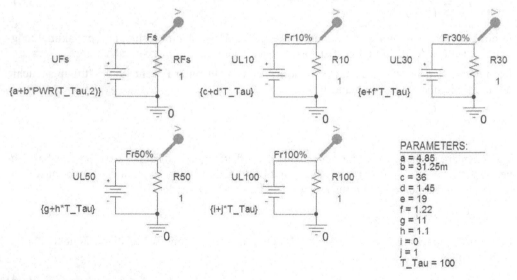

**Bild 7-1**  Schaltungen zur Darstellung der Sättigungsfeuchte sowie zur Kurvenschar konstanter relativer Feuchte in Abhängigkeit von der Taupunkttemperatur

Das Analyseergebnis von Bild 7-2 zeigt den nicht linearen Anstieg der Sättigungsfeuchte mit zunehmender Taupunkttemperatur sowie die Kurvenschar konstanter relativer Luftfeuchte als Funktion der Taupunkttemperatur.

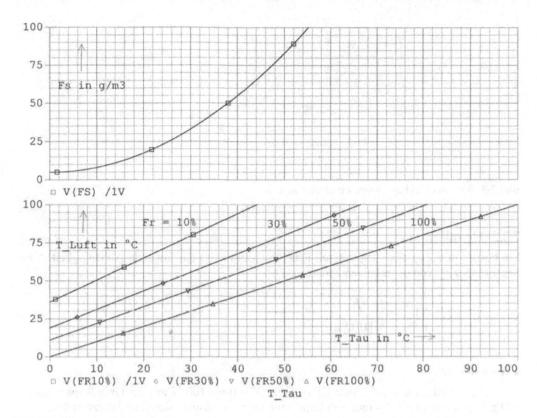

**Bild 7-2** Sättigungsfeuchte und Kurven konstanter relativer Feuchte in Abhängigkeit von der Taupunkttemperatur

## 7.2 Kapazitiver Feuchtesensor

### 7.2.1 Wirkprinzip und Aufbau

Bei den kapazitiven Feuchtesensoren wird die Änderung der relativen Dielektrizitätskonstante $\varepsilon_r$ ausgenutzt.

Während Wasser bei 20 °C einen Wert $\varepsilon_r = 80$ aufweist, erreicht Aluminiumoxid ($Al_2O_3$) hierbei nur $\varepsilon_r \approx 1$. Aluminiumoxid ist aber ein poröses Material, das Wassermoleküle aufnimmt, womit der $\varepsilon_r$ -Wert und damit die Kapazität ansteigen [13]; [17].

$$C = \frac{\varepsilon_0 \cdot A}{d} \cdot \varepsilon_r \tag{7.5}$$

Der prinzipielle Aufbau eines derartigen Sensors ist in Bild 7-3 dargestellt.

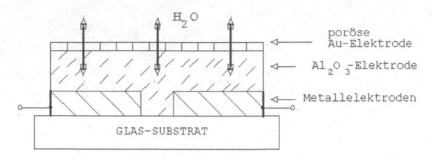

**Bild 7-3**  Aufbau eines kapazitiven Feuchtesensors

## 7.2.2 Kennlinie

Ein bestimmter Typ eines kapazitiven Feuchtesensors zeigt die folgende Abhängigkeit seiner Sensorkapazität von der relativen Feuchte [12]:

$$C = C_0 \cdot \left( 1 + a \cdot \left( \frac{F_r}{100\,\%} \right)^n \right) \tag{7.6}$$

### ■ Aufgabe

Es ist die Kennlinie $C = f(F_r)$ nach Gl. (7.6) für $F_r = 0$ bis 100 % mit der Grundkapazität $C_0 = 110$ pF, dem Faktor $a = 0{,}4$ und dem Exponenten $n = 1{,}4$ zu analysieren und darzustellen.

### Lösung

Für die Schaltung nach Bild 7-4 ist die folgende Analyse vorzunehmen: *AC Sweep, Logarithmic, Start Frequency*: 10k, *End Frequency*: 10k, *Points/Dec*: 1, *Parametric Sweep, DC Sweep, Global Parameter, Parameter Name*: Fr, *Linear, Start Value*: 0, *End Value*: 100, *Increment*: 1. Die Analyse erfolgt im Beispiel bei der Festfrequenz $f = 10$ kHz. Die Kapazität wird mit $C = I_{\_CF}/(\omega * U_1)$ ausgewertet.

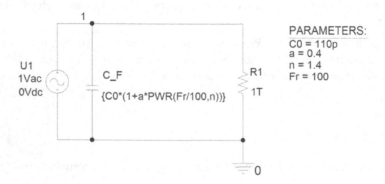

**Bild 7-4**  Schaltung zur Analyse der Kennlinie des Feuchtesensors

Das Analyseergebnis nach Bild 7-5 zeigt die Kennlinie $C = f(F_r)$ und die normierte Kennlinie $C/C_0 = f(F_r)$.

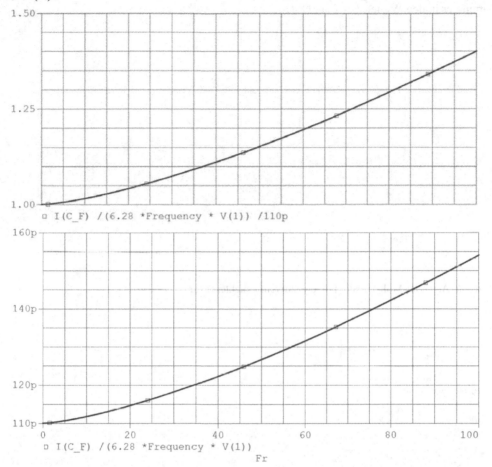

**Bild 7-5** Normierte Kapazität bzw. Kapazität in Abhängigkeit von der relativen Feuchte in Prozent

### 7.2.3 Auswertung der Sensorkapazität mit astabilem Multivibrator

In der Schaltung nach Bild 7-6 ist der Feuchtesensor mit seiner Kapazität ein Bestandteil eines astabilen Multivibrators [13]. Die Frequenzabhängigkeit seiner Ausgangsspannung geht aus der Gl. (7.7) hervor.

$$f = \frac{1{,}44}{R_3 \cdot C_F} \tag{7.7}$$

Sobald die Spannung am Kondensator den Spannungsabfall über dem Widerstand $R_1$ überschreitet, kippt die Ausgangsspannung $U_A$ von der positiven in die negative Sättigungsspannung des Operationsverstärkers um.

■ **Aufgabe**

Zu ermitteln ist die Ausgangsspannung $U_A$ als Funktion der Zeit mit der relativen Feuchte als Parameter in den Werten $F_r = 0$ und 80 %.

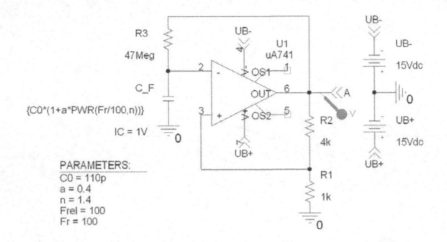

PARAMETERS:
CO = 110p
a = 0.4
n = 1.4
Frel = 100
Fr = 100

**Bild 7-6** Astabiler Multivibrator mit kapazitivem Feuchtesensor

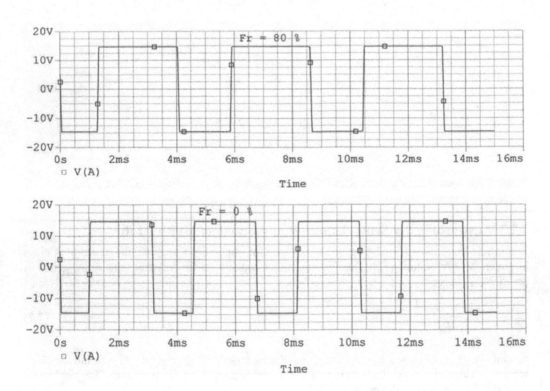

**Bild 7-7** Ausgangspannung bei unterschiedlichen Werten der relativen Feuchte

**Lösung**

Anzuwenden ist die Analyseart *Transient* mit *Start Value*: 0, *Run to time*: 15m, *Maximum Step Size*: 10u, sowie *Parametric Sweep, Global Parameter, Parameter Name*: Frel, Linear, *Value List*: 0, 80. Um das Anschwingen zu ermöglichen, wurde bei $C_F$ der Anfangswert (IC, Initial Condition) IC=1V eingetragen. Das Analyseergebnis nach Bild 7-7 zeigt, dass die Rechteckschwingungen für die Ausgangsspannung einen deutlichen Unterschied für die beiden Werte der relativen Feuchtigkeit entsprechend der Gl. (7.7) aufweisen. Mit $C_F = 1{,}44 \cdot T/R_3$ ergeben sich über die Auswertung des Cursors die Werte $C_F = 109{,}1$ pF bei $F_r = 0$ % bzw. $C_F = 141{,}9$ pF bei $F_r = 80$ %. Diese Ergebnisse entsprechen weitgehend der für $F_r = 0$ % geltenden Grundkapazität $C_0 = 110$ pF bzw. dem aus Gl. (7.6) für $F_r = 80$ % berechneten Wert $C_F = 142{,}2$ pF, s. auch das untere Diagramm von Bild 7-7.

# 7.3 Resistive Feuchtesensoren

## 7.3.1 Kammelektroden als Fühler

Eine besonders einfache Anordnung eines Feuchtesensors erhält man, wenn als resistiver Fühler eine Elektrodenanordnung mit zwei ineinandergreifenden Kämmen realisiert wird. Diese Kammstruktur kann z. B. aus Platinenmaterial herausgeätzt werden. Der Übergangswiderstand dieses Fühlers ist im trockenen Zustand sehr hoch und sinkt um mehrere Zehnerpotenzen ab, sobald Feuchtigkeit auf ihn einwirkt. In der Schaltung nach Bild 7-8 wird die nach einer bestimmten Zeit einsetzende Benetzung der Kammstruktur mit Hilfe eines Zeitschalter *Sw_tClose* aus der Bibliothek *Eval* nachgebildet. Wird die Anordnung der Feuchtigkeit ausgesetzt, dann gerät der TTL-Inverter 7404 von HIGH auf LOW, womit sein Ausgang HIGH annimmt und über den Vorwiderstand $R_R$ die Leuchtdiode einschaltet.

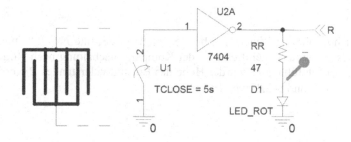

**Bild 7-8** Inverterschaltung mit resistivem Feuchtesensor

**■ Aufgabe**

Die Kammstruktur wird nach einer Zeit von 5 Sekunden einer Feuchtigkeit ausgesetzt. Der Übergangswiderstand soll dabei von 47 MΩ auf 0,1 Ω absinken. Dieser Zustand ist von der LED_ROT anzuzeigen.

**Lösung**

Dem Zeitschalter sind die folgenden Werte zu erteilen: *TCLOSE*=5s und nach einem Doppelklick auf dieses Bauteil ist einzutragen: *ROPEN* = 47Meg und *RCLOSED* = 0.1. Die Leuchtdiode ist wie folgt zu modellieren: .model LED_ROT D IS=1.2E-20 N=1.46 RS=2.4 EG=1.95

Anzuwenden ist die Transientenanalyse über 10 Sekunden. Das Analyseergebnis von Bild 7-9 zeigt, dass die Zielstellung erreicht wird.

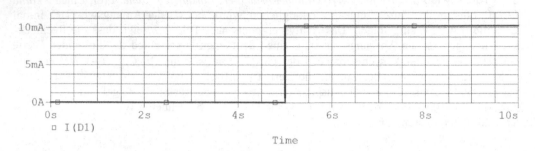

**Bild 7-9** Anzeige des Feuchtzustandes mit einer Leuchtdiode

## 7.3.2 Lithiumchlorid-Feuchtesensor

### 7.3.2.1 Abhängigkeit des Widerstands von der relativen Feuchte

Bei diesem resistiven Feuchtesensor umschließen die beiden Elektroden ein isolierendes Substrat, auf das als hygroskopisches Salz Lithiumchlorid (LiCl) in Form einer Paste aufgebracht ist.

Die Verringerung des Widerstandes dieser Paste bei zunehmender relativer Feuchte kann in einem weiten Bereich mit einer Exponenzialfunktion nach Gl. (7.8) angenähert werden.

$$R = R_0 \cdot e^{\frac{-F_r}{100\% \cdot c}} \tag{7.8}$$

Dabei ist $R_0$ der hochohmige Widerstand bei der relativen Feuchte $F_r = 0\%$ und $c$ ein Faktor, der den Grad des Absinkens beeinflusst. In der Komparatorschaltung nach Bild 7-10 wird der Widerstand des Feuchtefühlers $R_1$ mit der Höhe des Einstellwiderstandes $R_2$ verglichen. Bei $R_1 > R_2$ leuchtet die grüne und bei $R_1 < R_2$ die rote LED.

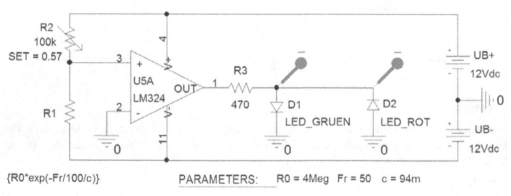

**Bild 7-10** Komparatorschaltung mit resistivem LiCl-Feuchtesensor

**■ Aufgabe**

Die Feuchtigkeitsabhängigkeit des LiCl-Fühlers werde von den Werten $R_0 = 4$ MΩ und $c =$ 0,094 bestimmt. Für einen Bereich der relativen Feuchte $F_r = 0$ bis 60 % ist der Verlauf des Widerstandes $R_1$ darzustellen. Die Höhe des Widerstandes $R_2$ ist so festzulegen, dass Werte $F_r <$ 40 % von der grünen LED angezeigt werden und dass das Überschreiten von $F_r = 40$ % mit der roten LED signalisiert wird.

Die Dioden sind wie folgt zu modellieren:

.model LED_GRUEN D IS=9.8E-29 N=1.12 RS=24.4 EG=2.2

.model LED_ROT D IS=1.2E-20 N=1.46 RS=2.4 EG=1.95

**Lösung**

Zu verwenden ist die Analyse *DC Sweep* mit dem globalen Parameter $F_r$ und den Einstellwerten: *Start Value*: 0, *End Value*: 60, *Increment*: 10m. Mit dem Parameter *SET* = 0.57 des Widerstandes $R_2$ leuchtet LED_GRUEN bei $F_r < 40$ % und mit der LED_ROT wird $F_r > 40$ % angezeigt, s. Bild 7-11.

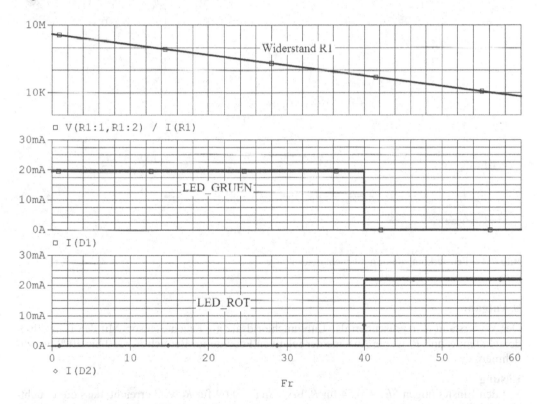

**Bild 7-11** Abhängigkeit des Widerstandes $R_1$ und der LED-Ströme von der in Prozent angegebenen relativen Feuchte

Die Feuchteabhängigkeit des vom Lithiumchlorid gebildeten Widerstandes $R_1$ entspricht der exponenziellen Abnahme gemäß Gl. (7.8).

Mit Hilfe eines Fensterkomparators nach Bild 7-12 kann man einen definierten Bereich der relativen Feuchte vorgeben und anzeigen.

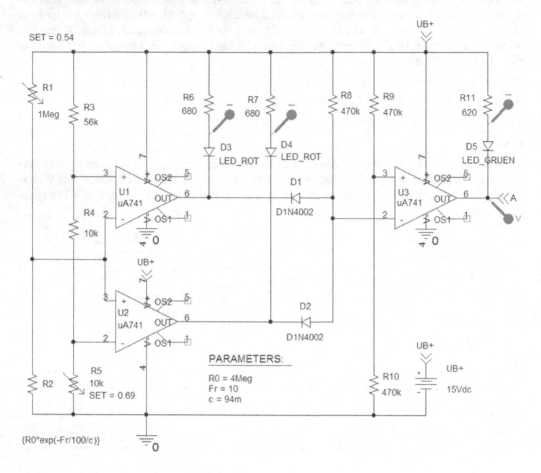

**Bild 7-12** Fensterkomparator mit Feuchtesensor

■ **Aufgabe**

Der Widerstand $R_2$ repräsentiert das Lithiumchloridsalz als Feuchtesensor. Mit den Einstellwiderständen $R_1$ und $R_5$ ist die Anzeige der relativen Feuchte im Bereich $F_r = 30$ bis 40 % vorzunehmen.

**Lösung**

Mit den Einstellungen $SET = 0{,}54$ für $R_1$ bzw. $SET = 0{,}69$ für $R_5$ wird erreicht, dass die Leuchtdiode $D_3$ bis zu $F_r = 30$ % anzeigt, während LED $D_4$ oberhalb von $F_r = 40$ % aktiviert ist.

Der Fensterbereich von $F_r = 30$ bis 40 % wird von der grünen LED $D_5$ signalisiert. In diesem Bereich nimmt die Ausgangsspannung $U_A$ den LOW – Pegel an, s. Bild 7-13.

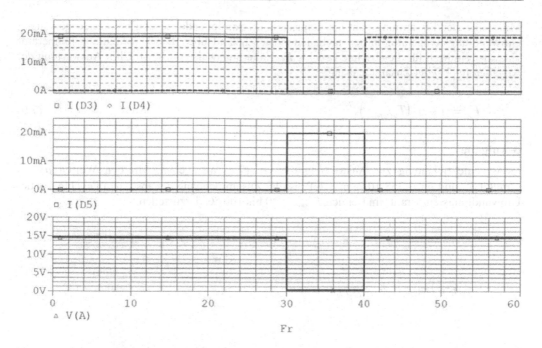

**Bild 7-13**  LED - Ströme und Ausgangsspannung des Fensterkomparators in Abhängigkeit von der relativen Feuchte

## 7.3.2.2  Messung der absoluten Feuchte

Die Anordnung nach Bild 7-14 zeigt ein mit Lithiumchlorid getränktes Gewebe, das von zwei Wendeln, die an eine Wechselspannungsquelle angeschlossen sind, aufgeheizt wird. Das Widerstandsthermometer, das von diesem Gewebe umschlossen wird, erfasst die Temperatur der LiCl-Lösung.

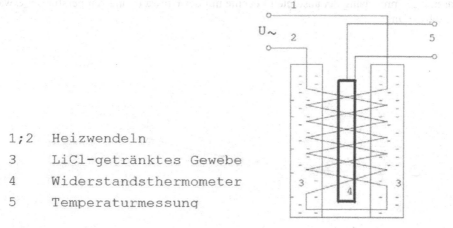

1;2   Heizwendeln

3     LiCl-getränktes Gewebe

4     Widerstandsthermometer

5     Temperaturmessung

**Bild 7-14**  Anordnung zur Messung der absoluten Feuchte mit Lithiumchlorid als Sensor

Mit steigender Erwärmung geht die ursprünglich stromleitende Lösung bei der so genannten Umwandlungstemperatur in den nicht leitenden Zustand über. Die Umwandlungstemperatur $T_{-Celsius}$ ist ein Maß für die absolute Feuchte $F_a$. Näherungsweise gilt für LiCl in Auswertung der Angaben in [17] der Zusammenhang:

$$F_a = a + b \cdot \left( T_{-Celsius} \right)^{3,7} \tag{7.9}$$

■ **Aufgabe**

Es ist eine Schaltung zur Auswertung der Gl. (7.9) anzugeben. Mit den Werten $a = 4$ g/m³/(°C)$^{3,7}$ und $b = 2{,}358 \cdot 10^{-6}$ g/m³/(°C)$^{3,7}$ ist der Zusammenhang der absoluten Feuchte mit der Umwandlungstemperatur im Bereich $T_{-Celsius} = 30$ bis 100 °C darzustellen.

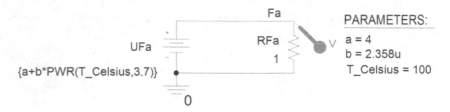

**Bild 7-15** Schaltung zur absoluten Feuchte

**Lösung**

Mit der Schaltung nach Bild 7-15 kann man die Abhängigkeit $F_a = f(T_{-Celsius})$ wiedergeben. Dazu wird die Gl. (7.9) in SPICE-gerechter Schreibweise in geschweifte Klammern gesetzt und anstelle des Standardwertes von 1k bei der Gleichspannungsquelle eingetragen.

Zu verwenden ist *DC Sweep* mit *Global Parameter*, *Parameter Name*: T_Celsius, *Linear*, *Start Value*: 30, *End Value*: 100, *Increment*: 10m. Das Diagramm nach Bild 7-16 zeigt den nicht linearen Zusammenhang der absoluten Feuchte mit der Umwandlungstemperatur der erwärmten LiCl-Lösung.

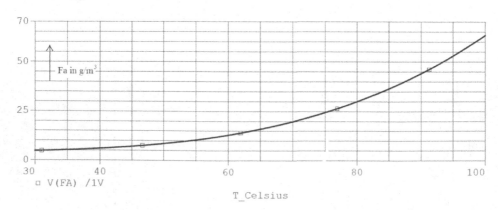

**Bild 7-16** Zusammenhang der absoluten Feuchte mit der Umwandlungstemperatur einer LiCl-Lösung

# 8 Schaltungen mit elektrischen Motoren

Die elektrischen Motoren spielen innerhalb der Mechatronik als elektromagnetische Aktoren eine wichtige Rolle. Im nachfolgenden Kapitel werden die Eigenschaften vorwiegend von Kleinstmotoren auf der Grundlage von PSPICE-Ersatzschaltungen behandelt. Zur Nachbildung der Kennlinien von Gleichstrom-Mikromotoren, Reihenschluss- und Universalmotoren kleiner Leistung sowie von Drehstrom-Asynchronmotoren sind Ersatzschaltungen mit verschiedenartigen linearen und nicht linearen gesteuerten Quellen erforderlich.

In die Quellen *GPOLY*, *EPOLY* und *EVALUE* werden Gleichungen eingegeben, die das Drehmoment oder die Drehzahl als globale Parameter enthalten.

Es werden die Analysearten *DC Sweep*, *Time Domain* (*Transient*) und *AC Sweep* verwendet.

## 8.1 Gleichstrom-Kleinstmotor

### 8.1.1 Aufbau

Betrachtet wird ein permanent erregter, mechanisch kommutierter Gleichtrom-Kleinstmotor mit eisenfreiem Rotor. Zu den Komponenten dieses Motors zählen die Welle, die Rotorspule in Form der eisenlosen Schrägwicklung, der aus einem Magnetwerkstoff bestehende Permanentmagnet als Stator, die Edelmetallbürsten und die Sinterlager, s. Bild 8-1. Ein derartiger Motortyp hat in vorteilhafter Weise kein Rastmoment und weist ein nur kleines Trägheitsmoment auf. Seine Drehzahl $n$ ist der Spannung $U$ und sein Drehmoment $M$ dem Strom $I$ proportional.

Gleichstrom-Kleinstmotoren werden für Nennspannungen $U_N$ = 1,5 bis 86 V in Leistungsabgabebebereichen $P_2$ = 0,2 bis 90 W mit Wirkungsgraden $\eta$ = 51 bis 86 % angeboten. Sie dienen als Stellantriebe und werden im Modellbau, in der medizinischen Analysetechnik, in Druckern und Kameraantrieben eingesetzt [26]; [27]; [28].

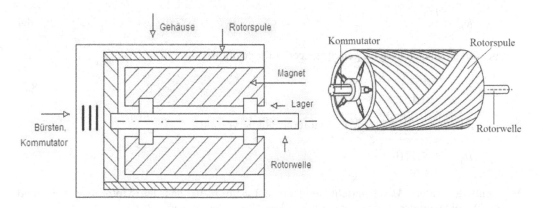

**Bild 8-1** Prinzipdarstellung des Gleichstrom- Kleinstmotors nach Faulhaber

## 8.1.2  Grundgleichungen

Der Strom $I$ ist die Summe von Leerlaufstrom $I_0$ und dem von der angelegten Spannung $U$ unabhängigen Ankerstrom $I_a$ gemäß:

$$I = I_0 + I_a = \frac{U \cdot (1 - k_0)}{R} + \frac{M}{k_M} \tag{8.1}$$

dabei bedeuten

$R$  Anschlusswiderstand in $\Omega$                    $M$  Drehmoment in Nm

$k_0$  Leerlaufstromkonstante                          $k_M$  Drehmomentkonstante in NmA$^{-1}$

$I_0$  Leerlaufstrom in A (gilt bei $M = 0$)

Die Leerlaufstromkonstante ist:

$$k_0 = 1 - \frac{I_0 \cdot R}{U} = \frac{n_0}{n_{0i}} \approx 0,9...0,99 \tag{8.2}$$

mit den Größen

$n_0$  Leerlaufdrehzahl in min$^{-1}$ (gilt bei $M = 0$)

$n_{0i}$  ideelle Leerlaufdrehzahl in min$^{-1}$ (gilt für $I = 0$, wofür $M < 0$ ist).

Die Drehzahl $n$ kann wie folgt berechnet werden:

$$n = \frac{U - I \cdot R}{k_E} = \frac{60}{2 \cdot \pi} \cdot \frac{U - I \cdot R}{k_M} \approx 9,55 \cdot \frac{U - I \cdot R}{k_M} \tag{8.3}$$

Im vorliegenden Fall eines konstanten Erregerfeldes (magnetischer Fluss $\Phi_m$ = konst.) entspricht die Spannungskonstante $k_E$ dem Quotienten aus der im Anker induzierten Spannung $U_i$ und der Drehzahl $n$ mit:

$$k_E = \frac{U_i}{n} \tag{8.4}$$

Die bei der Nennspannung $U_N$ geltende Leerlaufdrehzahl ist:

$$n_0 = \frac{U_N - I_0 \cdot R}{k_E} \cdot 10^3 \tag{8.5}$$

daraus geht mit $I_0 = 0$ die ideelle Leerlaufdrehzahl hervor mit:

$$n_{0i} = \frac{U_N}{k_E} \cdot 10^3 \tag{8.6}$$

Das Anhaltemoment $M_H$ entspricht demjenigen Lastmoment, das den Motor zum Stillstand bringt. Dabei steigt der Ankerstrom auf den Wert des Anhaltestromes $I_H$ an.

$$M_H = k_M \cdot (I_H - I_0) \tag{8.7}$$

Das Reibungsdrehmoment $M_R$ wird durch den Drehmomentverlust bestimmt, der bei Leerlauf durch die Lager- und Bürstenreibung hervorgerufen wird.

$$M_R = k_M \cdot I_0 \tag{8.8}$$

Die Leistungsaufnahme beträgt:

$$P_1 = U \cdot I \tag{8.9}$$

und die Leistungsabgabe ist:

$$P_2 = \frac{2 \cdot \pi}{60} \cdot M \cdot n = 0{,}1047 \cdot M \cdot n \tag{8.10}$$

mit $P_1$ und $P_2$ in W, wenn $M$ in Nm und $n$ in min$^{-1}$.

Aus der Leistungsparabel $P_2 = f(M)$ gemäß:

$$P_2 = \frac{R}{k_M^2} \cdot M \cdot (M_H - M) \tag{8.11}$$

folgt das Leistungsmaximum bei $M = M_H/2$ mit:

$$P_{2\,max} = \frac{U^2}{4 \cdot R} \tag{8.12}$$

Der Wirkungsgrad $\eta$ ist der Quotient aus der an der Motorwelle abgegebenen mechanischen Leistung zur elektrisch aufgenommenen Leistung. Für $\eta$ in % gilt:

$$\eta = \frac{P_2}{P_1} = \frac{2 \cdot \pi}{60} \cdot \frac{M \cdot n}{U \cdot I} \cdot 100 = 10{,}47 \cdot \frac{M \cdot n}{U \cdot I} \tag{8.13}$$

Der maximale Wirkungsgrad $\eta_{max}$ in % wird mit:

$$\eta_{max} = \left(1 - \sqrt{\frac{I_0}{I_H}}\right)^2 \cdot 100 \tag{8.14}$$

für das optimale Drehmoment erreicht bei:

$$M_{opt} = \sqrt{(M_H \cdot M_R)} \tag{8.15}$$

Die Maximalwerte $\eta_{max}$ und $P_{2max}$ treten bei unterschiedlichen Werten des Drehmomentes $M$ auf.

Die Trägheit beim Anlaufen des Gleichstrom-Kleinstmotors mit konstanter Fremderregung wird durch die Anschlussinduktivität $L$ und durch das Rotor-Trägheitsmoment $J$ (in der Einheit gcm$^2$) bestimmt. Für die Umrechnung gilt: 1 gcm$^2$ = 100 nWs$^3$.

Die elektrische Zeitkonstante $\tau_e$ beschreibt die beim Stromanstieg in der Spule auftretende Verzögerung gemäß:

$$\tau_e = \frac{L}{R} \tag{8.16}$$

Die mechanische Hochlaufzeitkonstante $\tau_m$ lässt auf die Zeit schließen, die zur Beschleunigung der mechanischen Masse benötigt wird:

$$\tau_m = \frac{2 \cdot \pi}{60} \cdot \frac{J \cdot n_0}{M_H} = 0{,}1047 \cdot \frac{J \cdot n_0}{M_H} \tag{8.17}$$

Für die Einheiten gelten: $\tau_m$ in s mit $J$ in gcm², $n_0$ in min$^{-1}$ und $M_H$ in Nm.

Nach Ablauf der Zeitkonstanten $\tau_m$ werden 63 % der Enddrehzahl erreicht. Die Hochlaufzeit, in welcher der Endwert erreicht wird, beträgt $t_m = (3...5) \cdot \tau_m$.

### 8.1.3 Ersatzschaltung des Gleichstrom-Kleinstmotors

Die Motorgleichungen zur Abhängigkeit des Stromes vom Drehmoment sowie der Drehzahl von der induzierten Spannung werden in der elektrischen Ersatzschaltung nach Bild 8-2 zum Ausdruck gebracht.

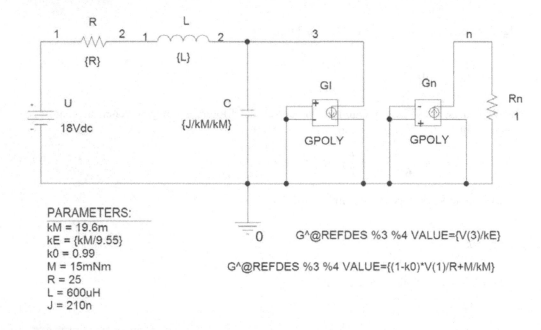

**Bild 8-2** Elektrische Ersatzschaltung des Gleichstrom-Kleinstmotors

Diese Schaltung zur PSPICE-Simulation umfasst die angelegte Betriebsspannung $U$, den Anschlusswiderstand $R$ und die Anschlussinduktivität $L$. Mit der spannungsgesteuerten Stromquelle $G_1$ wird die Gl. (8.1) einbezogen und mit der Quelle $G_n$ kann die Drehzahl $n$ dargestellt werden. Den einzelnen Leitungszügen wurden über *Net Alias* die Knotenbezeichnungen 1, 2, 3 und n zugewiesen. Das Rotor-Trägheitsmoment $J$ wird über die Kapazität $C$ erfasst.

Bei dem Parametern sind die Kennwerte des Motortyps 018 S gemäß der Tabelle 8.1 einzutragen. Die Motor-Ersatzschaltung wird mit ihren gesteuerten Quellen so ausgelegt, dass typische Kennlinien wie die Abhängigkeit der Drehzahl $n$ bzw. der Leistungsaufnahme $P_1$ vom Drehmoment $M$ dargestellt werden können.

■ **Aufgabe**

Für einen Gleichstrom-Kleinstmotor der Faulhaber GmbH gelten die Werte der Tabelle 8.1. Es handelt sich dabei u.a. um Wicklungsdaten, Motorkonstanten, das Rotorträgheitsmoment sowie um Herstellerangaben zur erreichbaren typischen Werten von Leerlaufdrehzahl, Abgabeleistung oder maximalem Wirkungsgrad.

**Tabelle 8.1** Kennwerte des Faulhaber-DC-Mikromotors vom Typ 018 S nach [28]

| $U_N = 18$ V | $k_M = 19,6$ mNmA$^{-1}$ | $M_H = 13,9$ mNm |
|---|---|---|
| $R = 25\ \Omega$ | $k_E = 2,05$ mV·min$^{-1}$ | $M_R = 0,14$ mNm |
| $L = 600\ \mu$H | $k_0 = 0,99$ | $P_{2max} = 3,18$ W |
| $J = 2,1$ gcm$^2$ | $n_0 = 8700$ min$^{-1}$ | $\eta_{max} = 82$ % |
| $\tau_m = 14$ ms | $I_0 = 7$ mA | $\alpha_{max} = 65 \cdot 103$ rads$^{-2}$ |

Das Drehmoment $M$ erhält bei den Parametern zunächst einen (beliebigen) Wert, der dann bei seiner Variation mit der Kennlinienanalyse DC Sweep durch die variablen Werte von $M$ ersetzt wird.

Es sind die folgenden Simulationen mit der Schaltung nach Bild 8-2 auszuführen:

**1.)** Die Drehmonentkennlinie $n = f(M)$ und der Strom $I_R = f(M)$ bei $U_N = 18$ V für $M = 0$ bis 15 mNm. Dabei ist die Steigung der Drehzahl-Drehmomen-Kennlinie $\Delta n/\Delta m$ in der Einheit min$^{-1}$/mNm zu ermitteln.

**2.)** Die Abhängigkeiten $n = f(M)$ und $I_R = f(M)$ bei der Nennspannung $U_N = 18$ V für $M = -150$ bis 150 µNm. Zu ermitteln sind die ideelle Leerlaufdrehzahl $n_{0i}$, der Leerlaufstrom $I_0$ und das Reibungsdrehmoment $M_R$.

**3.)** Die Abhängigkeiten $n = f(M)$ bei $U = (6, 9, 12, 18, 24)$ V für die Drehmomente $M = 0$ bis 20 mNm.

**4.)** Die Leistungsaufnahme $P_1 = f(M)$, die Leistungsabgabe $P_2 = f(M)$ und der Wirkungsgrad $\eta = f(M)$ bei $U_N = 18$ V für $M = 0$ bis 15 mNm. Zu ermitteln sind $P_{2max}$ und $\eta_{max}$.

**5.)** Der Strom $I_R = f(t)$ bei $U_N = 18$ V sowie $M = 0$ für den Zeitraum von 0 bis 500 µs.

**6.)** Die Drehzahl $n = f(t)$ und der Strom $I_R = f(t)$ bei $U_N = 18$ V und dem Drehmoment als Parameter mit $M = (0, 3, 6, 12)$ mNm für den Zeitraum von 0 bis 100 ms. Für $M = 0$ ist die Hochlaufzeitkonstante $\tau_m$ zu ermitteln.

7.) Die Winkelbeschleunigung $\alpha = \Delta \omega_0/\Delta \tau_m$ in der Einheit rads$^{-2}$.

**Lösung**

**Zu 1.)** Es ist die Analyseart *DC Sweep* zu verwenden mit *Global Parameter*: M, *Start Value*: 0 *End Value*: 15m, *Increment*: 10u. Das Analyseergebnis zeigt Bild 8-3.

Die Leerlaufdrehzahl gilt für $M = 0$ und beträgt $n_0 = 8683$ min$^{-1}$. Das Anhaltemoment wird bei $n = 0$ mit $M_H = 14$ mNm erreicht, wofür der Haltestrom $I_H = 721,5$ mA annimmt. Man erkennt, dass bei fehlender Belastung ($M = 0$) der Strom $I_R > 0$ ist. Es handelt sich dabei um den Leerlaufstrom $I_0$, dessen genauer Wert aus der nachfolgenden Analyse hervorgeht. Die Steigung der n-M-Kennlinie beträgt $\Delta n/\Delta m = n_0/M_H = 620$ min$^{-1}$/mNm. Der Steigungswert stellt einen Güte-faktor des Motors da und sollte möglichst gering sein [28].

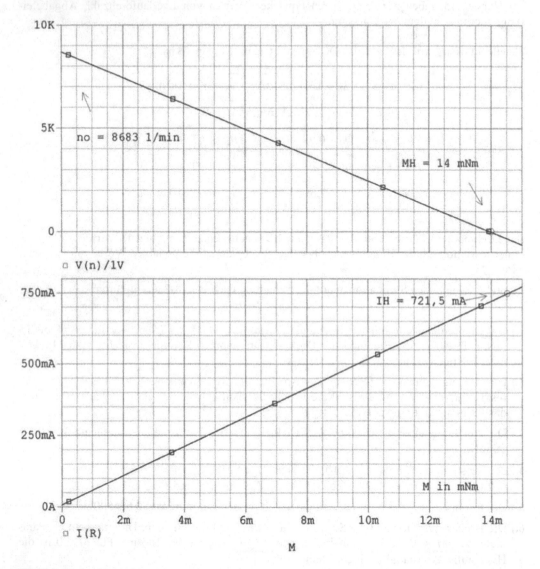

**Bild 8-3** Drehzahl und Motorstrom in Abhängigkeit vom Drehmoment

**Zu 2.)** Für den eingeschränkten Analysebereich des Drehmomentes $M$ erhält man wiederum über *DC Sweep* für $I_R = 0$ den Wert des Reibungsdrehmomentes mit $M_R = -0{,}14$ mNm. Mit diesem $M_R$-Wert gilt für die ideelle Drehzahl $n_{oi} = 8770$ min$^{-1}$ > $n_0 = 8683$ min$^{-1}$. Der Leerlauf-strom folgt aus $M = 0$ mit $I_0 = 7{,}2$ mA, s. Bild 8-4.

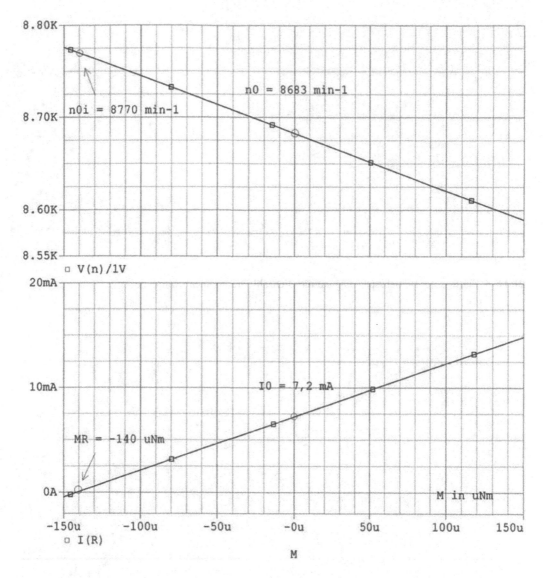

**Bild 8-4** Ermittlung von Reibungsdrehmoment, ideeller Drehzahl und Leerlaufstrom

**Zu 3.)** Es ist die Analyse *DC Sweep* zu verwenden mit *Global Parameter*: M, *Start Value*: 0, *End Value*: 20m, *Increment*: 10u, *Parametric Sweep*, *Voltage Source*: U, *Linear*, *Start Value*: 6, *End Value*: 24, *Increment*: 6. Man erkennt im Bild 8-5 den starken Einfluss der Betriebsspannung auf die Abhängigkeit der Drehzahl vom Drehmoment, s. auch Gl. (8.3). Bei konstantem Drehmoment steigen die Drehzahlen mit wachsender Betriebsspannung an.

**Zu 4.)** Wiederum mit der Analyse *DC Sweep* gelangt man zum Bild 8-6. Das Maximum der Leistungsabgabe wird erreicht mit $P_{2max} = 3,18$ W bei $M = M_H/2 = 6,99$ mNm und der maximale Wirkungsgrad beträgt $\eta_{max} = 81$ % bei $M = M_{opt} = (M_H \cdot M_R)^{1/2} = 1,27$ mNm.

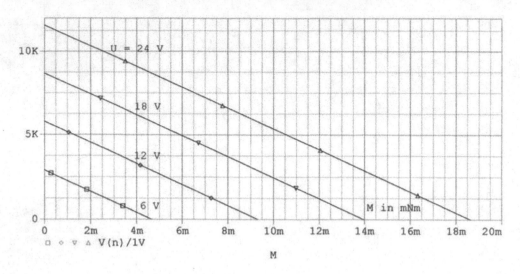

**Bild 8-5**  Einfluss der Betriebsspannung auf die Drehzahl-Drehmoment-Kennlinie

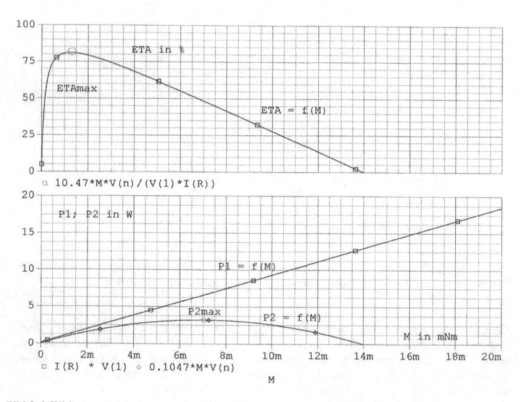

**Bild 8-6**  Wirkungsgrad, Leistungsaufnahme und Leistungsabgabe in Abhängigkeit vom Drehmoment

**Zu 5.)** Anzuwenden ist die Transientenanalyse mit *Run to time*: 500u, *Start Value*: 0, *Increment*. 1u. Bei *PARAMETERS* ist $M = 0$ einzutragen. Ferner ist anzuklicken: *Skip the initial transient bias point calculation*. Das Analyseergebnis nach Bild 8-7 zeigt, dass der Strom zunächst stark ansteigt und nach einer Zeit von etwa 200 µs leicht abfällt. Zu beachten ist die elektrische Zeitkonstante $\tau_e = L/R = 24$ µs gemäß der Gl. (8.16).

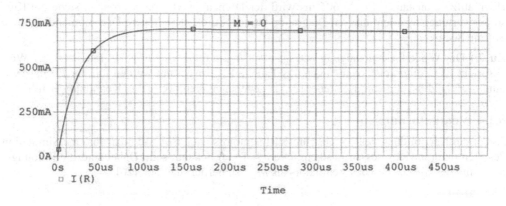

**Bild 8-7** Einschaltverhalten des Stromes ohne Belastung

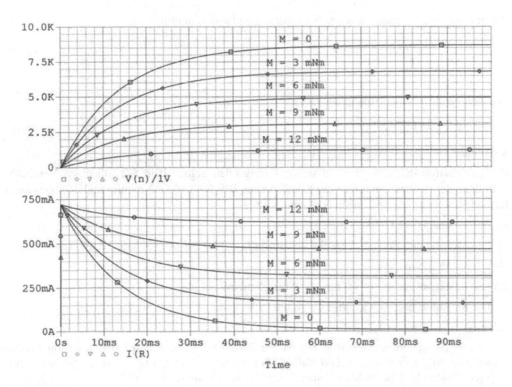

**Bild 8-8** Zeitabhängigkeit der Drehzahl und des Stromes bei unterschiedlichen Drehmomenten

**Zu 6.)** Anzuwenden ist die Transientenanalyse mit *Run to time*: 100ms, *Start Value*: 0, *Incre-ment*: 10u, *Parametric Sweep*, *Global Parameter*, *Parameter Name*: M, *Value List*: 0, 3m, 6m, 9m, 12m. Es ist zu aktivieren: *Skip the initial transient bias point calculation.*

Die Analyseergebnisse zeigt das Bild 8-8. Aus dem oberen Diagramm geht hervor, dass die Leerlauf-Enddrehzahl bei $M = 0$ den Wert $n_0 = 8683$ min$^{-1}$ annimmt. Für die mechanische Hochlaufzeitkonstante $\tau_m = 13{,}605$ ms wird der Drehzahlwert $0{,}63 \cdot n_0$ erreicht, siehe die Kursorauswertung. Aus dem unteren Diagramm ist ersichtlich, dass höhere Drehmomente größere Ströme bedingen.

**Zu 7.)** Die Winkelbeschleunigung beträgt $\alpha = 10^3 \cdot 2 \cdot \pi / 60 \cdot n_0 / \tau_m = 66{,}8 \cdot 10^3$ rads$^{-2}$. Dieser Wert enspricht näherungsweise demjenigen aus Tabelle 8.1. Insgesamt werden mit der Ersatzschaltung nach Bild 8-2 die vom Hersteller [28] angegebenen Kennwerte und Kennlinien erfüllt.

## 8.1.4 Ventilatorantrieb

Außer der Nachbildung des Gleichstrom-Kleinstmotors nach Bild 8-2 muss für eine Simulation des Ventilatorantriebs dessen Lastkennlinie $n = f(M)$ bekannt sein. Dabei sind die Reibungsmomente des Motors und des Ventilators als $M_{Rges}$ zu berücksichtigen [26].

Man erhält:

$$M_v = M_{Rges} + k_v \cdot n_v^2 \tag{8.18}$$

Bevor die Drehbewegung einsetzt, fließt nur der Anlaufstrom mit:

$$I_{anl} = \frac{M_{Rges}}{k_M} \tag{8.19}$$

Die dazugehörige Anlaufspannung ist:

$$U_{anl} = I_{anl} \cdot R \tag{8.20}$$

■ **Aufgabe**

Der Gleichstrom-Kleinstmotor mit seinen Kenngrößen gemäß Bild 8-2 soll einen Ventilator antreiben, dessen Lastkennlinie vom Koeffizienten $k_V = 8{,}33 \cdot 10^{-7}$ mNm·min$^2$ und dem gesamten Reibungsmoment $M_{Rges} = 1$ mNm bestimmt wird.

Es sind zu analysieren und darzustellen:

1.) Die Motorkennlinien $n = f(M)$ und der Strom $I_R = f(M)$ bei $U = (3, 6, 9, 12, 15, 18)$ V für $M = 0$ bis 15 mNm

2.) Die Lastkennlinie $n_V = f(M)$ für $M = 0$ bis 15 mNm

3.) Die Ströme $I_R$ und $I_V = f(U)$ für $U = 0$ bis 18 V

**Lösung**

Für die Ersatzschaltung nach Bild 8-2 ist die Analyse *DC Sweep* zu verwenden mit *Global Parameter*: M, *Start Value*: 0, *End Value*: 15m, *Increment*: 10u sowie *Parametric Sweep* mit *Voltage Source*: U, *Linear*, *Start Value*: 3, *End Value*: 18, *Increment*: 3

Das Analyseergebnis zu den Aufgabenstellungen 1 und 2 zeigt das Bild 8-9.

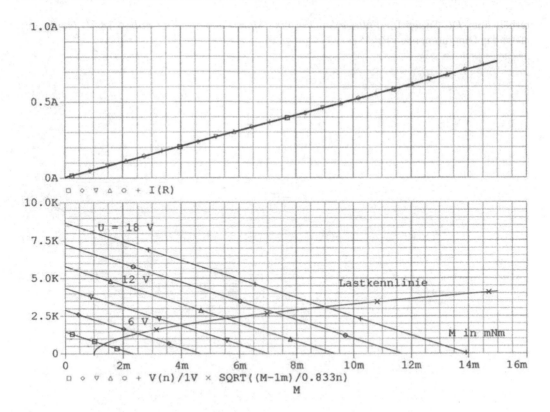

**Bild 8-9** Motorkennlinien und Lastkennlinie

Für die Lastkennlinie im Bereich $M = 0$ bis zu $M_{Rges} = 1$ mNm ist die Drehzahl $n_V = 0$. Dieser Lastkennlinienabschnitt wird hier nicht wiedergegeben. Oberhalb des Reibungsmomentes wächst die Drehzahl an und die Lastkennlinie wird korrekt dargestellt.

Für die Schnittpunkte der Lastkennlinie mit den Motorkennlinien bei den jeweiligen Spannungen kann mittels der Kursor-Auswertung der Ventilatorstrom aus dem oberen Stromdiagramm ermittelt werden, s. Tabelle 8-2.

**Tabelle 8.2** Zuordnung des Ventilatorstromes zu den Spannungen und Drehmomenten

| $U$ in V | 1,275 | 3 | 6 | 9 | 12 | 15 | 18 |
|---|---|---|---|---|---|---|---|
| $n_V$ in 1/min | 0 | 627 | 1330 | 1860 | 2360 | 2710 | 3090 |
| $M_V$ in mNm | 1 | 1,32 | 2,51 | 4 | 5,51 | 7,27 | 9 |
| $I_V$ in mA | 51 | 68 | 130 | 207 | 311 | 377 | 466 |

Die Schaltung nach Bild 8-10 dient dazu, mittels der Tabelle für die spannungsgesteuerte Spannungsquelle *ETABLE* den Ventilatorstrom als Funktion der Spannung darzustellen. Man erhält über *DC Sweep* für *Voltage Source*: UV, *Start Value*: 0, *End Value*: 18 V, *Increment*: 10m das Diagramm nach Bild 8-11.

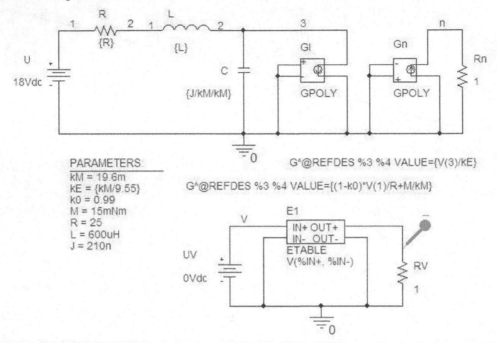

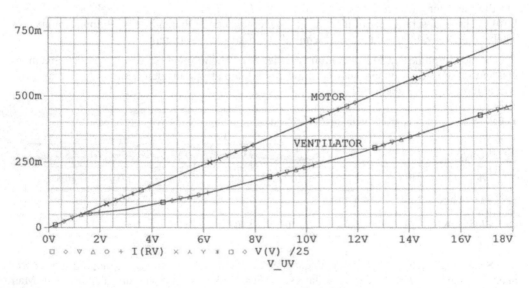

**Bild 8-10** Schaltungen zur Darstellung der Strom-Spannungs-Kennlinie des Motors und desVentilators

**Bild 8-11** Strom-Spannungs-Kennlinien des Motors und des Ventilators

### 8.1.5  Antrieb einer Solar-Drehplattform

Für einen Direktantrieb sind die Drehzahlen von Gleichstrom-Kleinstmotoren oftmals zu hoch, so dass ein Getriebe benötigt wird. In einem einfachen Beispiel wird der Motor in einem ungepufferten System an eine solare Stromversorgung angeschlossen. Das mit dem Motor verbundene Getriebe realisiert mit einem geeigneten Untersetzungsverhältnis die gewünschte Drehzahl dieser Miniatur-Arbeitsmaschine.

■ **Aufgabe**

Mit zwei in Reihe geschalteten polykristallinen Solarzellen von je $5 \cdot 5$ cm$^2$ soll bei einer Bestrahlungsstärke $E_e = 60$ mW/cm$^2$ die Drehplattform eine Drehzahl im Bereich von $n_G = 50$ bis 70 min$^{-1}$ erreichen. Der für diese Aufgabe geeignete Motor und das dazugehörige Getriebe sind auszuwählen.

Die einzelne Solarzelle weist beim Lichtspektrum AM 1,5 und der Bestrahlungsstärke $E_e = 100$ mW/cm$^2$ = 1000 W/m$^2$ sowie der Temperatur von 27 °C die nachstehenden Daten auf:

- Kurzschlussstrom $I_K = 680$ mA

- Leerlaufspannung $U_0 = 573$ mV

Folgende Untersuchungen sind vorzunehmen:

**1.)** Es ist die Ersatzschaltung der Solarzellenanordnung anzugeben und das Strom-Spannungs-Kennlinienfeld für $E_e = 600$ und 1000 W/m$^2$ zu simulieren.

**2.)** Im Punkt höchster Leistungsübertragung MPP (Maximum Power Point) sind zu ermitteln: $P_{MPP}$, $U_{MPP}$, $I_{MPP}$ und $R_{MPP}$.

**3.)** Ein geeigneter DC-Kleinstmotor ist nach folgenden Kriterien auszuwählen [28]:

**a)** die gewünschte Drehzahl sollte bei optimalem Betrieb gleich groß oder größer sein als die halbe Leerlaufdrehzahl: $n \geq n_0/2$.

**b)** das Lastmoment $M$ sollte gleich groß oder kleiner als die Hälfte des Anhaltemoments sein: $M \leq M_H/2$.

**4.)** Es ist ein Getriebe auszuwählen, das die gewünschte Abtriebsdrehzahl für die Drehplattform sichert und dessen maximales Drehmoment hoch genug für das zu übertragende Moment ist. Zu beachten ist ferner, dass die empfohlene Eingangsdrehzahl für Dauerbetrieb nicht wesentlich überschritten wird.

**5.)** In einer Ersatzschaltung sind darzustellen: der Anschluss der solaren Stromversorgung an den Motor. Für das im Punkt maximaler Leistung (MPP) ermittelte Drehmoment sind mit der Arbeitspunktanalyse (*Bias Point*) zu erfassen: die Motordrehzahl $n$, die Drehzahl $n_G$ des Getriebes, die Leistung $P_{MPP}$ im Anpassungspunkt, die mechanische Abgabeleistung des Motors $P_{2max}$ und die mechanische Abgabeleistung des Getriebes $P_{2G}$.

### Lösung

Den Sättigungsstrom einer einzelnen Solarzelle erhält man mit der Gl. (3.3) zu $I_S = I_K/\exp(U_0/U_T) = 0,164$ nA. In der Ersatzschaltung nach Bild 8-12 entspricht die Einströmung $I_L = 680$ mA der Wirkung der Bestrahlungsstärke $E_e = 1000$ W/m$^2$. Wegen der Proportionalität $I_L \sim E_e$ erhält man $I_L = 408$ mA für den vorgegebenen Wert $E_e = 600$ W/m$^2$.

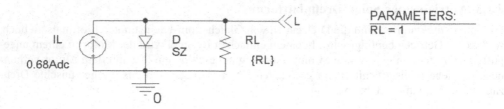

**Bild 8-12** Ersatzschaltung der Solarzellenanordnung

Die Reihenschaltung zweier Solarzellen kann man mit einer einzigen Diode beschreiben, wenn man den Emissionskoeffizienten mit dem Wert $N = 2$ ansetzt, denn es gilt:

$$U = N \cdot U_T \cdot \ln\left(\frac{I}{I_S}\right)$$

(8.21)

Demzufolge ist für diese Solarzellenkombination eine Diode *Dbreak* über *Edit*, *Pspice Model* wie folgt zu modellieren:

.model SZ D IS=0.164n N=2

Nach *Edit* und *Pspice Model* ist *Dbreak* durch die Buchstabenkombination SZ für Solarzelle auszutauschen.

**Zu 1:**

Das Kennlinienfeld der Reihenschaltung der beiden Solarzellen erhält man mit den folgenden Analyseschritten:

*Primary Sweep*: *DC Sweep*, *Sweep Variable*: *Global Parameter*, *Parameter Name*: RL, *Sweep type*: *Logarithmic*, *Start Value*: 10m, *End Value*: 1k, *Points/Dec*: 100, *Secondary Sweep*, *Sweep Variable*: *Current Source*, *Name*: IL, *Sweep type*: *Value List*: 0.408, 0.68.

Mit der Nachbildung von $E_e$ über $I_L$ erscheint zunächst das untere Diagramm von Bild 8-13 als $I_{RL} = f(R_L)$ mit dem Parameter $E_e$.

**Zu 2:**

Mit *Add Plot to Window* kann man über *Plot*, *Axis Settings*, *Variable*: V(L) anstelle von $R_L$ die Variable $U_L$ einführen und die Leistung $P = I_{RL} \cdot U_L$ der Solarzellen-Reihenschaltung darstellen, s. mittleres Diagramm. Für $E_e = 600$ W/m² erhält man im Arbeitspunkt MPP die Werte: $P_{MPP} = 373$ mW, $U_{MPP} = 967,1$ mV und somit $R_{MPP} = U^2_{MPP}/P_{MPP} = 2,5$ Ω.

Im oberen Diagramm ist das Strom-Spannungs-Kennlinienfeld der Solarzellen-Reihenschaltung dargestellt. Im Schnittpunkt der Strom-Spannungs-Kennlinie für $E_e = 600$ W/m² mit dem Widerstand $R_{MPP}$ ergibt sich der Strom $I_{MPP} = 386,3$ mA. Zusätzlich ist die Kennlinie für den Anschlusswiderstand $R = 1,25$ Ω des Motors nach Punkt 2 angegeben.

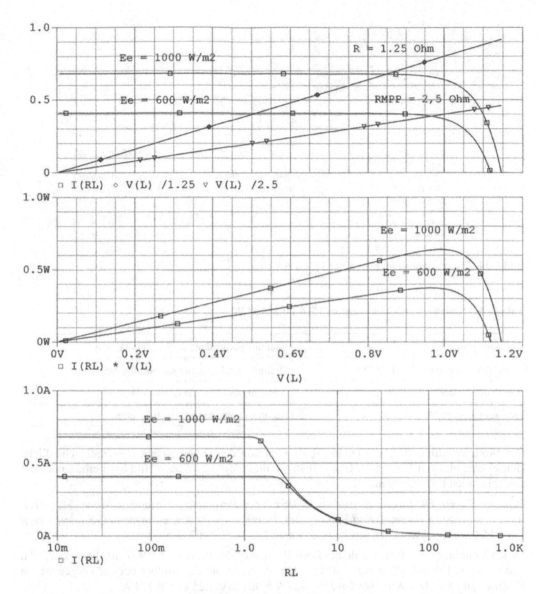

**Bild 8-13** Solarkennlinie, Leistungsdarstellung und Abhängigkeit des Stromes vom Lastwiderstand

**Zu 3:**

Als Motor für diese Antriebsaufgabe mit sehr kleinen Spannungen eignet sich beispielsweise der Gleichstrom-Kleinstmotor vom Typ 1,5 S aus der Serie 1516 der Faulhaber GmbH [26]; [28]. Die Daten dieses Motors sind in der Tabelle 8.3 zusammengestellt und auch unter *PARAMETERS* in der elektrischen Ersatzschaltung des Motors nach Bild 8-14 wiedergegeben. Diese Schaltung entspricht derjenigen von Bild 8-2, es wurden jedoch die zutreffenden Parameter eingegeben.

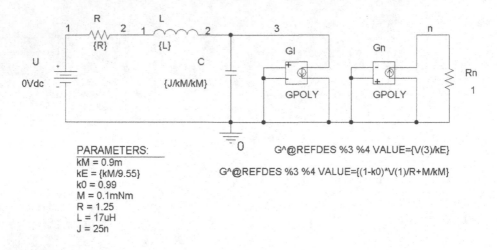

PARAMETERS:
kM = 0.9m
kE = {kM/9.55}
k0 = 0.99
M = 0.1mNm
R = 1.25
L = 17uH
J = 25n

G^@REFDES %3 %4 VALUE={V(3)/kE}

G^@REFDES %3 %4 VALUE={(1-k0)*V(1)/R+M/kM}

**Bild 8-14**  Ersatzschaltung für den Motor 1516/1,5 S

**Tabelle 8.3**  Daten des DC-Kleinstmotors 1516/1,5 S aus [28]

| Nennspannung $U_N$ = 1,5 V | Spannungskonstante $k_E$ = 0,094 mV/min$^{-1}$ |
|---|---|
| Anschlusswiderstand $R$ = 1,25 $\Omega$ | Drehmomentkonstante $k_M$ = 0,90 mNm/A |
| Leerlaufdrehzahl $n_0$ = 15300 min$^{-1}$ | Anschlussinduktivität $L$ = 17 $\mu$H |
| Anhaltemoment $M_H$ = 1,04 mNm | Rotorträgheitsmoment $J$ = 0,25 gcm$^2$ |

Die Motorkennlinie, d. h. die Drehzahl als Funktion des Drehmomentes für unterschiedliche Betriebsspannungen $U$ = 0,5 V, $U_{MPP}$ = 0,967 V und $U_N$ = 1,5 V nach Bild 8-15 erhält man mit den folgenden Einstellungen:

*Primary Sweep. DC Sweep, Sweep Variable: Global Parameter, Parameter Name: M, Sweep type: Linear, Start Value: 0, End Value: 1.2m, Increment: 10u* sowie *Parametric Sweep, Sweep Variable: Voltage Source: U, Sweep type: Value List: 0.5, 0.967, 1.5.*

In den Kennlinien $n$ = f($M$) wurde bei $U$ als Parameter der Wert $U_{MPP}$ = 967 mV berücksichtigt, s. die obigen Erläuterungen zum Punkt 2. Der Anlaufstrom des Motors bei der vorgegebenen Einstrahlung $E_e$ = 600 W/m$^2$ beträgt $I_{an}$ = $U_{MPP}/R$ = 967 mV/1.25 $\Omega$ = 0,774 A.

Aus dem oberen Diagramm des Bildes 8-15 ergibt sich im Arbeitspunkt MPP, d.h. bei $U_{MPP}$ = 967 mV und $I_{MPP}$ = 386 mA das Drehmoment $M$ = 0,34 mNm. Mit diesem Wert erhält man im unteren Diagramm die Drehzahl $n$ = 5170 min$^{-1}$. Die Leerlaufdrehzahl bei MPP ist $n_0$ = 10158 min$^{-1}$, womit die Bedingung $n \geq n_0/2$ erfüllt wird. Das Anhaltemoment bei MPP beträgt $M_H$ = 0,69 mNm. Damit wird auch der Forderung $M \leq M_H/2$ in etwa Genüge getan.

Die mechanische Leistung nach Gl. (8.10) wird erreicht mit:

$P_{2mech}$ = $\pi \cdot M \cdot n/30$ = $\pi \cdot 0,34 \cdot 10^{-3} \cdot 5170$ W/30 = 0,1841 W. Für die Solarzellenanordnung wird ein Ausnutzungsgrad von $P_{2mech}/P_{MPP}$ = 184,1 mW/373,6 mW = 49,3 % erzielt.

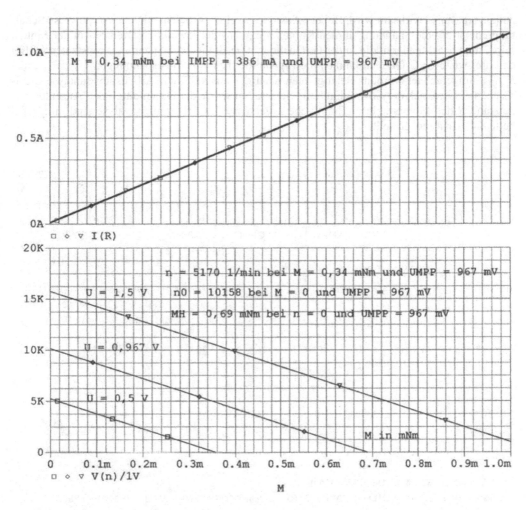

**Bild 8-15** Motorstrom und Drehzahl als Funktion des Drehmoments mit der Spannung als Parameter

## Zu 4:

Um der Drehplattform die gewünschte Drehzahl $n_G$ zu erteilen, wird ein Getriebe mit dem Untersetzungsverhältnis $i = n/n_G = 5170$ min$^{-1}$ /(50...70) U/min$^{-1}$ = 103,4... 73,9 benötigt. Aus dem Katalog nach [28] kann man für den verwendeten Motor 1516/1,5 S ein Stirnradgetriebe 1516 E mit $i = 76:1$ und einem Wirkungsgrad $\eta = 66$ % auswählen, welches ein zulässiges Drehmoment im Dauerbetrieb von $M_{max} = 15$ mNm übertragen kann. Die vom Hersteller empfohlene Eingangsdrehzahl von 5000 min$^{-1}$ wird mit dem ermittelten Wert $n = 5170$ min$^{-1}$ nicht wesentlich überschritten.

## Zu 5:

Im Bild 8-16 wurde für den Motor 1516/1,5 S unter *PARAMETER*S das im Arbeitspunkt MPP geltende Drehmoment $M = 0,34$ mNm eingetragen. Zur Ermittlung der Getriebedrehzahl $n_G$ wird eine zusätzliche spannungsgesteuerte Stromquelle $G_G$ eingesetzt, mit der das Untersetzungsverhältnis $i$ wirksam wird. Bei der Ausführung einer Arbeitspunktanalyse für diese Schaltung entspricht die Spannung an den Knoten n bzw. $n_G$ der jeweiligen Drehzahl in der Einheit min$^{-1}$, man beachte hierzu die in der $G_n$-Quelle gültige Einheit der Spannungskonstanten $k_E$. Bei den drei weiteren G-Quellen können die Ergebnisse für die Knotenspannungen $U_{MPP}$, $P_{2mech}$ und $P_{2Getriebe}$ umgerechnet werden. Betätigt man nach der ausgeführten Arbeitspunktanalyse die I-Taste, so lassen sich der Strom durch die Solarzellen sowie der Strom durch den Anschlusswiderstand $R$ des Motors ablesen. Sämtliche Ergebnisse der Arbeitpunktanalyse sind in der Tabelle 8.4 zusammengestellt.

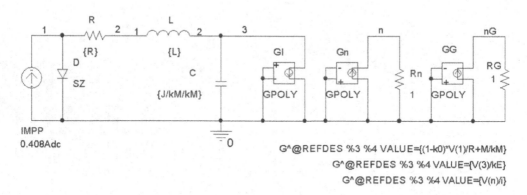

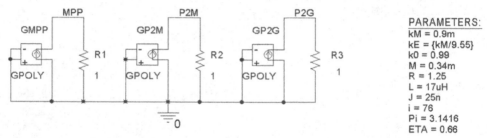

**Bild 8-16** Schaltung des solargespeisten DC-Kleinstmotors zur Ermittlung von Spannungen, Strömen, Drehzahlen und Leistungen

**Tabelle 8.4** Ergebnisse der Arbeitspunktanalyse für die Schaltung nach Bild 8-16

| | |
|---|---|
| $U_1 = U_{MPP} = 0{,}969$ V | $P_{MPP} = 0{,}3736$ W |
| $U_2 = U_3 = 0{,}4872$ V | $P_{2mech} = 0{,}1841$ W |
| $n = 5170$ min$^{-1}$ | $P_{2G} = 0{,}1215$ W |
| $n_G = 68$ min$^{-1}$ | $I_D = 22{,}47$ mA |
| $I_R = I_{MPP} = 386$ mA | |

## 8.2 Schrittmotoren

### 8.2.1 Merkmale von Schrittmotoren

Ein Schrittmotor kann bei angelegten digitalen Steuersignalen eine schrittweise abgestufte Drehbewegung der Motorwelle vollziehen. Dabei wird die Anzahl der Rotorschritte je Umdrehung als Schrittzahl bezeichnet. Das Produkt aus der Schrittzahl $z$ und dem mechanischen Schrittwinkel $\alpha$ ergibt eine volle Umdrehung.

$$z \cdot \alpha = 360^\circ = 2 \cdot \pi \tag{8.22}$$

Aus der Schrittfrequenz $f_z$ als der Anzahl der Rotorschritte pro Sekunde folgt die Drehzahl $n$ in s$^{-1}$ mit:

$$n = \frac{f_z}{z} = \frac{\omega(t)}{2 \cdot \pi} \tag{8.23}$$

Dabei ist $\omega(t)$ die mechanische Winkelgeschwindigkeit. Der Drehwinkel $\varphi(t)$ ergibt sich aus der Addition der durch die aufeinander folgenden Steuerimpulse bewirkten jeweiligen Schrittwinkel $\alpha$.

Zu den Grundtypen der Schrittmotoren zählen Permanentmagnet-Schrittmotoren, Schrittmotoren mit weichmagnetischem Rotor und Hybridschrittmotoren [29], [30], [31], [32].

Schrittmotoren werden u. a. zum Antrieb von Druckern, Plottern und Uhren sowie zur Schreib-Lesekopfsteuerung in Diskettenlaufwerken eingesetzt und finden eine breite Anwendung bei Werkzeugmaschinen sowie in der Datenverarbeitung und der Labortechnik.

### 8.2.2 Permanentmagnet-Schrittmotor

#### 8.2.2.1 Bestromung

Die prinzipielle Wirkungsweise eines Zweiphasenschrittmotors mit einem Polpaar des Rotors kann an Hand der Darstellung nach Bild 8-17 erklärt werden. Für den vier Schritte umfassenden Vollschrittbetrieb sind die beiden Phasen nacheinander zu bestromen. Für diesen Fall stimmen der mechanische Drehwinkel und der elektrische Winkel $\gamma$ überein.

Schritt 1, $\varphi = 0°$

Die Statorwicklung der Phase A wird vom Strom in der dargestellten Richtung durchflossen und es bilden sich dort die mit S und N bezeichneten Statorpole heraus. Der zweipolige Rotor rastet in derjenigen Position ein, bei der sein Nordpol dem Südpol der Statorwicklung und sein Südpol dem Nordpol der Statorwicklung gegenübersteht. (Koinzidenzstellung).

Schritt 2, $\varphi = 90°$

Bei abgeschalteter Phase A wird die Phase B in der gekennzeichneten Stromrichtung erregt und der Rotor dreht sich im Uhrzeigersinn um $\alpha = 90°$ weiter.

Schritt 3, $\varphi = 180°$

Es erfolgt ein weiterer 90°-Schritt, wenn die Phase B abgeschaltet und Phase A in umgekehrter Stromrichtung bestromt wird.

Schritt 4, $\varphi = 270°$

Wird nun Phase A abgeschaltet und Phase B in umgekehrter Stromrichtung bestromt, dann wird wiederum ein Schritt mit $\alpha = 90°$ vollzogen.

In der Tabelle 8.5 werden das Bestromungsschema und die Drehwinkel für den Vollschrittbetrieb bei einer ($n_p = 1$) bzw. zwei ($n_p = 2$) Phasen zusammengestellt.

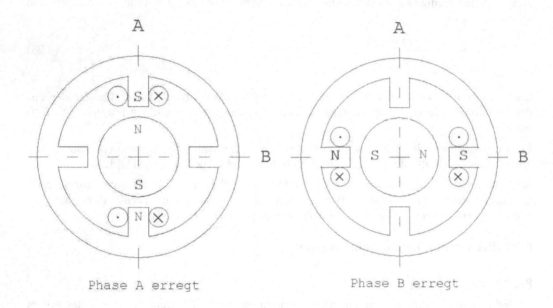

**Bild 8-17** Prinzipdarstellung des Zweiphasen-Schrittmotors

**Tabelle 8.5** Bestromung und Drehwinkel bei Vollschrittbetrieb

| Schritt | 1 | 2 | 3 | 4 |
|---|---|---|---|---|
| Bestromung bei np =1 | A+ | B+ | A- | B- |
| $\varphi$ bei $n_p = 1$ | 0° | 90° | 180° | 270° |
| Bestromung bei $n_p = 2$ | A+ B+ | A- B+ | A- B- | A+ B- |
| $\varphi$ bei $n_p = 2$ | 45° | 135° | 225° | 315° |

Der prinzipielle Verlauf der Bestromung für den Vollschrittbetrieb mit zwei erregten Phasen ist im Bild 8-18 wiedergegeben.

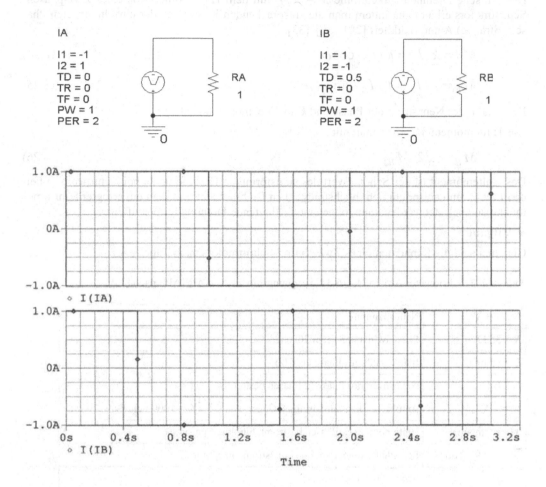

**Bild 8-18** Bestromungskennlinien für den Vollschrittbetrieb

Für den Halbschrittbetrieb gibt die Tabelle 8.6 den Zusammenhang der Bestromung mit den Drehwinkeln an.

**Tabelle 8.6** Bestromung und Drehwinkel bei Halbschrittbetrieb

| Schritt | 1 | 2 | 3 | 4 | 5 | 6 | 7 | 8 |
|---|---|---|---|---|---|---|---|---|
| Bestromung | A+ | A+B+ | B+ | A-B+ | A- | A- B | B- | A+ B- |
| $\varphi$ | 0° | 45° | 90° | 135° | 180° | 225° | 270° | 315° |

### 8.2.2.2 Statische Drehmomentenkennlinie

Die statische Drehmomentkennlinie $M = f(\varphi)$ mit dem Haltemoment $M_H$ eines Zweiphasen-Schrittmotors erhält man, indem man die entsprechenden Kennlinien der einzeln erregten Phasen (Stränge) A und B addiert [29], [30], [33].

$$M_A = k \cdot I_A = k \cdot I_O \cdot \cos\varphi \tag{8.24}$$

$$M_B = k \cdot I_B = k \cdot I_O \cdot \sin\varphi \tag{8.25}$$

Dabei ist $I_0$ der Nennstrom der Phase und $k$ die Drehmomentkonstante.

Das Haltemoment $M_H$ erhält man mit $M_{HA} = M_{HB} = M_{H1}$ zu:

$$M_H = \sqrt{2} \cdot M_{H1} \tag{8.26}$$

Das Haltemoment ist der Scheitelwert des sinusförmigen Drehmoments bei Nennstrom in beiden Phasen und entspricht dem höchstmöglichen Drehmoment, mit dem ein erregter Schrittmotor statisch belastet werden kann, ohne eine fortlaufende Drehung herbeizuführen.

■ **Aufgabe**

Gegeben sind die Kenndaten eines Zweiphasen-Schrittmotors nach Tabelle 8.7.

**Tabelle 8.7** Schrittmotor AM 1524, V6-35, Spannungsmodus, von ARSAPE nach [33]

| $U_N = 6$ V | Nennspannung |
|---|---|
| $R = 35\ \Omega$ | Phasenwiderstand (bei 20°C) |
| $L = 15$ mH | Induktivität pro Phase (1 kHz) |
| $I_0 = U/R$ | Nennstrom pro Phase (2 Phasen bestromt) |
| $U_i = 6$ V | Amplitude der sinusförmigen Gegen-EMK bei $f_z = 1000$ Schritte/s |
| $M_H = 6$ mNm | Haltemoment (2 Phasen bestromt, bipolare Speisung) |
| $M_{SH} = 0{,}9$ mNm | Selbsthaltemoment bei nicht bestromtem Motor |
| $z = 24$ | Schritte pro Umdrehung |

Zu berechnen ist die Drehmomentkonstante $k$ und darzustellen sind die Momentenkennlinien $M_A$, $M_B$, $M = f(\varphi)$.

**Lösung**

Das Haltemoment für eine Phase erhält man mit $M_A = M_B = M = f(\varphi) = M_H/\sqrt{2} = 4{,}24$ mNm. Mit dem Nennstrom $I_0 = U/R = 171{,}4$ mA wird $k = M_{H1}/I_0 = 24{,}75$ mVs. Für die Schaltung nach Bild 8-19 kann die statische Momentenkennlinie wie folgt simuliert werden: Analyse *Time Domain*, *Run to time*: 1, *Start*: 0, *Maximum Step size*: 10m. Multipliziert man die erhaltenen Spannungen $U_A$ und $U_B$ mit der Einheit der Ladung in As, dann erhält man die Drehmomente $M_A$ bzw. $M_B$ in der Grundeinheit Ws bzw. Nm. Die Umwandlung der Zeitachse (Time) auf den Drehwinkel $\varphi$ (bzw. *PHI*) ist mit *Plot*, *Axis Settings*, *Axis Variable* auf Time*360/1s vorzunehmen. Auf der Abszisse wird damit *PHI* von 0° bis 360° dargestellt, s. Bild 8-20. Die Momentenkennlinie $M$ = f($PHI$) folgt aus der Addition der Momentenkennlinien der Stränge A und B gemäß $M = M_A + M_B$.

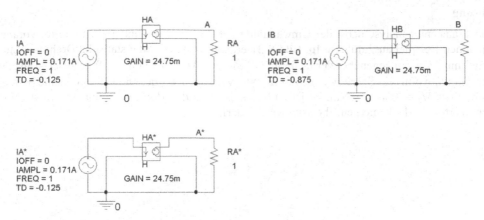

**Bild 8-19** Schaltungen zur Simulation statischer Momentenkennlinien

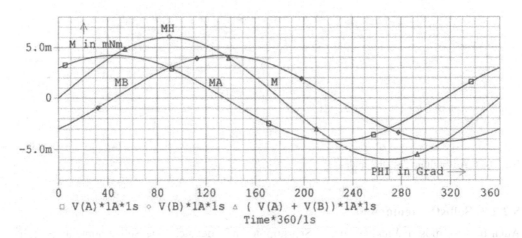

**Bild 8-20** Entstehung der statischen Haltemomentkennlinie

Wird die Stromrichtung in einer Statorwicklung vertauscht, dann verschiebt sich durch diese Polaritätsänderung die statische Momentenkennlinie des betreffenden Stranges um den Drehwinkel $\varphi$ = 180°. Addiert man diese statische Momentenkennlinie zu derjenigen des anderen Stranges, dann wird damit die gesamte Momentenkurve gegenüber der ursprünglichen um $\varphi$ = 90° verschoben. Der Rotor rückt damit um den Schrittwinkel $\alpha$ = 90° weiter.

■ **Aufgabe**

In der Schaltung nach Bild 8-19 wird die Phasenverschiebung von $\varphi$ = 180° der Momentenkennlinie $M_{A^*}$ gegenüber der Momentenkennlinie $M_A$ dadurch erreicht, dass man die Sinusstromquelle $I_{A^*}$ um 180° dreht. Darzustellen sind (wie in der vorangegangenen Aufgabe) die

Kennlinien $M_A$; $M_B$ = f($\varphi$) und zusätzlich $M_{A*}$ = f($\varphi$). Ferner sind $M$; $M_*$ = f($\varphi$) für $\varphi$ = 0° bis 180° zu bilden.

**Lösung**

Die Transientenanalyse nebst der Umwandlung der Zeit in den Winkel $\varphi$ ist wie im vorangegangenen Beispiel auszuführen. Im Bild 8-21 erkennt man, dass die statische Drehmomentenkennlinie $M_*$ = f$\varphi$) gegenüber der bisherigen Kennlinie $M$ = f($\varphi$) von $\varphi$ = 90° auf $\varphi$ =180° vorgerückt ist, womit ein Schrittwinkel von $\alpha$ = 90° vollzogen wurde. Die Haltemomente betragen einheitlich $M_H$ = $M_{H*}$ = 6mNm. Es ist zu beachten, dass die Motorwelle nur im Stillstand mit den Werten des Haltemoments belastet werden darf.

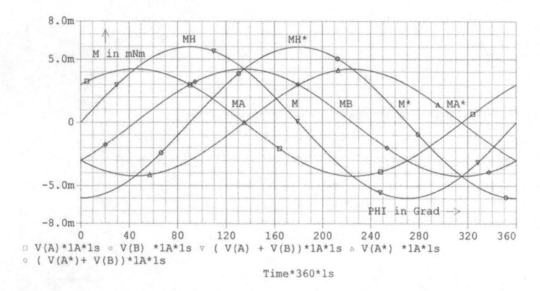

**Bild 8-21** Ausbildung des Drehfeldes

### 8.2.2.3 Selbsthaltemoment

Auch bei stromlosen Wicklungen von Schrittmotoren bildet sich eine Selbstmomentenkennlinie heraus, die auf den periodisch schwankenden Rotorfluss zurückgeführt wird, für den harmonische Schwingungen höherer Ordnung wirksam werden [29]. Das Selbsthaltemoment (Rastmoment) $M_{SH}$ ist demzufolge das höchstmögliche Drehmoment, mit dem man einen unerregten Schrittmotor statisch belasten kann, ohne eine fortlaufende Drehung zu bewirken.

■ **Aufgabe**

Mit den Daten der Tabelle 8.7 ist der Einfluss der Selbsthaltemomentenkennlinie $M_{SH}$ = f($\gamma$) auf den Verlauf der Drehmomentenkennlinie $M$ = f($\gamma$) darzustellen. Dabei soll der elektrische Winkel $\gamma$ die Werte von −180° bis 180° durchlaufen.

**Lösung**

Im Bild 8-22 sind die Schaltungen zur Simulation der o. g. Momentenkennlinien dargestellt.

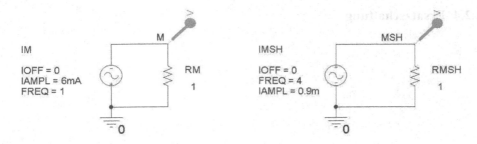

**Bild 8-22** Schaltungen zur Auswirkung des Selbsthaltemoments auf den Drehmomentenverlauf

Anzuwenden ist die Analyse *Transient* mit *Run to Time*: 1, *Start*: 0, *Maximum Step Size*: 10m. Die Spannungen stellen ein Maß für die Drehmomente dar. Die Multiplikation der Spannung in der Einheit Volt mit der Einheit der Ladung in As führt zur Grundeinheit von $M$ in mNm. Die Umwandlung der Zeitachse in den elektrischen Winkel $\gamma$ ist vorzunehmen über *Plot, Axis Settings, Axis Variable*. Anstelle von Time ist zu schreiben: (Time-0.5)*360/1s, s. Bild 8-23.

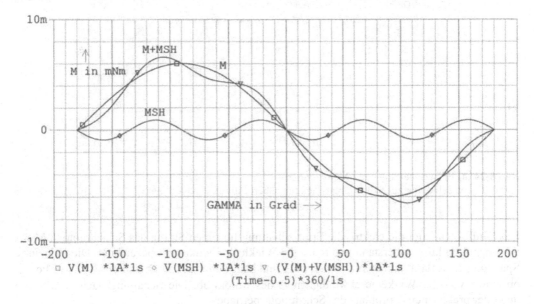

**Bild 8-23** Verformung der statischen Drehmomentenkennlinie durch die Selbstmomentenkennlinie

Die Selbsthaltemomentkennlinie führt zu einer merklichen Verformung des sinusartigen Verlaufes von $M = f(\gamma)$. Ohne Einwirkung eines äußeren Lastmoments nimmt der Rotor die Koinzidenzstellung $\gamma = \gamma_S$ ein. Dabei wird mit $\gamma_S$ die Lage des Feldmaximums gekennzeichnet. Man erhält für den Zweiphasen-Schrittmotor [29]:

$$M(\gamma, \gamma_S) = -M_H \cdot \sin(\gamma - \gamma_S) \tag{8.27}$$

### 8.2.2.4 Ersatzschaltung

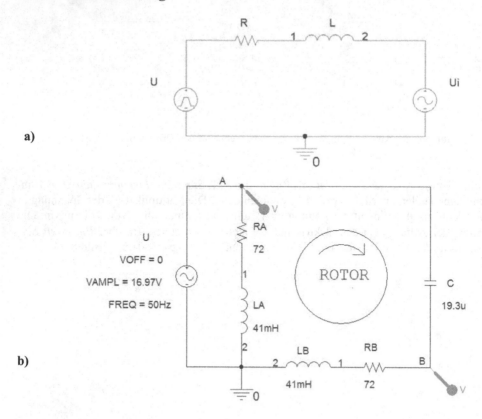

a)

b)

**Bild 8-24** **a)** Ersatzschaltung eines Motorstranges
**b)** Schaltung zur Schrittmotor-Funktionsüberprüfung

Das Bild 8-24a zeigt die elektrische Ersatzschaltung für einen Strang des Schrittmotors. Mit $R$ wird der Wicklungswiderstand und mit $L$ die Wicklungsinduktivität bezeichnet. Die induzierte Spannung $U_i$ verläuft annähernd sinusförmig und hängt über den Drehwinkel $\varphi$ von der Position sowie von der Winkelgeschwindigkeit $\omega$ des Rotors ab. Die Schaltung nach Bild 8-24b dient der praktischen Erprobung des Schrittmotorbetriebes.

■ **Aufgabe**

Es ist die Zeitabhängigkeit des Strangstromes bei den Impulsfrequenzen von 50 Hz bzw. von 1 kHz gemäß Bild 8-25 zu untersuchen. Der Sinusscheitelwert der induzierten Spannung (Gegen-EMK) bei $f_z = 1000$ Schritte/s wurde der Tabelle 8.7 entnommen. Zu untersuchen ist die Zeitabhängigkeit von $U$, $U_i$ und $I_R$ über drei Perioden der angelegten Spannungsimpulse.

**Lösung**

Mit den Transientenanalysen von 0 bis 60 ms bzw. von 0 bis 3 ms erhält man die Bilder 8-26 und 8-27. Bei niedriger Drehzahl verläuft der Strangstrom noch weitgehend impulsförmig mit exponenziellem Anstieg und Abfall. Da die Amplitude der induzierten Spannung noch gering ist, ist deren Einfluss auf die Impulsform nur schwach ausgeprägt.

Bei hoher Drehzahl erscheint der Strangstrom stark verzerrt und verringert. Man erkennt darüber hinaus Einschwingvorgänge. Die induzierte Spannung erreicht mit ihrem Scheitelwert die Höhe der Eingangsimpulse. Demzufolge ist ein stark vermindertes Drehmoment zu erwarten.

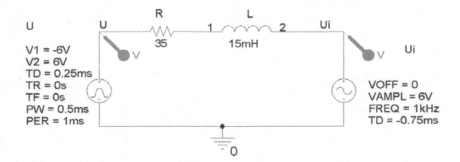

**Bild 8-25** Schaltungen zur Analyse des Strangstromes bei verschiedenen Eingangsspannungsimpulsen

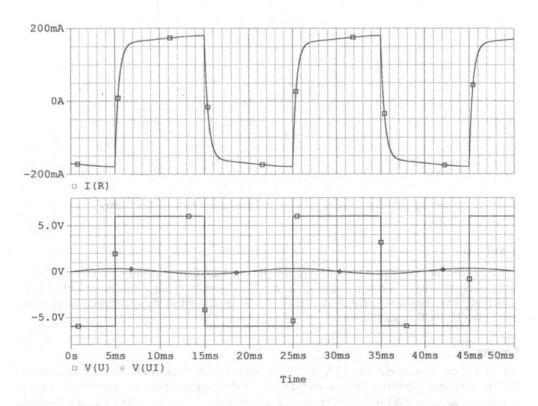

**Bild 8-26** Zeitabhängigkeit von Spannungen sowie des Strangstromes bei niedriger Drehzahl

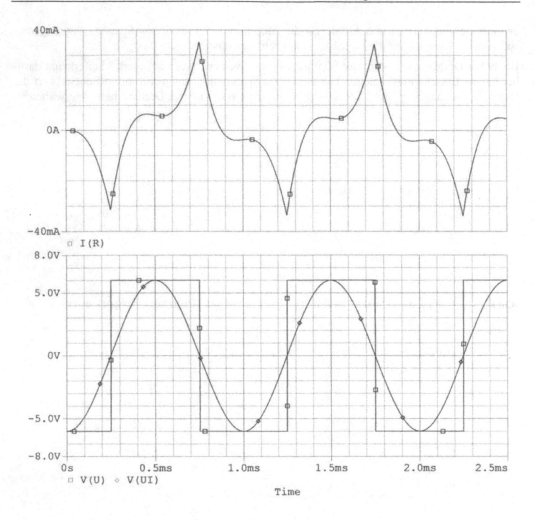

**Bild 8-27** Zeitabhängigkeit von Spannungen sowie des Strangstromes bei hoher Drehzahl

■ **Aufgabe**

Ein Schrittmotor vom Typ STH-39D 137 soll mit der Funktionsschaltung nach Bild 8-24b zu Drehungen veranlasst werden. Dabei dient der Kondensator $C$ zur notwendigen Phasenverschiebung zwischen den Strängen A und B. Die Schaltung ist a) <u>messtechnisch</u> zu erproben und b) mit PSPICE zu simulieren.

**Lösung**

**Zu a):** Mit der Sinusquelle von 12 V bei 50 Hz sowie $C = 38{,}6\ \mu\text{F}$ wurde eine Drehzahl $n$ von 60 Umdrehungen pro Minute entsprechend einer Umdrehung pro Sekunde gemessen. Mit dem gegebenen Schrittwinkel $\alpha = 1{,}8°$ beträgt die Schrittzahl $z = 360°/\alpha = 200$. Demzufolge wird die Schrittfrequenz $f_z = z \cdot n = 200 \cdot 1\ 1/\text{s} = 200$ Schritte pro Sekunde. Die im Uhrzeigersinn erhaltene Drehrichtung kehrt sich um, wenn die Polarität der Quellenspannung vertauscht wird. Der

Quellenstrom wurde mit $I_{\text{eff}}$ = 242 mA ermittelt. Um die Simulation ausführen zu können, wurden die Wicklungswiderstände und Wicklungsinduktivitäten gemessen. Diese Werte betragen $R_A = R_B = 72\ \Omega$ und $L_A = L_B = 41$ mH.

**Zu b)**: Nach dem Aufrufen sind die Schaltelemente $R_A$, $L_A$ und C drei Mal und $R_B$ zwei Mal zu drehen und $L_B$ zu spiegeln. Mit der *Analyse Time Domain (Transient)* über einen Zeitraum von vier Perioden der angelegten Sinusspannung erhält man die Diagramme nach Bild 8-28. Man erkennt die durch den Kondensator bewirkte Phasenverschiebung der Spannungen und Ströme. Die Spannung V(A) = V(U:+) weist den in der Messung angelegten Effektivwert von 12 V auf. Da der Effektivwert des simulierten Quellenstromes $RMS(-I(U)) \approx 250$ mA nur wenig oberhalb des Messwertes von 242 mA liegt, dürfte der Einfluss der induzierten Spannungen in den Strängen A und B bei der vorliegende Schrittfrequenz noch gering sein.

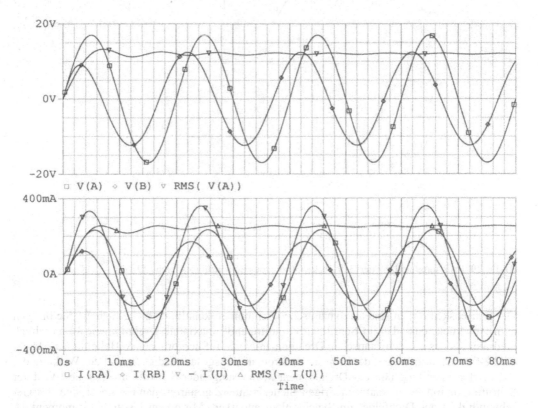

**Bild 8-28** Strangspannungen, Strangströme und Quellenstrom der Schaltung zur Funktionsüberprüfung

## 8.2.2.5 Betriebskennlinien

Zu den Betriebskennlinien des Schrittmotors zählen die Betriebsmomentkennlinie $M_{\text{Bm}}$ (Bild 8-29, Kennlinie 1), die Anlaufkennlinie für ein Lastträgheitsmoment $J_L = 0$ (Kennlinie 2) und die Anlaufkennlinie für $J_L > 0$ (Kennlinie 3). Die Anlaufkennlinien werden auch als Start-Stopp-Kennlinien bezeichnet. Die Betriebskennlinien stellen Grenzkennlinien dar, bei deren Überschreitung ein Schrittverlust bzw. der Stillstand des Motors eintritt.

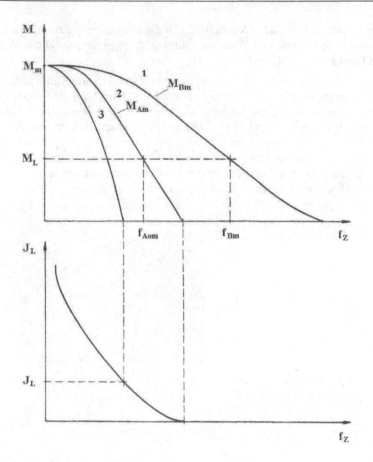

**Bild 8-29** Prinzipdarstellung der Betriebskennlinien des Schrittmotors nach [29]

Die Betriebskennlinien sind als dynamische Drehmomentkennlinien zu betrachten. Sie bringen zum Ausdruck, dass das im Schrittbetrieb auftretende maximale Drehmoment $M_m$ erheblich niedriger als das aus dem statischen Drehmomentenverlauf hervorgehende Haltemoment $M_H$ (s. Bild 8-20) ausfällt. Wegen der begrenzten Stromanstiegsgeschwindigkeit und der Wirkung der induzierten Spannung fällt das Drehmoment $M$ mit steigender Schrittfrequenz $f_z$ ab. Wird der Schrittmotor mit einer relativ niedrigen Steuerfrequenz gestartet, dann kann er sich der Geschwindigkeit des Drehfeldes im Synchronlauf anpassen. Mit einem Lastträgheitsmoment $M_L$ kann er bei Fehlen eines Lastträgheitsmoments ($J_L = 0$) mit der Anlaufgrenzfrequenz $f_{A0m}$ gestartet (bzw. gestoppt) werden. Tritt zusätzlich ein Lastträgheitsmoment $J_{L1} > 0$ auf, dann fällt die dazugehörige Anlaufgrenzfrequenz $f_{Am}$ kleiner als $f_{A0m}$ aus. Mit einer Erhöhung der Frequenz kann der Rotor beschleunigt werden. Hierbei darf der Maximalwert der Betriebsfrequenz $f_{B0m}$ aus der Kennlinie 1 nicht überschritten werden. Andererseits kann der Rotor abgebremst werden, wenn die Frequenz auf die Höhe der zulässigen Anlauffrequenz verringert wird. Für die Zwei-Phasen-Schrittmotoren der Serie AM 1524 von ARSAPE zeigt das Bild 8-30 die Kennlinien des Typs V6-35 für den Konstantspannungsbetrieb und des Typs A-25-12,5 für den Konstantstrombetrieb. Diese Kennlinien wurden mit einem Lastträgheitsmoment $J_L = 10 \cdot 10^{-9}$ kgm² gemessen.

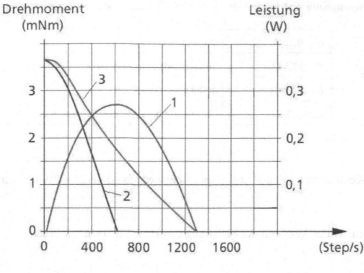

a)

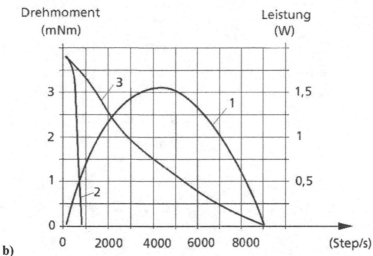

b)

**Bild 8-30a und 8-30b** Betriebskennlinien der Schrittmotor-Serie AM 1524 nach ARSAPE [33]
      **a)** Schrittmotor AM 1524, V6-35 im Konstantspannungsbetrieb
      **b)** Schrittmotor AM1524, A-25-12,5 im Konstantstrombetrieb
        Kennlinie 1 mechanische Leistung in W
        Kennlinie 2 Anlaufkennlinie (Start-Stopp-Kennlinie)
        Kennlinie 3 Hochlaufkennlinie (Betriebsdrehmomenten-Kennlinie)

Die Kenndaten des Typs V6-35 wurden bereits in der Tabelle 8.7 angegebenen. Mit der Tabelle 8.8 folgen die entsprechenden Werte des Typs A-25-12,5.

**Tabelle 8.8** Schrittmotor AM 1524, A-25, A-25-12,5 im Strommodus nach ARSAPE [33]

| $I_N = 0{,}25$ A | Nennstrom |
|---|---|
| $R = 12{,}5\ \Omega$ | Phasenwiderstand bei 20 °C |
| $L = 5{,}5$ mH | Induktivität pro Phase |
| $U_i = 3{,}5$ V | Amplitude bei $f_z = 1000$ Schritte/s |

■ **Aufgabe**

Es sind die Kennlinien für den Konstantspannungsbetrieb von Bild 8-30a) zu simulieren.

**Lösung**

Die Aufgabenstellung kann mit der Schaltung von Bild 8-31 erfüllt werden.

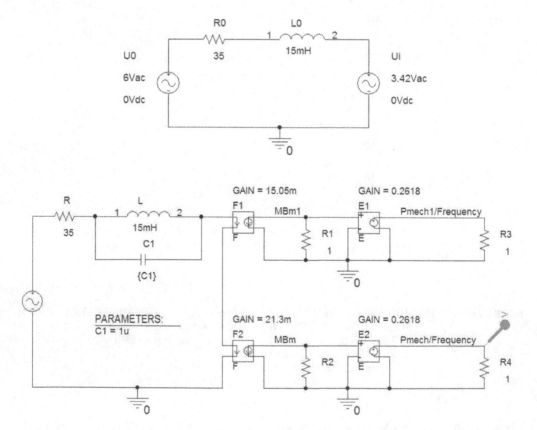

**Bild 8-31** Ersatzschaltungen des Schrittmotors AM 1524, V6-35 für Konstantspannungsbetrieb

Im Bild 8-30-a sind die Drehmomente bzw. die mechanische Leistung als frequenzabhängige Größen dargestellt, daher ist für deren Simulation eine AC-Analyse anzusetzen. Die Eingangsspannung wird somit über eine AC-Quelle mit einem konstanten Spannungswert realisiert. Erreicht die induzierte Spannung $U_i$ mit wachsender Frequenz die Höhe der angelegten Spannung $U_0$, dann sinkt der Motorstrom $I_{R0}$ auf null ab, womit auch das Drehmoment sowie die Abgabeleistung verschwinden.

Die Wirkung der induzierten Spannung kann dadurch erfasst werden, dass die Spannungsquelle $U_i$ durch eine Kapazität $C$ parallel zur Induktivität $L$ ersetzt wird. Aus den Grenzfrequenzen $f_{Am}$ ≈ 605 Hz bzw. $f_{Bm}$ ≈ 1,3 kHz des Bildes 8-30a) erhält man die Kapazitätswerte über die Gleichung:

$$C = \frac{1}{\left(2 \cdot \pi \cdot f\right)^2 \cdot L} \tag{8.28}$$

mit $C_{Am}$ = 4,61 μF bzw. $C_{Bm}$ = 1 μF, s. Bild 8-31.

### 1. Phasenstrom als Funktion der Schrittfrequenz im Konstantspannungsbetrieb

Zur Simulation der Abhängigkeit $I_R$ = f($f_z$) mit $C$ als Parameter ist die AC-Analyse anzuwenden mit *Start Frequency*: 10, *End Frequency*: 100k bei $C$ = 1f bzw. *End Frequency*: 1.3k bei $C$ = 1u bzw. *End Frequency*: 605 bei $C$ = 4.61u, *Points/Dec*: 100 sowie *Parametric Sweep*, *Global Parameter* mit *Parameter Name*: C, *Value List*: 1f, 1u, 4.61u. Dabei bedeuten $C$ = 1fF ≈ 0, $C$ = 1μF = $C_{BM}$, $C$ = 4,7 μF = $C_{AM}$.

Das Analyseergebnis von Bild 8-32 zeigt den Einfluss der induzierten Spannung und weist die Grenzfrequenzen $f_{Am}$ und $f_{Bm}$ des Bildes 8-30a) aus.

Der in der oberen Schaltung von Bild 8-31 angegebene Wert $U_i$ = 3,42 $V_{ac}$ gilt beispielsweise für die Schrittfrequenz $f_z$ = 1000 Schritte/s mit $C_{BM}$ = 1 μF für den Hochlaufbetrieb. Dieser Wert folgt aus der Gleichheit der Ströme $I_R$ = $I_{R0}$ = 25,66 mA bei $f_z$ = 1000 Schritte/s. Die Abhängigkeit der induzierten Spannung von der Schrittfrequenz kann mit der Parabel $U_i$ = $m \cdot (f_z)^n$ angenähert werden.

Im Spannungsmodus gelten für den Anlaufbetrieb $n$ = 2,761, $m$ = 1,249·10$^{-7}$ V·s$^{2,761}$ und für den Hochlaufbetrieb $n$ = 2,209, $m$ = 7,937·10$^{-7}$ V·s$^{2,209}$. Wertet man $U_i$ = 3,42 Vac als Gleichrichtwert der sinusförmigen Spannung, dann folgt daraus der Scheitelwert $U_{is}$ = $U_i$·π/2 = 5,37 V.

### 2. Drehmomente als Funktion der Schrittfrequenz im Konstantspannungsbetrieb

Zur Simulation der Drehmomente wird zunächst die für beide Phasen gültige Betriebsmotorkonstante $k_B$ über die Maximalwerte bestimmt gemäß:

$$k_B = \frac{M_{Bm\,max}}{I_0} \tag{8.29}$$

Mit den Werten für $M_{Bmmax}$ aus Bild 8-30a) und $I_R$ = $U_N/R$ aus Tabelle 8.7 wird $k_B$ = 3,65 mNm/171,4 mA = 21,3 mVs. Für eine Phase gilt $M_{Bmmax1}$ = $M_{Bmmax}/\sqrt{2}$ = 2,58 mNm und somit $k_{B1}$ = 2,58 mNm/171,4 mA = 15,05 mVs.

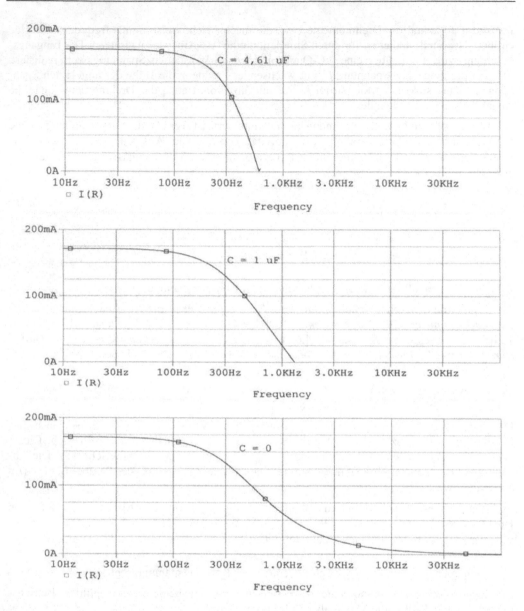

**Bild 8-32** Phasenströme als Funktion der Schrittfrequenz für den Konstantspannungsbetrieb
        oben: Anlaufkennlinie,
        mittleres Diagramm: Hochlaufkennlinie,
        unten: Kennlinie ohne induzierte Spannung

Die Konstanten $k_{B1}$ bzw. $k_B$ erscheinen als Verstärkungswerte unter *GAIN* bei den stromge-steuerten Stromquellen $F_1$ und $F_2$ im Bild 8-31.

Das Startgrenzmoment (Anlauf) $M_{Am}$ bzw. das Betriebsgrenzmoment $M_{Bm}$ erhält man mit:

$$M_{Am} = k_B \cdot I_{RA} \tag{8.30}$$

$$M_{Bm} = k_B \cdot I_{RB} \tag{8.31}$$

Die Ströme $I_{RA}$ bzw. $I_{RB}$ werden in unterschiedlicher Weise von der induzierten Spannung bzw. von der Kapazität $C$ bestimmt.

Mit der AC-Analyse für *Start Frequency*: 10, *End Frequency* 605, *Points/Dec*: 100, *Parametric Sweep*, *Global Parameter*, Parameter Name: C, *Value List*: 4.61u erhält man das Drehmoment für den Start-Stopp-Betrieb $M_{Am}$ mit linear bzw. logarithmisch geteilter Abszisse für die Schrittfrequenz nach Bild 8-33. Dabei ist $C = 4{,}61\ \mu F = C_{AM}$.

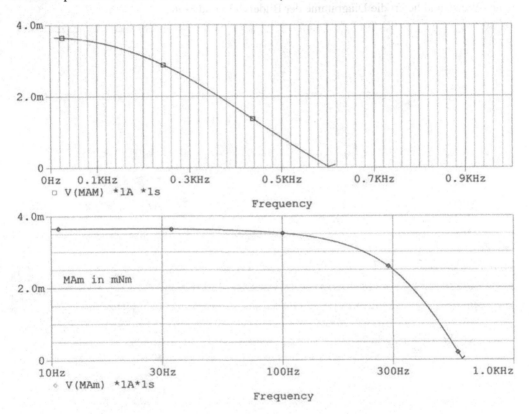

**Bild 8-33** Startgrenzmoment als Funktion der Schrittfrequenz (Start-Stopp-Kennlinie)

Demgegenüber erhält man die frequenzabhängigen Betriebsgrenzmomente für eine Phase $M_{Bm1}$ bzw. für beide Phasen $M_{Bm}$ nach Bild 8-34 mit den Werten: *Start Frequency*: 10, *End Frequency*: 1.3k, *Points/Dec*: 100, *Parametric Sweep*, *Global Parameter*. *Parameter Name*: C, *Value List*: 1u. Die Achse für die Schrittfrequenz wurde wiederum linear wie auch logarithmisch geteilt. Die Drehzahl $n$ in min$^{-1}$ erhält man mit $n = f_z \cdot 60\ /\ z$. Die Kennlinien $M_{Am}$ des Start-Stopp-Betriebes wie auch $M_{Bm}$ für den Hochlauf-Betrieb entsprechen weitgehend den Herstellerangaben nach Bild 8-30a.

3. Mechanische Leistung als Funktion der Schrittfrequenz im Konstantspannungsbetrieb

Die mechanische Leistung erhält man zu:

$$P_{mech} = M_{Bm} \cdot 2 \cdot \pi \cdot n = M_{Bm} \cdot 2 \cdot \pi \cdot \frac{f_z}{z} \tag{8.32}$$

Zur Simulation dieser Leistung werden in der Schaltung von Bild 8-31 die Momente $M_{Bm1}$ bzw. $M_{Bm}$ über die spannungsgesteuerten Spannungsquellen $E_1$ bzw. $E_2$ mit $GAIN = 2 \cdot \pi/z = 2 \cdot \pi/24 = 0{,}2618$ multipliziert. Dadurch erscheint an $R_3$ die Spannung $U$ am Knoten ($P_{mech1}/f_z$) und an $R_4$ die Spannung $U$ am Knoten ($P_{mech}/f_z$). Werden diese Spannungen nach der Analyse aufgerufen, dann sind sie mit $f_z$ = Frequency (und wegen der Dimension auch noch mit 1A·1s) zu multiplizieren, um $P_{mech}$ zu erhalten. Die AC-Analyse erfolgt mit $C = C_{Bm} = 1$ µF in der zuvor beschriebenen Weise und liefert die Diagramme der Bilder 8-35 und 8-36.

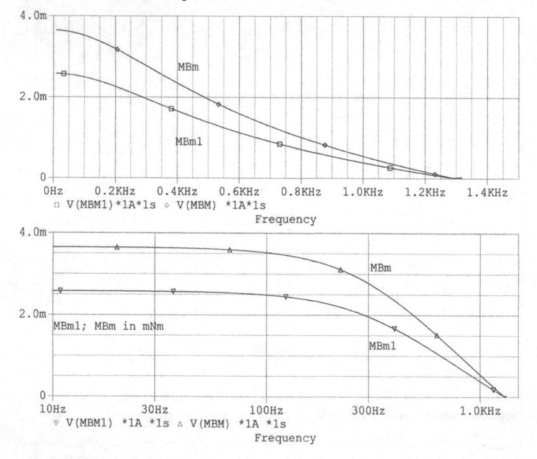

**Bild 8-34** Betriebsgrenzmomente für eine bzw. zwei Phasen als Funktion der Schrittfrequenz (Hochlauf-Kennlinien)

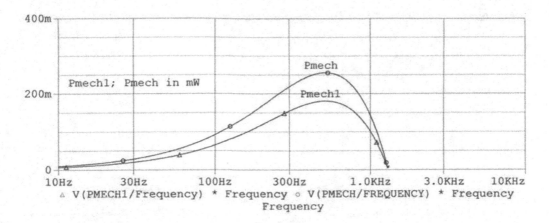

**Bild 8-35** Mechanische Leistung für eine bzw. zwei Phasen als Funktion der Schrittfrequenz

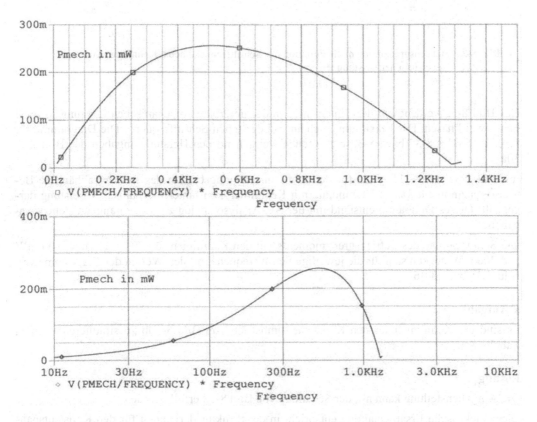

**Bild 8-36** Mechanische Leistung für zwei Phasen als Funktion der linear und logarithmisch geteilten Achse für die Schrittfrequenz

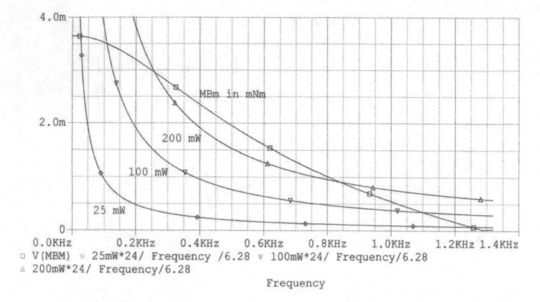

**Bild 8-37** Betriebsgrenzmoment als Funktion der Schrittfrequenz nebst Kennlinien konstanter
mechanischer Leistung

Das Bild 8-35 verdeutlicht den Unterschied in der lieferbaren mechanischen Leistung für eine
bzw. zwei Phasen. Das Maximum erscheint bei derselben Schrittfrequenz. Die Diagramme für
$P_{mech}$ der Bilder 8-35 bzw. 8-36 entsprechen weitgehend den Herstellerangaben des Bildes 8-
30a.

Im Bild 8-37 wird schließlich für den Konstantspannungsbetrieb das frequenzabhängige Betriebsgrenzmoment $M_{Bm}$ in Verbindung mit Kennlinien konstanter mechanischer Leistung dargestellt. Dieses Diagramm entstand mit der AC-Analyse analog zu den vorangegangenen Angaben.

Die Schnittpunkte des Betriebsgrenzmoments mit den Kennlinien für $P_{mech}$ = 25 mW, 100 mW
und 200 mW decken sich für die jeweilige Schrittfrequenz mit den Werten der Diagramme von
Bild 8-35 bzw. 8-36.

■ **Aufgabe**

Es sind die Kennlinien für den Konstantstrombetrieb von Bild 8-30b zu simulieren, s. auch
Tabelle 8.8.

**Lösung**

Die Aufgabenstellung kann mit der Schaltung von Bild 8-38 erfüllt werden.

Diese elektrische Ersatzschaltung entspricht in der Struktur derjenigen für den Konstantspannungsbetrieb. Die Werte der stromgesteuerten Stromquelle $F_1$ und der spannungsgesteuerten
Spannungsquelle $E_1$ gelten für beide Phasen des Schrittmotors.

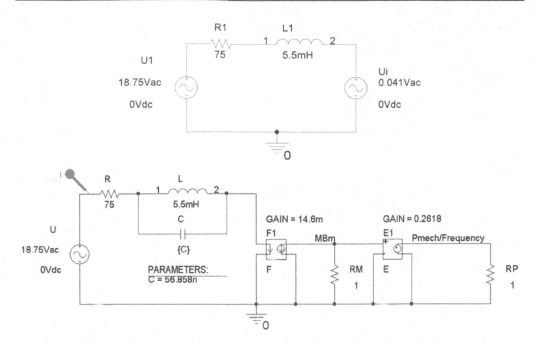

**Bild 8-38** Ersatzschaltung des Schrittmotors AM 1524, A 0,25-12,5 für Konstantstrombetrieb

Beim Konstantstrombetrieb ist in der Ersatzschaltung eine erhöhte Eingangsspannung als Chopperspannung vorzusehen. In Anpassung an die Herstellerkennlinien wurde die Spannung mit $U = 6 \cdot U_B$ gewählt, also $U = 6 \cdot 0,25$ A$\cdot 12,5$ $\Omega = 18,75$ V. Um den Strom $I_N = 0,25$ A beizubehalten, ist dementsprechend der Widerstandswert um diesen Faktor zu erhöhen, also auf $R = 6 \cdot 12,5$ $\Omega = 75$ $\Omega$. Der im Bild 8-38 angegebene Wert der induzierten Spannung $U_i = 0,041$ V gilt für eine Schrittfrequenz $f_z = 1000$ Schritte/s bei $I_R = I_{R1} = 226,6$ mA und $C = 56,858$ nF. In derAbhängigkeit $U_i = m \cdot f_z^n$ sind für den Strommodus die Koeffizienten wie folgt anzusetzten: a) im Anlaufbetrieb $n = 7,279$, $m = 1,388 \cdot 10^{-20}$ V$\cdot$s$^{7,279}$, b) im Hochlaufbetrieb $n = 2,135$, $m = 6,784 \cdot 10^{-8}$ V$\cdot$s$^{2,139}$.

### 1. Phasenstrom als Funktion der Schrittfrequenz im Konstantstrombetrieb

Die Wirkung der induzierten Spannung $U_i$ im Strommodus wird wiederum dadurch simuliert, dass parallel zur Induktivität $L$ eine Kapazität $C$ gelegt wird. Mit den Grenzfrequenzen $f_{Am} \approx 800$ Hz und $f_{Bm} \approx 9$ kHz aus Bild 8-30b) erhält man über die Gleichung (8.28) die Kapazität $C = 7,196$ µF für die Start-Stopp-Kennlinie (Anlaufkennlinie) und $C = 56,858$ nF für die Betriebsgrenzmoment-Kennlinie (Hochlauf-Kennlinie).

Die Phasenströme für den Start-Stopp-Betrieb, den Hochlaufbetrieb und für den Fall, dass die induzierte Spannung außer Acht gelassen wird erhält man über die Analyseart *AC Sweep* mit *Start Frequency*: 10, *End Frequency*: 100kHz bzw. 9kHz bzw. 800Hz, *Points/Dec*: 100, *Parametric Sweep*, *Global Parameter*, *Parameter Name*: C, *Value List*: 1f, 56.858n, 7.196u.

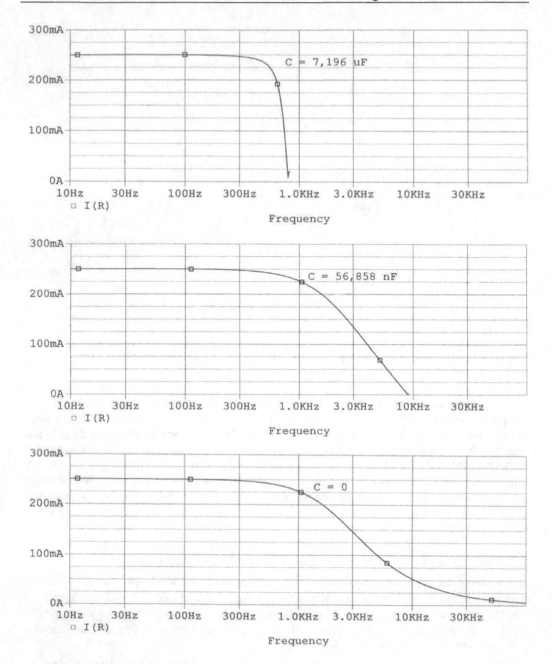

**Bild 8-39** Phasenströme als Funktion der Schrittfrequenz im Konstantstrombetrieb
oben: Anlaufkennlinie,
mittleres Diagramm: Hochlaufkennlinie,
unten: Kennlinie ohne induziert Spannung

## 2. Drehmomente als Funktion der Schrittfrequenz für Konstantstrombetrieb

Für den Strommodus erhält man die Konstante $k_B$ nach Gl. (8.29) zu $k_B = M_{Bmmax}/I_N = 3,65$ mNm/0,25 A = 0,0146 Vs. Dieser Wert wird als *GAIN*=14.6m in die $F_1$-Quelle eingegeben. Die Start-Stopp-Kennlinie nach Bild 8-40 folgt mit $C = 7,196$ µF und das Drehmoment bei Hochlauf nach Bild 8-41 mit $C = 56,858$ nF. Die AC-Analyse ist ähnlich wie diejenige für den Spannungsmodus durchzuführen.

Die Start-Stopp-Kennlinie nach Bild 8-40 sowie die Betriebsdrehmoment-Kennlinie nach Bild 8-41 zeigen eine annehmbare Übereinstimmung mit den Herstellerangaben nach Bild 8-30b. Diese Diagramme weisen eine linear- als auch logarithmisch geteilte Frequenzachse auf.

## 3. Mechanische Leistung als Funktion der Schrittfrequenz im Konstantstrombetrieb

Es gilt wiederum die Gleichung (8.32). Mit AC-Analysen analog wie im Spannungsmodus erhält man das Bild 8-42. Es ergibt sich eine ähnliche Kennlinie für $P_{mech} = f(f_z)$ wie im Bild 8-30b des Herstellers. Setzt man in der Schaltung nach Bild 8-38 anstelle der Kapaztät C die induzierte Spannung $U_i$ mit den angegebenen Koeffizenten ein, dann erhält man z. B. im Hochlaufbetrieb bei einer Schrittfrequenz $f_z = 7000$ Schritte/s die Werte $U_i = 6,784 \cdot 10^{-8} \cdot (7000)^{2,135} = 10,98$ V, $I_{R1} = 30,67$ mA, $M_{BM} = 0,447$ mNm und $P_{mech}$ 820,5 mW, siehe die Bilder 8-39, 8-41 und 8-42.

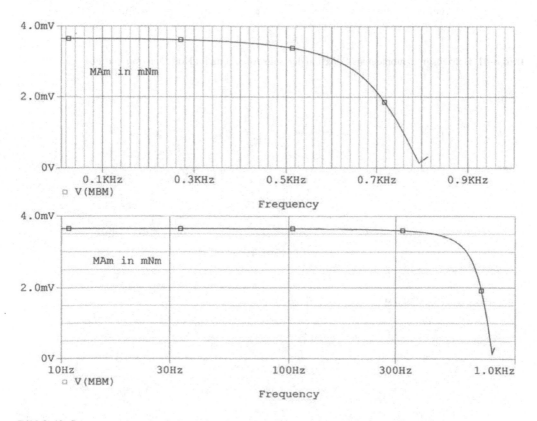

**Bild 8-40** Startgrenzmoment als Funktion der Schrittfrequenz im Konstantstrombetrieb

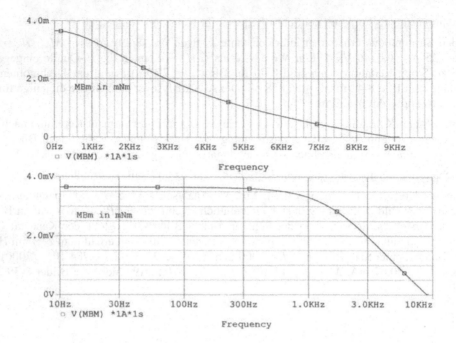

**Bild 8-41** Betriebsgrenzmoment als Funktion der Schrittfrequenz im Konstantstrombetrieb

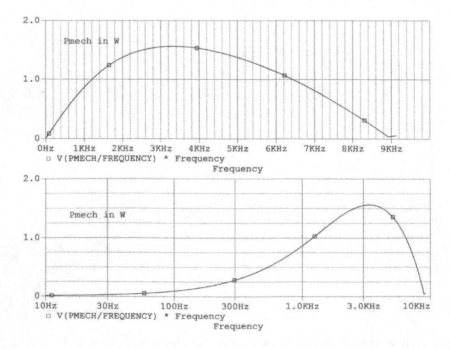

**Bild 8-42** Mechanische Leistung als Funktion der Schrittfrequenz im Konstantstrombetrieb

# 8.3 Gleichstrom-Reihenschlussmotor

Wie Bild 8-43 zeigt, sind bei diesem Motortyp die Anker- und die Erregerwicklung in Reihe geschaltet. Bei einer Lastvariation ändern sich damit gleichermaßen der Ankerstrom $I_A$ wie der Erregerstrom $I_E$ und demzufolge auch der Erregerfluss $\Phi$. Im Bereich kleinerer Ströme ist der Fluss proportional zum Strom. Mit $\Phi = c \cdot I$ liegt dann eine lineare Magnetisierungskennlinie vor, wobei $c$ ein konstanter Faktor ist.

Für die im Anker induzierte Spannung $U_i$ erhält man:

$$U_i = U - I \cdot R = k \cdot n \cdot I \tag{8.33}$$

mit der Klemmenspannung $U$, dem Strom $I$, der Motorkonstante $k$, der Drehzahl $n$ und dem Widerstand $R$ als Summe der Widerstände von Anker- und Erregerwicklung.

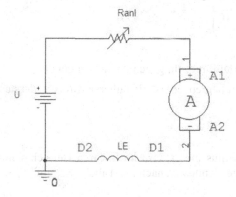

**Bild 8-43**  Schaltbild des Reihenschlussmotors mit Anlasswiderstand, Ankerwicklung A1-A2 und Erregerwicklung D1-D2

Das Drehmoment $M$ ist proportional zum Quadrat des Stromes mit:

$$M = \frac{k \cdot I^2}{2 \cdot \pi} = \frac{U_i \cdot I}{2 \cdot \pi \cdot n} = \frac{P_{mech}}{2 \cdot \pi \cdot n} \tag{8.34}$$

dabei ist $P_{mech}$ die abgegebene mechanische Leistung gemäß:

$$P_{mech} = U_i \cdot I = k \cdot n \cdot I^2 \tag{8.35}$$

Der Quotient aus Reibungs- und Nenndrehmoment ist:

$$\frac{M_R}{M_N} = \left(\frac{I_0}{I_N}\right)^2 \tag{8.36}$$

mit dem Leerlaufstrom $I_0$ und dem Nennstrom $I_N$.

Der Wirkungsgrad $\eta$ entspricht dem Quotienten aus abgegebener mechanischer Leistung zur aufgenommenen elektrischen Leistung mit:

$$\eta = \frac{P_{mech}}{P_{el}} = \frac{(M - M_R) \cdot 2 \cdot \pi \cdot n}{U \cdot I} \tag{8.37}$$

Die Drehzahl erhält man mit:

$$n = \frac{U}{\sqrt{2 \cdot \pi \cdot k \cdot M}} - \frac{R}{k} \tag{8.38}$$

und für die Leerlaufdrehzahl gilt:

$$n_0 = \frac{1}{k} \cdot \left( \frac{U}{I_0} - R \right) \tag{8.39}$$

Bei $M = 0$ würde die Leerlaufdrehzahl gegen unendlich gehen.

Um den Einschaltstrom zu begrenzen, ist ein äußerer Anlasswiderstand $R_{anl}$ erforderlich, s. Bild 8-43.

■ **Aufgabe**

Ein Gleichstrom-Reihenschlussmotor wird im linearen Bereich seiner Magnetisierungskennlinie betrieben und weist die Kenndaten nach der Tabelle 8.9 auf.

**Tabelle 8.9**  Kenndaten eines Reihenschlussmotors nach [34]

| $U_N$ = 24 V | $I_N$ = 1,4 A | $n_N$ = 4000 min$^{-1}$ | $R_A$ = 2 Ω |
|---|---|---|---|
| $M_R$ = 5,5 mNm | $M_{ab}$ = 64,5 mNm | $M_{N,ab}$ = 70 mNm | |

Dabei ist $M_R$ das Reibungsmoment und $M_N$, ab das abgegebene Nennmoment.

Für das Nennmoment gilt:

$$M_N = M_R + M_{N,ab} \tag{8.40}$$

Es sind die folgenden Ermittlungen durchzuführen:

1. Der Wert der Motorkonstanten $k$ ist zu berechnen

2. Eine PSPICE-Ersatzschaltung des Reihenschlussmotors ist aufzustellen

3. Es ist die Kennlinie $n = f(M)$ für $M$ = (2 bis 70) mNm mit $U$ = (12, 18, 24) V als Parameter zu analysieren.

4. Bei $M = M_R$ = 5,5 mNm ist die Leerlaufdrehzahl $n_0$ in Abhängigkeit von der Klemmenspannung für $U$ = 6 bis 30 V darzustellen.

5.  Bei $U = U_N$ ist die Abhängigkeit des Drehmomentes vom Ankerstrom bis zur Höhe des Nennstromes zu analysieren.

6.  Bei $U = U_N$ ist der Wirkungsgrad $\eta$ als Funktion des Drehmoments für $M = 5{,}5$ bis 70 mNm zu ermitteln.

7.  Bei $U = U_N$ ist der Einfluss eines Ankervorwiderstandes mit den Werten $R_{AV} = (0, 10, 20)\ \Omega$ auf die Betriebskennlinie zu erfassen.

**Lösung**

**Zu 1.** Aus Gl. (8.33) erhält man k = $(U_N-I_N{\cdot}R)/(n_N{\cdot}I_N)$ = 3,78757 m$\Omega$·min = 0,22714 $\Omega$s.

**Zu 2.** In der Ersatzschaltung nach Bild 8-44 wird bei der spannungsgesteuerten Stromquelle $G_I$ der aus den Gln. (8.33) und (8.34) hervorgehende Strom $I = (2{\cdot}\pi{\cdot}M/k)^{1/2}$ eingeschrieben und mit der Quelle $G_n$ wird die Drehzahl über die Gl. (8.33) mit $n = U_i/(k{\cdot}I)$ bestimmt. Die oben berechnete Motorkonstante sowie die Nennwerte aus der Tabelle 8.9 sind als Parameter der Ersatzschaltung einzugeben. In den nachfolgenden Analysen wird das Drehmoment $M$ als globaler Parameter definiert und als Variable gestaltet. Der Standardwert 1Vdc der Gleichspannungsquelle wird durch den in geschweiften Klammern gesetzten Parameter $U$ ersetzt, um die Klemmenspannung verändern zu können.

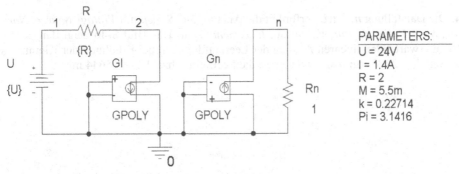

G^@REFDES %3 %4 VALUE={SQRT(2*Pi*M/k)}

G^@REFDES %3 %4 VALUE={60*V(2)/(k*(V(1)-V(2))/R)}

**Bild 8-44**  Ersatzschaltung des Gleichstrom-Reihenschlussmotors

**Zu 3.** Zur Drehzahl-Drehmomentkennlinie $n = f(M)$ mit der Spannung $U$ als Parameter nach Bild 8-45 gelangt man mit den Einstellungen: *Primary Sweep, DC Sweep, Sweep Variable, Global Parameter, Parameter Name*: m, *Start Value*: 2m, *End Value*: 70m, *Increment*: 0.1m, *Secondary Sweep, Sweep Variable, Voltage Source, Name*: U, *Sweep type, Linear, Start Value*: 12, *End Value*: 24, *Increment*: 6.

Bei der Nennspannung $U_N = 24$ V erhält man für das Nennmoment $M_N = 70$ mNm die Nenndrehzahl $n_N = 4000$ min$^{-1}$ und bei dem Reibungsmoment $M_R = 5{,}5$ mNm die Leerlaufdrehzahl $n_0 = 15644$ min$^{-1}$.

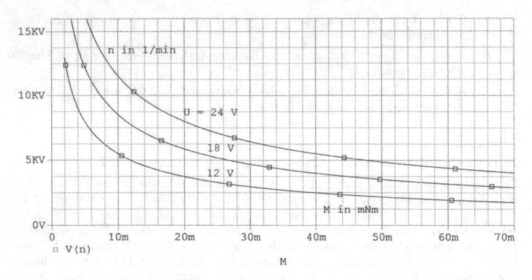

**Bild 8-45** Drehzahlsteuerung durch Veränderung der Klemmenspannung

**Zu 4.** Die Darstellung $n_0 = f(U)$ erfordert die Analyse *DC Sweep* mit *Voltage Source, Name*: U, *Linear, Start Value*: 6, *End Value*: 30, *Increment*: 10m. Das Bild 8-46 zeigt den gemäß Gl. (8.39) zu erwartenden linearen Anstieg der Leerlaufdrehzahl bei Erhöhung der Klemmenspannung. Bei $U_N = 24$ V ergibt sich wiederum die Leerlaufdrehzahl $n_0 = 15644$ min$^{-1}$.

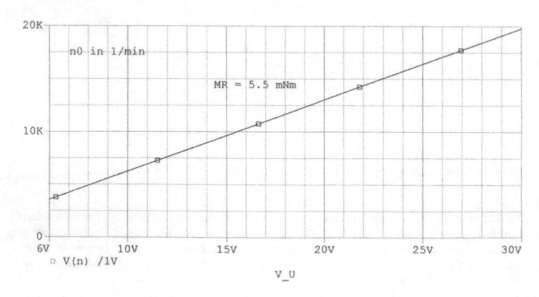

**Bild 8-46** Leerlaufdrehzahl als Funktion der Klemmenspannung

**Zu 5.** Die im Bild 8-47 dargestellte Stromabhängigkeit des Drehmomentes wird mit den folgenden Analyseschritten erreicht: *DC Sweep, Global Parameter, Parameter Name*: M, *Start Value*: 1u, *End Value*: 70m, *Increment*: 0.1m. Die Umwandlung der *x*-Achse von der Variablen M auf die neue Variable $I_R$ erfolgt über *Plot, Axis Settings, Axis Variable*: I(R) *Trace, Add Trace*: M. Bei $M_R$ = 5,5 mNm wird der Leerlaufstrom $I_0$ = 392 mA gemäß $I_0 = I_N \cdot (M_R/M_N)^{1/2}$ nach Gl. (8.36) erreicht und mit $M_N$ = 70 mNm wird $I_N$ = 1,4 A. Die untere Kennlinie verdeutlicht den Einfluss des Reibungsmoments.

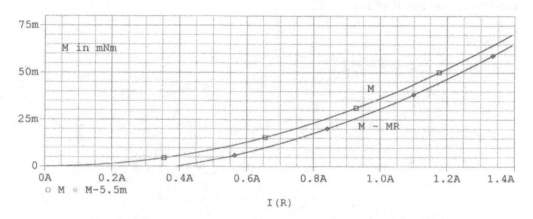

**Bild 8-47** Abhängigkeit des Drehmomentes vom Ankerstrom bei angelegter Nennspannung

**Zu 6.** Zur Auswertung der Gl. (8.37) für den Wirkungsgrad wird die Analyse *DC-Sweep* herangezogen mit *Global Parameter, Parameter Name*: M, *Start Value*: 5.5m, *End Value*: 70m, *Increment*: 0.1m. Bei der Bildung von η wurde im Bild 8-48 für 2·π·100/60 der Wert 10,472 eingegeben. Beim Nenndrehmoment wird ein Wirkungsgrad von etwa 81 % erreicht.

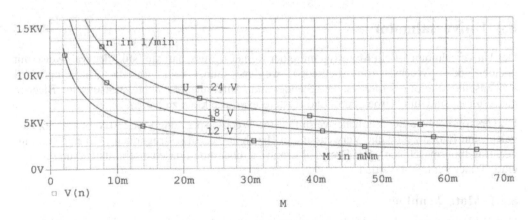

**Bild 8-48** Wirkungsgrad in Abhängigkeit des Drehmoments

**Zu 7.** Die Möglichkeit der Drehzahlsteuerung durch eine Änderung des Ankervorwiderstandes $R_{AV}$ wird in Bild 8-49 aufgezeigt. Zu dieser Darstellung $n = f(M)$ mit $R_{AV}$ als Parameter gelangt man über *DC Sweep, Global Parameter, Parameter Name*: M, *Start Value*: 5m, *End Value*: 100m, *Increment*: 0.1m sowie mit *Parametric Sweep, Global Parameter, Parameter Name*: R, *Value List*: 2, 12, 22.

Die Beschaltung mit einem Ankervorwiderstand wird also in der Analyse durch eine stufenweise Erhöhung des Widerstandes $R$ um 10 Ω bzw. 20 Ω bewerkstelligt. Die Abhängigkeiten ergeben sich mit der Gl. (8.38).

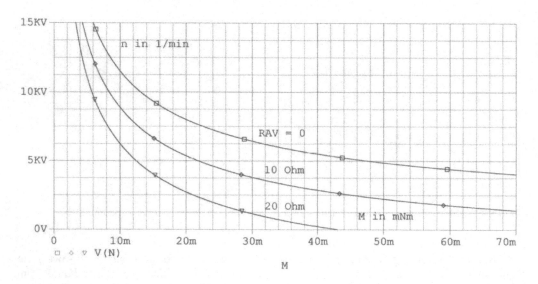

**Bild 8-49** Drehzahlsteuerung durch Änderung des Ankervorwiderstandes

## 8.4 Universalmotor

Der Universalmotor ist ein Motortyp mit einer Reihenschlusscharakteristik, der wahlweise mit Gleich- oder Wechselstrom betrieben werden kann. Sein Einsatz als Einphasen-Reihenschlussmotor erfordert es, dass Ständer und Läufer aus geschichteten, isolierten Blechen auszuführen sind, um Wirbelstrom- und Hystereseverluste klein zu halten.

Universalmotoren werden üblicherweise für eine Wechselspannung von 230 V bei 50 Hz ausgelegt und finden zahlreiche Verwendung in Haushalts- und Elektrogeräten (Mixer, Staubsauger, Handbohrmaschinen). Die Drehzahl kann u. a. über eine Phasenanschnittsteuerung mittels eines Triacs verändert werden.

### 8.4.1 Motorkennlinie

Das Bild 8-50 zeigt die $n$-$M$-Herstellerkennlinie eines Universalmotors. Die dazugehörigen Kenndaten werden in der Tabelle 8.10 angegeben.

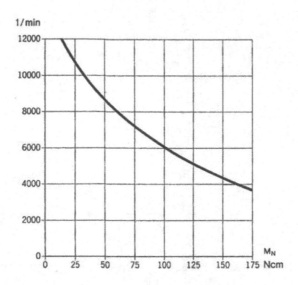

**Bild 8-50** Kennlinie des Universalmotors KS 4632 nach [35]

**Tabelle 8.10** Kenndaten des Universalmotors KS 4632 nach [35]

| Spannung | $U$ = 220 V bis 240 V | Nenndrehzahl | $n_N$ = 6800 1/min |
|---|---|---|---|
| Aufnahme Nennleistung | $P_N$ = 750 W | Nennmoment | $M_N$ = 0,8 Nm |
| Abgabeleistung | $P_{mech}$ = 570 W | | |

### 8.4.2 Ersatzschaltung bei Wechselspannungsbetrieb

Die Ersatzschaltung des mit Wechselstrom gespeisten Universalmotors nach Bild 8-51 ermöglicht die Analyse der Kennlinie $M$ = f($n$). In die spannungsgesteuerte Spannungsquelle *EPOLY* wird mittels *VALUE* die Gleichung für die induzierte Spannung (in Volt) wie folgt eingegeben:

$$U_i = U_2 = \frac{k \cdot I_R \cdot n}{60} \tag{8.41}$$

dabei ist der Strom:

$$I_R = \frac{U_2 - U_1}{R} \tag{8.42}$$

In der spannungsgesteuerten Spannungsquelle *EVALUE* wird die Spannung $U_i$ mit dem Ausdruck 60/(2·π·$n$) multipliziert, womit am Widerstand $R_M$ die Spannung am Leitungszug $M/I_R$ abgegriffen werden kann. Die Drehzahl $n$ ist als Variable vorzugeben, sie erscheint also bei der Analyse auf der Abszisse. Zur Bildung des Drehmomentes $M$ ruft man zunächst die Spannung am Knoten $M/I_R$ auf und multipliziert diese anschließend mit $I_R$. Als Eingangsspannung wird die Wechselspannung $U$ angelegt. Die Parameter enthalten diese Spannung, die noch zu berechnende Motorkonstante $k$ sowie weitere Kenndaten aus der Tabelle 8.10.

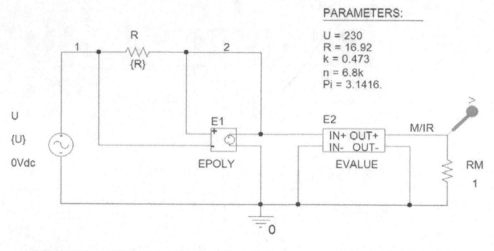

E^@REFDES %3 %4 VALUE={k*n/60*(V(1)-V(2))/R}          V(%IN+, %IN-)*60/2/Pi/n

**Bild 8-51** Ersatzschaltung des Universalmotors für Wechselspannungsbetrieb

■ **Aufgabe**

1.) Zu berechnen sind der Widerstand $R$ und die Motorkonstante $k$.
2.) Es ist die Motorkennlinie nach Bild 8-50 zu simulieren.
3.) Der Motorstrom $I_R$, das Drehmoment $M$, die elektrische Leistung $P_{el}$, die mechanische Leistung $P_{mech}$ und der Wirkungsgrad $\eta$ sind in Abhängigkeit von der Drehzahl in dem eingeschränkten Bereich $n = 3000$ bis $8000$ min$^{-1}$ zu analysieren.

**Lösung**

**Zu 1.**

Mit $I_N = P_N/U_N = 750$ W/230 V $= 3{,}26$ A erhält man $U_i = P_{mech}/I_N = 570$ W/3,26 A $= 174{,}85$ V und somit auch $R = (U_N - U_i)/I_N = 16{,}92$ Ω sowie $k = U_i/(n \cdot I_N) = 7{,}887$ mΩ·min $= 0{,}473$ Ωs.

**Zu 2.**

Die ermittelten Kenndaten werden als Parameter in die Schaltung nach Bild 8-51 eingegeben. Man wählt die Analyse *AC Sweep* mit den Schritten: *Logarithmic, Start Frequency*: 50, *End Frequency*: 50, *Points/Dec*: 1, *Parametric Sweep, Global Parameter, Parameter Name*: n, *Start Value*: 2k, *End Value*: 12k, *Increment*: 10.

Das Analyseergebnis nach Bild 8-52 stimmt im Bereich $n = 4000$ bis $8000$ min$^{-1}$ gut mit der anzunähernden Kennlinie überein. Markante Punkte der Herstellerkennlinie sind mit kleinen Kreisen gekennzeichnet. Bei Drehzahlen $n > 9000$ min$^{-1}$ führt jedoch die nachfolgende Konstante $k_n$ zu einem besseren Resultat als die Analyse mit der Konstanten $k$. Es ist:

$$k_n = k \cdot \left( 0{,}05 \cdot \frac{I_N}{I_R} + 0{,}95 \cdot \frac{I_R}{I_N} \right) \tag{8.43}$$

Die obigen Ströme sind mit den Drehmomenten wie folgt verknüpft: $I_N/I_R = (M_N/M)^{1/2}$ bzw. $I_R/I_N = (M/M_N)^{1/2}$.

Bei $n_N = 6800\ \text{min}^{-1}$ wird jeweils das Nennmoment $M_N = 0{,}8$ Nm erreicht.

Bei Gleichspannungsbetrieb fällt die Drehzahl mit $n_G = n/\cos\varphi$ etwas höher als bei Wechselspannungsbetrieb aus. Dabei ist der Leistungsfaktor:

$$\cos\varphi = \frac{R}{\sqrt{R^2 + (\omega \cdot L)^2}} \tag{8.44}$$

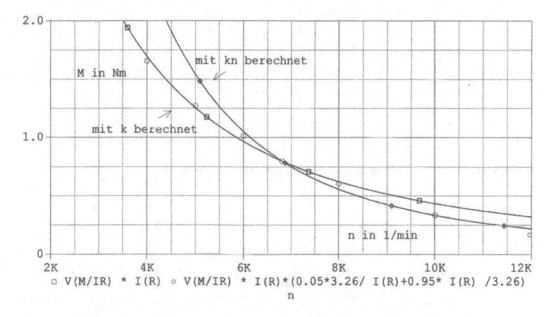

**Bild 8-52** Kennlinien des Universalmotors für unterschiedliche Konstanten

## Zu 3.

Im eingeschränkten Drehzahlbereich $n = 3000$ bis $8000\ \text{min}^{-1}$ kann die Motorkonstante $k = 0.473\ \Omega\text{s}$ verwendet werden. Mit den zuvor beschriebenen Analyseschritten gelangt man zu den Bildern 8-53 und 8-54.

Mit höheren Drehmomenten bzw. Motorströmen und Leistungen sinkt die Drehzahl ab. Bei $n_N = 6800\ \text{min}^{-1}$ erhält man die in der Tabelle 8.10 angegebenen Nennwerte $I_N = 3{,}26$ A sowie $P_N = 750$ W und $P_{mech} = 570$ W. Der Wirkungsgrad steigt mit wachsenden Drehzahlen an und erreicht im Nennbereich mit $\eta_N = 76\ \%$ einen vergleichweise geringen Wert.

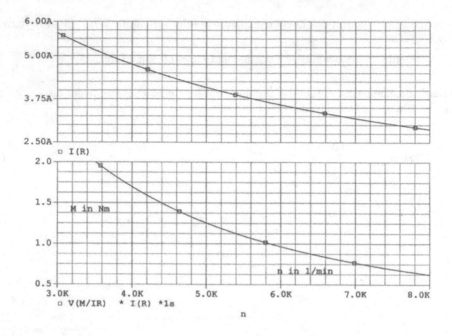

**Bild 8-53** Motorstrom und Drehmoment in Abhängigkeit von der Drehzahl

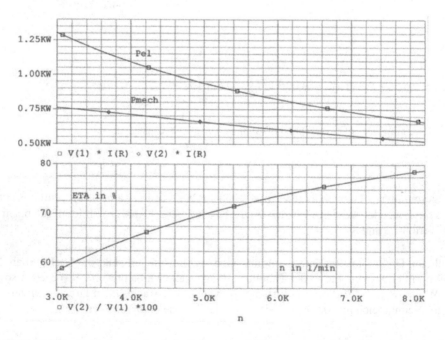

**Bild 8-54** Elektrische Leistung, mechanische Leistung und Wirkungsgrad als Funktion der Drehzahl

## 8.5 Drehstrom-Asynchronmotor

### 8.5.1 Aufbau und Wirkungsweise

Der Drehstrom-Asynchronmotor besteht aus dem Stator mit der Drehstromwicklung und dem Rotor in der Ausführung als Schleifring- oder Kurzschlussläufer. Stator und Rotor sind durch einen schmalen Luftspalt voneinander getrennt. Beim Schleifringläufermotor enthält auch der Rotor eine (meist in Stern geschaltete) Drehstromwicklung. Verbindet man die Schleifringe mit den einstellbaren Vorwiderständen eines Anlassers, dann entspricht das einer Erhöhung der Rotorwiderstände, womit die Abhängigkeit des Drehmoments von der Drehzahl beeinflusst werden kann. Der Rotor des Kurzschlussläufermotors besteht aus Kupfer- oder Aluminiumstäben, die an ihren Stirnseiten durch Kurzschlussringe miteinander verbunden sind.

Die Wirkungsweise des Asynchronmotors beruht auf dem von der Statorwicklung hervorgerufenen magnetischen Drehfeld, das im Luftspalt zwischen dem Stator und dem Rotor kreist. In der Prinzipdarstellung nach Bild 8-55 sind im Stator drei um jeweils 120° versetzte Spulen angeordnet, die von den um je 120° phasenverschobenen sinusförmigen Magnetisierungsströmen $I_U$, $I_V$ und $I_W$ gespeist werden. Jeder Magnetisierungsstrom ist phasengleich mit dem magnetischen Fluss $\Phi$. In jeder Spule bilden sich zwei Magnetpole heraus. Für eine zweipolige Wicklung ist die Polpaarzahl $p = 1$.

Die Drehzahl des Magnetfeldes wird als die synchrone Drehzahl $n_s$ bezeichnet. Zur Polpaarzahl $p$ und zur Netzfrequenz $f$ gilt die Beziehung:

$$n_s = \frac{f}{p} \tag{8.45}$$

Bei $p = 1$ und $f = 50$ Hz erreicht die synchrone Drehzahl den Wert $n_s = 3000$ min$^{-1}$.

Ersetzt man den Rotor in der Vorstellung durch eine drehbare Magnetnadel, dann ist deren Nordpol zum Zeitpunkt $t = t_0$ bei positivem Strommaximum von $I_U$ nach oben gerichtet, s. die Bilder 8-55 und 8-56. Bei dieser Nadelstellung tritt der positive Strom am Spulenanfang U$_1$ in die Spule ein und am Spulenende U$_2$ aus dieser heraus. Hierfür sind die Ströme $I_V$ und $I_W$ negativ, sie treten somit an den Spulenenden V$_2$ bzw. W$_2$ in die jeweilige Spule ein und an deren Anfängen V$_1$ bzw. W$_1$ heraus. Zum Zeitpunkt $t = t_1$ sind die Ströme $I_U$ und $I_V$ gleich groß und $I_W$ erreicht das negative Maximum, womit sich die Magnetnadel auf die Position des Spulenendes W$_2$ einstellt. Bei $t = t_2$ erfolgt die Drehung der Nadel auf den Spulenanfang V$_1$. Bei $t = t_3$ ist eine halbe Umdrehung und bei $t = t_6$ eine ganze Umdrehung vollzogen.

Da der Rotor nicht reibungslos läuft, ist seine Drehzahl $n$ stets kleiner als die synchrone Drehzahl $n_s$, d. h. er bewegt sich „asynchron". Dieser Sachverhalt wird mit dem Schlupf $s$ beschrieben:

$$s = \frac{n_s - n}{n_s} = \frac{f_r}{f} \tag{8.46}$$

Wie die Gl. (8.46) ausweist, kann der Schlupf auch als der Quotient von Rotorfrequenz $f_r$ zur Netzfrequenz $f$ dargestellt werden.

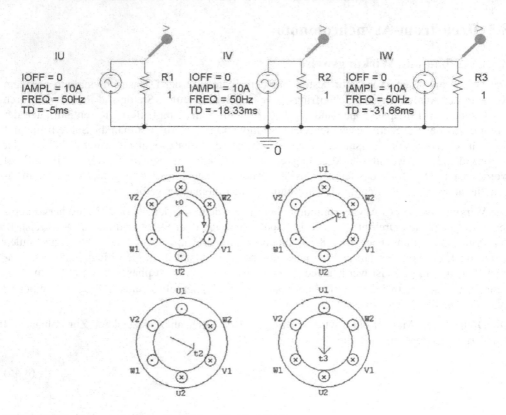

**Bild 8-55** Prinzipdarstellung zur Ausbildung des Drehfeldes

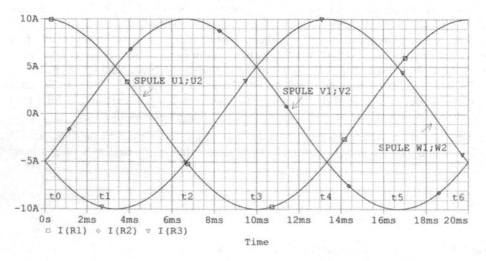

**Bild 8-56** Dreiphasenwechselstrom zur Erzeugung des Drehstromes

## 8.5.2 Ersatzschaltung

Die einphasige Ersatzschaltung des Asynchronmotors nach Bild 8-57 berücksichtigt mit $R_s$ bzw. $R_r$ die Wicklungswiderstände und mit $L_s$ bzw. $L_r$ die Streuinduktivitäten der Stator- bzw. Rotorwicklung. Die Hauptinduktivität wird mit $L_h$ beschrieben und die Eisenverluste (Hysterese, Wirbelströme) werden mit $R_{Fe}$ berücksichtigt. Für den sich drehenden Rotor werden die Einflüsse des Schlupfes mit dem Parameter $sl$ erfasst. (Der Buchstabe s darf an dieser Stelle von PSPICE wegen der Verknüpfung zur Laplace-Transformation nicht verwendet werden).

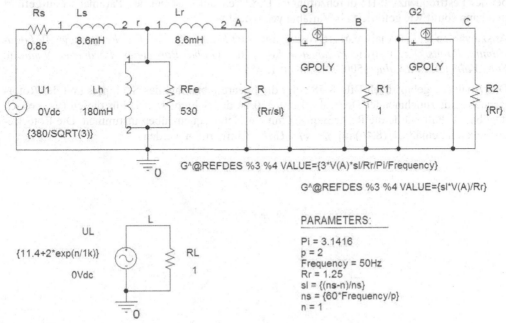

**Bild 8-57** Einphasige Ersatzschaltung des Asynchronmotors mit Werten nach [36].

Die Werte der Ersatzelemente lassen sich durch die Messung der Ohmschen Widerstände sowie über einen Kurzschluss- und Leerlaufversuch ermitteln. Die im Bild 8-57 angegebenen Werte nach [36] gelten für einen Asynchronmotor mit Schleifringläufer für $U = 380$ V, Y, $f = 50$ Hz, $p = 2$, $n_N = 1410$ min$^{-1}$.

## 8.5.3 Simulationsaufgaben

Die nachfolgenden Analysen beziehen sich sämtlich auf die Ersatzschaltung nach Bild 8-57.

■ **Aufgabe**

Es sind die Abhängigkeiten des Schlupfes $sl$, der Rotorfrequenz $f_r$ und der Rotorspannung $U_r$ von der Drehzahl für $n = 0$ bis 1500 min$^{-1}$ darzustellen. Über die spannungsgesteuerte Stromquelle G$_2$ kann der Schlupf wie folgt aufgerufen werden:

$$sl = \frac{U_C}{U_A} \tag{8.47}$$

Die Rotorfrequenz folgt aus Gl. (8.46) und für die Rotorspannung gilt:

$$U_r = sl \cdot U_{ro}$$ (8.48)

Dabei ist $U_{r0}$ die bei $n = 0$ geltende Rotorspannung.

**Lösung**

Für die am Schaltungseingang angelegte Wechselspannung ist eine Frequenzbereichsanalyse bei der Festfrequenz 50 Hz durchzuführen. Die Drehzahl $n$ ist bei den Parametern aufgeführt und kann somit wie gefordert als Variable verwendet werden.

Auszuwählen ist die Analyseart *AC Sweep* mit *Start Frequency*: 50, *End Frequency*: 50, *Logarithmic*, *Points/Dec*: 1 sowie *Parametric Sweep* mit *Global Parameter*, *Parameter Name*: n, *Start Value*: 0, *End Value*:1500, *Increment*: 1.

Das Analyseergebnis nach Bild 8-58 zeigt die lineare Abnahme des Schlupfes und der Rotorfrequenz mit zunehmender Drehzahl. Bei $n = 0$ ist der Schlupf $sl = 1$. Für diesen (theoretisch denkbaren) Fall würde die Rotorfrequenz mit der Netzfrequenz übereinstimmen. Die Rotorfrequenz kann gemäß Gl. (8.46) mit $f_r = s \cdot f = U_C / U_A \cdot f$ aufgerufen werden.

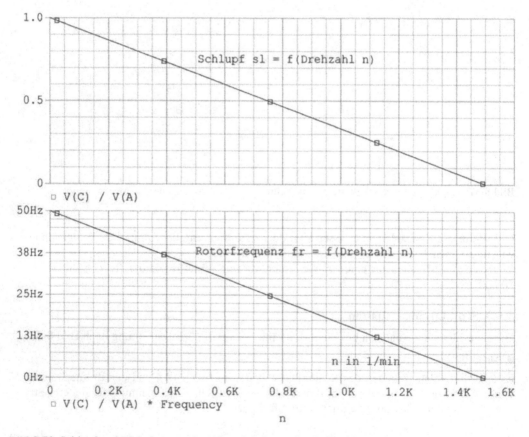

**Bild 8-58** Schlupf und Rotorfrequenz in Abhängigkeit von der Drehzahl

Im Bild 8-59 wird die lineare Abnahme der Rotorspannung bei ansteigender Drehzahl ausgewiesen. Der für verschwindende Drehzahl geltende Wert $U_{r0}$ = 109,9 V wurde mit der Kursor-Funktion ermittelt.

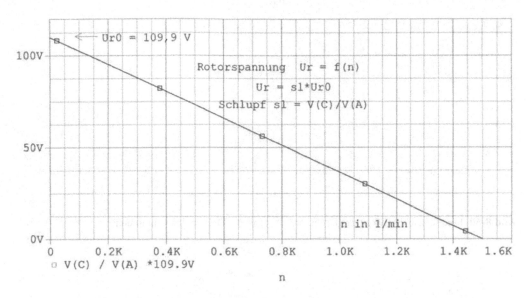

**Bild 8-59** Drehzahlabhängigkeit der Rotorspannung

■ **Aufgabe**

Zu analysieren ist die Frequenzabhängigkeit des Drehmoments $M$ für $f$ = 0,01 bis 100 Hz mit der Drehzahl als Parameter in den Werten $n$ = 0, 500, 1000, 1400 min$^{-1}$ sowie mit dem Schlupf als Parameter in den Werten $sl$ = 0.05, 0.25, 0.5,1.

Das Drehmoment des dreisträngigen Asynchronmotors ist zu berechnen mit:

$$M = \frac{3 \cdot U_A \cdot I_R}{\omega} \tag{8.49}$$

**Lösung**

Anzuwenden ist die Analyse *AC Sweep, Logarthmic, Start Frequency*: 10m, *End Frequency*: 100, *Logarithmic, Points/Dec*: 100 sowie *Parametric Sweep, Global Parameter, Parameter Name*: n, *Value List*: 0, 500, 1000, 1400 bzw. *Parametric Sweep, Global Parameter, Parameter Name*: sl, *Value List*: 0.05, 0.25, 0.5, 1.

Die Bilder 8-60 bzw. 8-61 zeigen, dass das Drehmoment ansteigt, wenn die Drehzahl verringert bzw. der Schlupf erhöht wird, s. auch [37].

■ **Aufgabe**

Es ist die Drehmomentkennlinie $M$ = f($n$) für eine Variation der Polpaarzahl mit $p$ = 1 bzw. $p$ = 2 zu analysieren und darzustellen. Dabei sind die Werte des Anlauf- und des Kippmoments zu ermitteln.

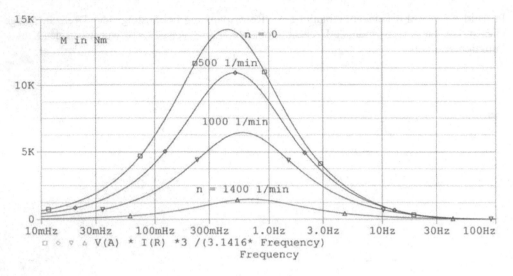

**Bild 8-60** Frequenzabhängigkeit des Drehmomentes mit der Drehzahl als Parameter.

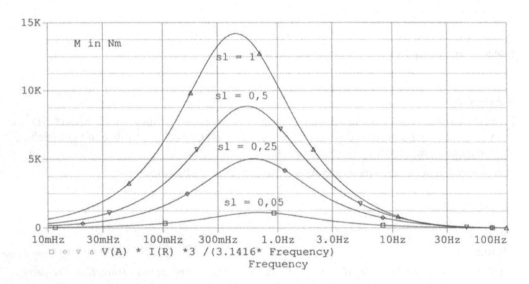

**Bild 8-61** Frequenzabhängigkeit des Drehmomentes mit dem Schlupf als Parameter

## Lösung

Anzuwenden ist wiederum die AC-Analyse mit der Beschränkung auf den Wert $f = 50$ Hz. Bei der Analyse für die Polpaarzahl $p = 1$ ist in der Schaltung von Bild 8-57 unter *PARAMETERS* der Wert $p = 1$ einzutragen und der Endwert von $n$ ist mit dem Wert 3000 festzulegen.

Die mit den Bildern 8-62 und 8-63 erzielten Ergebnisse zeigen, dass für eine Polpaarzahl $p = 1$ bei $M = 0$ die doppelte Drehzahl im Vergleich zu $p = 2$ auftritt und dass andererseits die Werte für das bei $n = 0$ geltende Anlaufmoment $M_A$ sowie für das Kippmoment $M_K$ gegenüber denjenigen für $p = 2$ halbiert werden.

Die mit dem Kursor ermittelten Werte sind in der Tabelle 8.11 zusammengestellt.

**Tabelle 8.11** Auswirkung unterschiedlicher Polpaarzahlen auf Drehmomente und Drehzahlen

| $p = 1$ | $p = 2$ |
|---|---|
| $M = 0$ bei $n = 3000$ min$^{-1}$ | $M = 0$ bei $n = 1500$ min$^{-1}$ |
| $M_A = 16{,}3$ Nm bei n $= 0$ | $M_A = 32{,}5$ Nm bei $n = 0$ |
| $M_K = 34{,}1$ Nm bei nK $= 2310$ min$^{-1}$ | $M_K = 68{,}1$ Nm bei $n_K = 1150$ min$^{-1}$ |

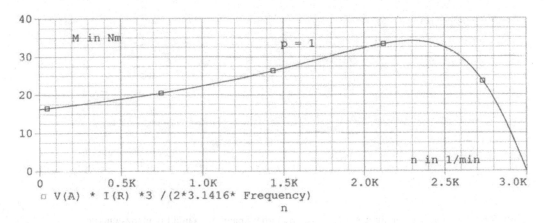

**Bild 8-62** Drehmomentkennlinie für die Polpaarzahl $p = 1$

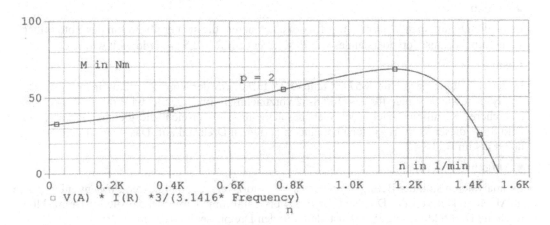

**Bild 8-63** Drehmomentkennlinie für die Polpaarzahl $p = 2$

■ **Aufgabe**

Es ist die Drehmomentkennlinie $M = f(n)$ für den Fall zu analysieren, dass die Netzspannung sowie die Netzfrequenz halbiert werden.

**Lösung**

In der Schaltung nach Bild 8-57 ist der Wert von $U_1$ mit 0,5 zu multiplizieren und unter *PARAMETERS* ist der Wert von *Frequency* auf 25 Hz herabzusetzen. Die Analyse ist wie folgt durchzuführen: *AC Sweep, Start Frequency*: 50, *End Frequency*: 50, *Logarthmic, Points/Dec*: 1, *Parametric Sweep, Global Parameter, Parameter Name*: n, *Start Value*: 0, *End Value*: 800, *Increment*: 1. Aus dem Bild 8-64 geht mit Auswertung der Spannungen an den Knoten A und B hervor, dass im Vergleich zum Bild 8-62 das Anlaufmoment mit $M_A = 47$ Nm höher und das Kippmoment mit $M_K = 50,9$ Nm niedriger ausfällt und die für $M = 0$ geltende Drehzahl halbiert wird.

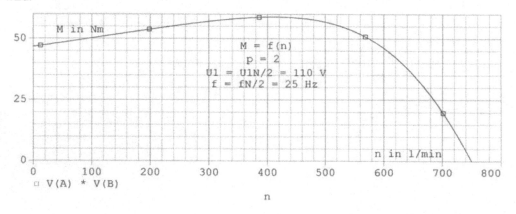

**Bild 8-64** Drehmomentkennlinie bei einer kombinierten Spannungs- und Frequenzsteuerung

■ **Aufgabe**

Es ist die Drehmomentkennlinie $M = f(n)$ zu analysieren, die sich ergibt, wenn der Rotorwiderstand mittels eines Vorwiderstandes von $R_r = 1,25\ \Omega$ auf $R_r = 2,5\ \Omega$ verdoppelt wird.

**Lösung**

In der Schaltung nach Bild 8-57 ist unter *PARAMETERS* der Wert $R_r = 2.5$ einzutragen. Die Analyse ist wie diejenige für das Bild 8-62 vorzunehmen. Im Ergebnis wird mit Bild 8-65 eine „weichere" Kennlinie erzielt. Der Wert des Kippmoments erreicht die gleiche Höhe wie im Bild 8-62, dieser Wert tritt jedoch bei einer niedrigeren Drehzahl auf. Das Anlaufmoment liegt höher als im Bild 8-62.

■ **Aufgabe**

Zu analysieren sind der Betrag des Stromes im Rotorzweig $|I_R|$ und dessen Phasenwinkel $\varphi(I_R)$ in Abhängigkeit von der Drehzahl für $n = 0$ bis 1500 min⁻¹.Ferner ist für diesen Drehzahlbereich die Drehfeldleistung $P_d$ darzustellen. Für den Dreiphasenbetrieb gilt:

$$P_d = 3 \cdot I_R^2 \cdot R \tag{8.50}$$

**Lösung**

Die Analyse *AC Sweep* und *Parametric Sweep* sind wie diejenigen zum Bild 8-58 anzusetzen. Man erhält das Bild 8-66. Die im Widerstand $R$ umgesetzte Leistung lässt sich über die W-Funktion aufrufen. Für die Nenndrehzahl $n_N = 1410$ min$^{-1}$ erhält man $P_d = 5,52$ kW, $\varphi(I_R) = -13,3°$ und $I_R = 0,39$ A.

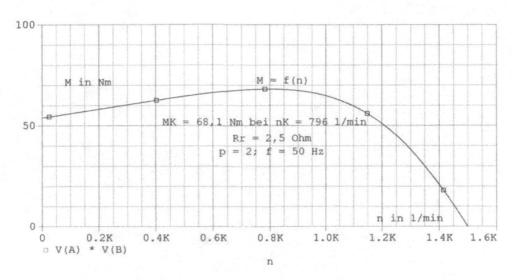

**Bild 8-65** Drehmomentkennlinie bei effektiver Erhöhung des Rotorwiderstandes

■ **Aufgabe**

Zu analysieren sind der Betrag des Stromes im Statorzweig $I_{Rs}$ und dessen Phasenwinkel $\varphi(I_{Rs})$ in Abhängigkeit von der Drehzahl für $n = 0$ bis 1500 min$^{-1}$. Ferner ist der Leistungsfaktor $\cos\varphi$ für diesen Drehzahlbereich darzustellen.

**Lösung**

Die Analysearten entsprechen denjenigen für das Bild 8-58. Man gelangt zum Bild 8-67.

Für die Nenndrehzahl $n_N = 1410$ min$^{-1}$ erhält man die Werte $\cos\varphi = 85,1$ %, $\varphi(I_{Rs}) = -31,6°$ und $I_{Rs} = 10,77$ A.

Zu beachten ist, dass der Kosinus bei SPICE für das Bogenmaß bestimmt wird. Dabei ist die Umrechnung mit $\pi/180 = 0,01745329$ vorzunehmen. Bei $n = 1500$ min$^{-1}$ erhält man den Leerlaufstrom mit $I_0 = 3,72$ A und dessen Phasenwinkel $\varphi(I_0) = -83,4°$.

■ **Aufgabe**

Zu ermitteln ist die Drehzahlabhängigkeit des Drehmomentes $M$, der mechanischen Leistung $P_{mech}$ und des Wirkungsgrades $\eta$ im Dreiphasenbetrieb für $n = 0$ bis 1500 min$^{-1}$.

Das Drehmoment kann für die Ersatzschaltung nach Bild 8-57 wie folgt bestimmt werden:

$$M = \frac{I_R^2 \cdot R \cdot p}{\omega} \tag{8.51}$$

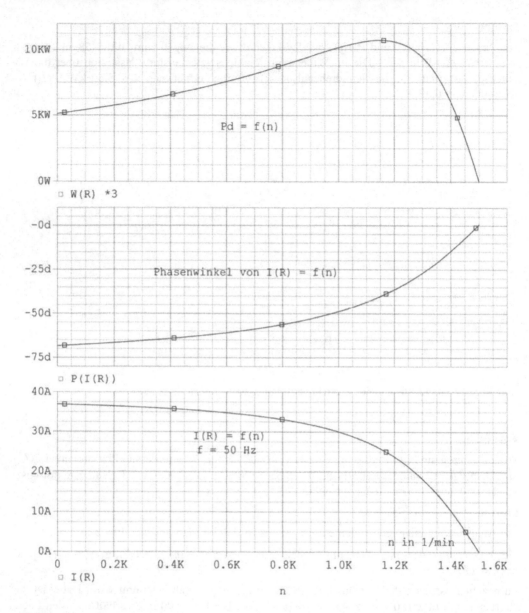

**Bild 8-66** Drehzahlabhängigkeit der dreiphasigen Drehfeldleistung sowie des Phasenwinkels und des Betrages des Stromes in einem Rotorstrang

Die an der Welle abgegebene mechanische Leistung ist:

$$P_{mech} = P_d \cdot (1-s) = 3 \cdot I_R^2 \cdot R \cdot \left(1 - \frac{U_C}{U_A}\right) \tag{8.52}$$

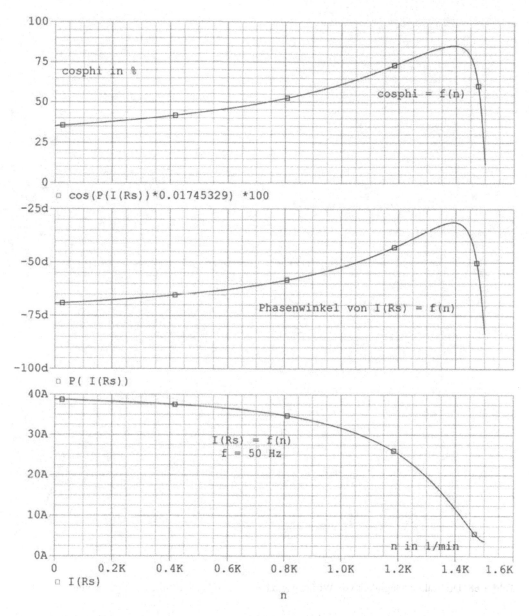

**Bild 8-67** Drehzahlabhängigkeit des Leistungsfaktors, Phasenwinkels und des Strombetrags in einem Statorstrang

und für den Wirkungsgrad gilt:

$$\eta = \frac{P_{mech}}{P_{el}} = \frac{P_{mech}}{3 \cdot U_1 \cdot I_{Rs} \cdot \cos\varphi} \tag{8.53}$$

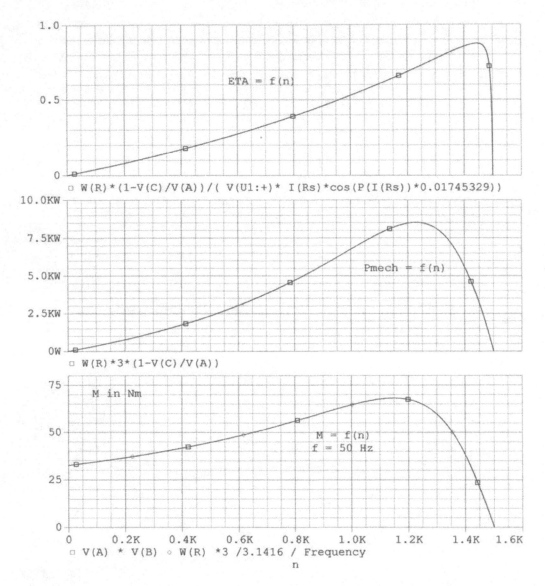

**Bild 8-68**  Drehzahlabhängigkeit von Wirkungsgrad, mechanischer Leistung und Drehmoment

**Lösung**

Mit den Analysen wie für das Bild 8-58 gelangt man zu Bild 8-68. Bei $n_N$ = 1410 min$^{-1}$ sind $\eta$ = 0,86 = 86 %, $P_{mech}$ = 5,18 kW und $M$ = 35,1 Nm.

Im unteren Diagramm erfolgt der Nachweis, dass man das Drehmoment auf zweierlei Weise aufrufen kann, s. Gl. (8.51).

■ **Aufgabe**

Es ist das Motordrehmoment in Verbindung mit einem Lastmoment zu analysieren. Das Lastmoment wurde mit einer exponenziellen Abhängigkeit gemäß Bild 8-57 angesetzt.

**Lösung**

Über die Analysearten wie für das Bild 8-58 folgt das Bild 8-69.

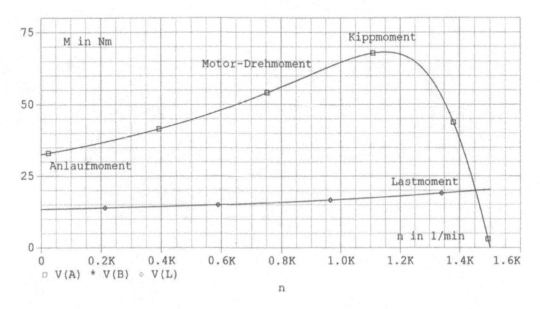

**Bild 8-69** Drehmomentkennlinien

Im Schnittpunkt von Motor- und Lastmoment erhält man für das gewählte Beispiel den Wert $M_L = 19{,}9$ Nm bei $n_L = 1450$ min$^{-1}$.

■ **Aufgabe**

Es ist die Frequenz-Ortskurve des einsträngigen Rotorstromes mit der Darstellung nach Betrag und Phase für $f = 0.1$ bis 100 Hz zu analysieren.

**Lösung**

Auszuwählen ist die Analyseart *AC Sweep* mit *Start Value*: 0.1, *End Value*: 100, *Logarithmic*, *Point/Dec*: 100. Man erhält zuerst im Bild 8-70 die Frequenzabhängigkeit des Betrages | I(R) | und über P(I(R)) dessen Phasenwinkel.

Die Ortskurve entsteht mit *Plot, Add Plot to Window, Plot, Unsynchronize x Axis, Plot, Axis Settings, Axis Variable*: I(R), o. k., *Trace, Add Trace*: P(I(R)).

Die Frequenzen als Parameter in der Ortskurve lassen sich aus den beiden unteren Diagrammen eindeutig zuordnen. Bei $f = 3$ Hz erreicht der Phasenwinkel des Stromes $I_R$ den Wert $\varphi = 0°$.

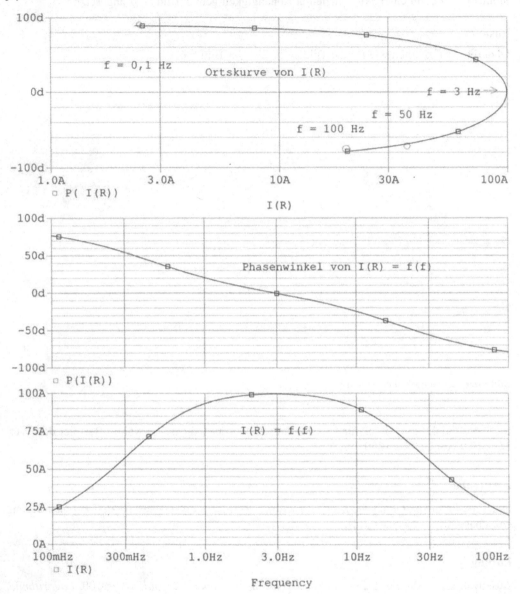

**Bild 8-70** Bildung der Ortskurve des Stromes in einem Rotorstrang

# Literaturverzeichnis

[1] CADENCE: OrCAD Family Release 9.2 Lite Edition 2003

[2] Beetz, B.: Elektronik-Aufgaben mit PSPICE, Vieweg Verlag Braunschweig/Wiesbaden 2000

[3] Ehrhardt, D. Schulte,J.: Simulieren mit PSPICE. Vieweg Verlag Braunschweig/Wiesbaden 1995

[4] Goody, R. W.: PSPICE for WINDOWS. Prentice Hall, Upper Saddle River N. J. 1995

[5] Baumann, P.; Möller, W.: Schaltungssimulation mit Design Center. Fachbuchverlag Leipzig 1994

[6] Heinemann, R.: PSPICE. Carl Hanser Verlag München Wien 2001

[7] Kainka, B.: Handbuch der analogen Elektronik. Franzis Verlag Poing 2000

[8] Wirsum, S.: Das Sensor-Kochbuch. IWT Verlag 1994

[9] Nührmann, D.: Sensor-Praxis. Franzis Verlag Poing 1991

[10] Böhmer, E.: Elemente der angewandten Elektronik. Vieweg Verlag Braunschweig/ Wiesbaden 1998

[11] Federau, J.: Operationsverstärker. Vieweg Verlag Braunschweig/Wiesbaden 1998

[12] Tietze, U.; Schenk, C.: Halbleiter-Schaltungstechnik. Springer Verlag Berlin/Heidelberg 2001

[13] Schmidt, W. D.: Sensorschaltungstechnik. Vogel Buchverlag Würzburg 1997

[14] Ehrhardt, D.: Integrierte analoge Schaltungstechnik. Vieweg Verlag Braunschweig/ Wiesbaden 2000

[15] Härtl, A.: Optoelektronik. Härtl-Verlag Hirschau 1998

[16] Hesse, S.; Schnell, G.: Sensoren für die Prozess- und Fabrikautomation. Vieweg Verlag Braunschweig/Wiesbaden 2004

[17] Schrüfer, E.: Elektrische Messtechnik. Carl Hanser Verlag München Wien 2001

[18] Schiessle, E.: Sensortechnik und Messwertaufnahme. Vogel Buchverlag Würzburg 1992

[19] Infineon Technologies: Semiconductor Sensors Data Book, Juli 2000 sowie Datenblätter zu den Dioden SFH 250V sowie SFH 756V und zum Transistor BFR 92 W

[20] Elbel, T.: Mikrosensorik. Vieweg Verlag Braunschweig/Wiesbaden 1996

[21] Schnell, G.: Sensoren in der Automatisierungstechnik. Vieweg Verlag Braunschweig/ Wiesbaden 1991

[22] Niebuhr, J.: Lindner, G.:Physikalische Messtechnik mit Sensoren; Oldenbourg Industrieverlag München 2002

[23] Phillips Data Sheet KMZ10A und KMZ10B Magnetic field sensor, 1994

[24] BOSCH: Planar Wide Band Lambda Sensor LSU 4,7/LSU4.2. Datenblatt 1999

[25] Felder, H.: Autoelektrik, Lehr- und Nachschlagewerk, Institut Christiani 2006

[26] Köthe, H. K.: Solarantriebe in der Praxis. Franzis-Verlag GmbH München 1994

[27] Bernstein, H.: PC-Labor für Leistungselektronik und elektrische Antriebstechnik Franzis-Verlag Poing 1999

[28] Faulhaber Motoren, Katalog 2006

[29] Rummich, E; Ebert, H., Gefrörer, R., Träger, F.: Elektrische Schrittmotoren und Antriebe. Expert Verlag Renningen 2007, Band 365

[30] Moczala, H., Draeger, J., Krauß, H., Lütjens, H.-W., Tillner, S.: Elektrische Kleinmotoren und –antriebe. Expert Verlag, Band 228

[31] Schröder, D.: Elektrische Antriebe. Springer Verlag Berlin/Heidelberg 2000

[32] Stölting, H.-D.: Elektrische Kleinmaschinen. B. G. Teubner. Stuttgart 1987

[33] ARSAPE-Antriebssysteme, Schrittmotoren. Datenblatt 2006

[34] Schiessle, E., Linser, J. Reichert, M., Ruf, W.-D., Vogt, A., Wolf, F.: Mechatronik 3 Vogel Buchverlag Würzburg 2004

[35] Elektrolux Motors: Motoren für allgemeine Anwendungen. Katalog

[36] Spring, E.: Elektrische Maschinen. Springer Verlag Berlin/Heidelberg 2006

[37] Rashid, M. H., Rashid, H. M.: SPICE for Power Electronics and Electric Power Taylor & Francis 2006

[38] Sauerbrey, G.: Verwendung von Schwingquarzen zur Wägung dünner Schichten und zur Mikrowägung Z. Phys. (1959), 155, 206

[39] Wolfbeis, O. S.Mirsky, V. M.: Ultrathin Electrochemical Chemo and Biosensors. Springer-Verlag Berlin Heidelberg 2004

[40] Bottom, V. E.. Introduction to Quartz Crystal Unit Design. Van Nostrand Reinhold, New York, 1982

[41] Wilson, W.: Atkinson, G.: Frequency Domain Modeling of SAW Devices for Aerospace Sensors & Transducers Journal, October 2007

[42] Weigel, R.: Akustische Oberflächenwellen- Bauelemente im UHF- Bereich, Reihe 9: Elektronik, Nr. 161, VDI Verlag

[43] Vanlong Technology Co., Ltd. Datenblätter zu SR224 und SQ217, 2004

[44] Schwelb, O.; Adler, E.L.; Slaboszewicz: Modeling Simulation and Design of SAW Grating Filters. IEEE Trans. On Ultrasonics, Ferroelectrics and Frequency Control, Vol. 37, No. 2, May 1990

[45] Cullen, D.E.; Montress, G.K.: Progress in the development of SAW Resonator Pressure Transducers. Ultrasonics Symposium, 1980

[46] Reindl, L.; Scholl, G.; Schmidt, F.: Funksensorik und Indentifikation mit OFW-Sensoren. VDI-Bericht Nr. 1530, 2000

# Sachwortverzeichnis